U0603520

2023

浙江科技统计年鉴

浙江省科学技术厅
浙江省统计局 编

ZHEJIANG UNIVERSITY PRESS
浙江大学出版社
·杭州·

图书在版编目（CIP）数据

2023浙江科技统计年鉴 / 浙江省科学技术厅，浙江
省统计局编. — 杭州：浙江大学出版社，2023.12
　　ISBN 978-7-308-24587-6

　　Ⅰ．①2… Ⅱ．①浙… ②浙… Ⅲ．①科技统计—浙江
—2023—年鉴 Ⅳ．①G322.755-66

　　中国国家版本馆CIP数据核字（2023）第248745号

2023浙江科技统计年鉴

浙江省科学技术厅
浙江省统计局　编

责任编辑	范洪法　樊晓燕
责任校对	王　波
装帧设计	刘依群
出版发行	浙江大学出版社
	（杭州市天目山路148号　邮政编码310007）
	（网址：http://www.zjupress.com）
排　　版	浙江时代出版服务有限公司
印　　刷	杭州宏雅印刷有限公司
开　　本	889mm×1194mm　1/16
印　　张	22.25
字　　数	592千
版 印 次	2023年12月第1版　2023年12月第1次印刷
书　　号	ISBN 978-7-308-24587-6
定　　价	180.00元

版权所有　侵权必究　印装差错　负责调换

浙江大学出版社市场运营中心联系方式：（0571）88925591；http://zjdxcbs.tmall.com

《2023浙江科技统计年鉴》编辑委员会

主　　编：佟桂莉　高鹰忠　吴胜丰

副 主 编：孟小军　吴家曦

编　　委：陈　勇　蔡思中　陈良汉　徐海彪
　　　　　吕　华　童黛铭　虞劲松　王　杨
　　　　　郑　寅　龚凤丹　王　静

责任编辑：刘　信　吴　琼　史　杰

编　　辑：（按姓氏笔画排列）
　　　　　王华山　王淑蕊　王博颖　王紫露　勾　丽
　　　　　毛惠青　方　丽　史　杰　冯春鸣　冯淑慧
　　　　　刘　信　刘晓璐　江　昊　许　斌　寿学平
　　　　　李红雨　沈璐瑶　张　俊　张　韧　周　元
　　　　　周参雍　胡胜链　姚笑秋　徐小军　郭荣民
　　　　　常春梅　蒋一琛　童振华

编 辑 说 明

为反映浙江科技进步状况和区域创新能力，满足宏观管理部门制定科技发展规划和调整科技政策的需要，浙江省科技厅、省统计局在征询有关部门意见的基础上，共同整理编辑了这本科技统计资料书。

本书收集了浙江各类科技活动的投入产出等方面的统计数据，较为全面、系统地描述了浙江区域科技活动的规模、水平、布局、构成与发展，是有关管理部门和社会各界了解、研究和分析浙江科技政策以及科技活动情况的主要工具书。

本书共分六个部分。第一部分为全省社会科技活动的综合统计资料，主要有科技活动人员构成与投入情况、科技活动经费构成与投入情况、地方财政科技拨款情况、科技成果产出及获奖、技术市场成交等指标的综合资料；第二、三、四、五部分则依次为研究与开发机构、规模以上工业企业、大中型工业企业、高等院校的科技活动统计资料，主要有机构情况、科技活动人员情况、科技活动经费筹集与支出情况、科技项目（课题）情况、成果和知识产权等科技产出情况的内容；第六部分为浙江高技术产业发展状况的综合资料。本书的最后还附了主要指标解释，便于读者了解科技统计数据资料的统计定义、口径范围和统计方法。

目　录

三、规模以上工业企业

四、大中型工业企业

五、高等院校

六、高技术产业

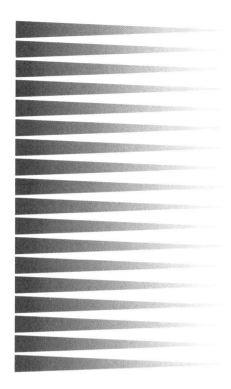

一、综 合

1-1 各市土地面积和行政区划（2022）

城市	土地面积（平方公里）	市辖区（个）	县（县级市）（个）	建制镇（个）	乡（个）	村（个）
杭州市	16850	10	3	75	23	1906
宁波市	9816	6	4	73	10	2154
温州市	12103	4	8	92	26	2951
嘉兴市	4237	2	5	42		743
湖州市	3580	2	3	38	6	914
绍兴市	8279	3	3	49	7	1585
金华市	10942	2	7	74	30	2841
衢州市	8845	2	4	43	39	1482
舟山市	1459	2	2	17	5	280
台州市	10050	3	6	61	24	3023
丽水市	17275	1	8	54	88	1890

1-2　全省生产总值（1978—2022）

年份	全省生产总值 （亿元）	第一产业 （亿元）	第二产业 （亿元）	第三产业 （亿元）	工业产值 （亿元）	人均生产总值 （元）
1978	123.72	47.09	53.52	23.11	46.97	332
1979	157.75	67.56	64.07	26.12	55.59	418
1980	179.92	64.61	84.07	31.24	73.71	472
1981	204.86	69.06	94.68	41.12	84.08	532
1982	234.01	84.88	98.44	50.69	87.21	600
1983	257.09	82.89	113.12	61.08	102.55	652
1984	323.25	104.40	141.48	77.37	127.91	813
1985	429.16	123.88	198.91	106.37	178.68	1070
1986	502.47	136.29	230.89	135.29	206.63	1241
1987	606.99	159.41	281.47	166.11	249.69	1482
1988	770.25	195.68	354.39	220.18	315.36	1858
1989	849.44	210.95	386.25	252.24	346.50	2028
1990	904.69	225.04	408.18	271.47	363.74	2143
1991	1089.33	245.22	494.11	350.00	438.36	2564
1992	1375.70	262.67	652.26	460.77	581.73	3209
1993	1925.91	315.97	982.19	627.75	876.26	4459
1994	2689.28	438.65	1395.61	855.02	1243.37	6183
1995	3563.90	549.95	1856.32	1157.63	1650.60	8144
1996	4195.76	594.93	2233.98	1366.85	1989.68	9534
1997	4695.93	618.90	2557.87	1519.16	2293.10	10615
1998	5065.50	609.30	2772.28	1683.92	2495.25	11395
1999	5461.27	606.32	2983.27	1871.68	2693.52	12229
2000	6164.79	630.97	3287.10	2246.72	2964.69	13467
2001	6927.70	659.78	3590.07	2677.85	3205.39	14726
2002	8040.66	685.20	4112.87	3242.59	3670.38	16918
2003	9753.37	717.85	5126.27	3909.25	4501.61	20249
2004	11482.11	803.83	6160.40	4517.87	5428.69	23476
2005	13028.33	881.47	6953.67	5193.19	6177.64	26277
2006	15302.68	913.16	8295.66	6093.87	7418.99	30415
2007	18639.95	969.27	10122.74	7547.94	9093.98	36453
2008	21284.58	1073.30	11512.68	8698.60	10317.04	41061
2009	22833.74	1134.68	11882.36	9816.70	10491.27	43543
2010	27399.85	1322.85	14140.90	11936.10	12432.05	51110
2011	31854.80	1535.20	16271.04	14048.56	14277.77	57828
2012	34382.39	1610.81	17040.53	15731.05	14853.27	61097
2013	37334.64	1718.74	18162.78	17453.12	15835.77	65105
2014	40023.48	1726.57	19580.72	18716.19	16955.25	68569
2015	43507.72	1771.36	20606.55	21129.81	17803.30	73276
2016	47254.04	1890.43	21571.25	23792.36	18661.48	78384
2017	52403.13	1933.92	23246.72	27222.48	20038.67	85612
2018	58002.84	1975.89	25308.13	30718.83	21621.19	93230
2019	62462.00	2086.70	26299.51	34075.77	22520.94	98770
2020	64689.06	2166.26	26361.50	36161.30	22627.82	100738
2021	74040.78	2211.70	31173.99	40655.09	26995.99	113839
2022	77715.36	2324.77	33205.17	42185.42	28871.28	118496

注：1. 本表按当年价格计算。2000 年以后人均生产总值均按常住人口计算。

　　2. 从 2004 年起第一产业包括农林牧渔服务业。

　　3. 2013 年起三次产业分类依据国家统计局 2012 年制定的《三次产业划分规定》，后表同。

　　4. 2016 年起研发支出计入地区生产总值，后表同。

1-3 历年总户数和总人口数（1978—2022，年底数）

年份	总户数 （万户）	总人口数 （万人）	按性别分（万人）	
			男性	女性
1978	897.62	3750.96	1948.29	1802.67
1979	905.32	3792.33	1967.40	1824.93
1980	923.58	3826.58	1985.59	1840.99
1981	965.92	3871.51	2007.55	1863.96
1982	990.66	3924.32	2034.98	1889.34
1983	1014.03	3963.10	2056.06	1907.04
1984	1038.85	3993.09	2071.46	1921.63
1985	1081.20	4029.56	2090.69	1938.87
1986	1122.09	4070.07	2112.05	1958.02
1987	1167.30	4121.19	2137.38	1983.81
1988	1211.08	4169.85	2161.26	2008.59
1989	1240.41	4208.88	2180.83	2028.05
1990	1259.49	4234.91	2193.71	2041.20
1991	1276.80	4261.37	2206.65	2054.72
1992	1297.81	4285.91	2218.72	2067.19
1993	1311.07	4313.30	2232.72	2080.58
1994	1321.54	4341.20	2246.57	2094.63
1995	1339.82	4369.63	2259.54	2110.09
1996	1353.99	4400.09	2273.54	2126.55
1997	1369.79	4422.28	2282.85	2139.43
1998	1389.44	4446.86	2293.29	2153.57
1999	1410.25	4467.46	2302.64	2164.82
2000	1440.40	4501.22	2316.54	2184.68
2001	1447.67	4519.84	2323.87	2195.97
2002	1466.19	4535.98	2330.30	2205.68
2003	1485.72	4551.58	2335.61	2215.97
2004	1509.29	4577.22	2345.26	2231.96
2005	1534.16	4602.11	2354.19	2247.91
2006	1556.53	4629.43	2364.97	2264.46
2007	1578.85	4659.34	2377.12	2282.22
2008	1595.70	4687.85	2388.98	2298.87
2009	1604.17	4716.18	2400.16	2316.02
2010	1607.86	4747.95	2413.13	2334.83
2011	1618.04	4781.31	2426.93	2354.38
2012	1616.25	4799.34	2433.68	2365.66
2013	1622.44	4826.89	2445.04	2381.86
2014	1630.49	4859.18	2458.69	2400.49
2015	1642.42	4873.34	2462.76	2410.58
2016	1652.99	4910.85	2479.23	2431.62
2017	1672.00	4957.63	2499.50	2458.13
2018	1694.80	4999.84	2517.95	2481.89
2019	1715.29	5038.91	2535.05	2503.86
2020	1741.09	5069.00	2547.06	2521.94
2021	1764.71	5095.78	2556.86	2538.91
2022	1778.02	5110.51	2561.04	2549.47

注：本表资料为公安年报数。

1-4 按三次产业分的就业人员总数（1985—2022，年底数）

年份	就业人员总数（万人）	第一产业	第二产业	第三产业	构成（以合计为100）		
					第一产业	第二产业	第三产业
1985	2318.56	1273.25	735.22	310.09	54.9	31.7	13.4
1986	2386.42	1275.22	765.13	346.07	53.4	32.1	14.5
1987	2444.73	1272.01	802.04	370.68	52.0	32.8	15.2
1988	2502.73	1282.16	803.67	416.90	51.2	32.1	16.7
1989	2522.86	1330.74	770.12	422.00	52.7	30.5	16.7
1990	2554.46	1358.28	762.48	433.70	53.2	29.8	17.0
1991	2579.36	1366.99	770.86	441.51	53.0	29.9	17.1
1992	2600.38	1359.49	770.81	470.08	52.3	29.6	18.1
1993	2615.89	1248.22	886.90	480.77	47.7	33.9	18.4
1994	2640.51	1193.56	917.87	529.08	45.2	34.8	20.0
1995	2621.47	1152.15	882.82	586.50	44.0	33.7	22.3
1996	2625.06	1129.34	886.02	609.70	43.0	33.8	23.2
1997	2619.66	1113.27	881.42	624.97	42.5	33.6	23.9
1998	2612.54	1108.81	854.14	649.59	42.4	32.7	24.9
1999	2625.17	1078.16	784.29	762.73	41.0	29.9	29.1
2000	2726.09	969.97	966.30	789.82	35.6	35.5	29.0
2001	2796.65	935.24	1009.55	851.86	33.4	36.1	30.5
2002	2858.56	885.29	1070.13	903.14	31.0	37.4	31.6
2003	2918.74	826.03	1201.30	891.41	28.3	41.2	30.5
2004	2991.95	779.65	1304.94	907.36	26.1	43.6	30.3
2005	3100.76	759.53	1397.69	943.54	24.5	45.1	30.4
2006	3172.38	717.81	1452.29	1002.28	22.6	45.8	31.6
2007	3220.29	680.23	1465.91	1074.15	21.1	45.5	33.4
2008	3252.35	645.02	1480.50	1126.83	19.8	45.5	34.7
2009	3288.29	610.32	1492.13	1185.84	18.6	45.4	36.1
2010	3352.00	573.83	1508.77	1269.40	17.1	45.0	37.9
2011	3385.00	535.77	1523.40	1325.83	15.8	45.0	39.2
2012	3407.00	498.99	1539.02	1368.99	14.7	45.2	40.2
2013	3436.00	460.98	1553.63	1421.39	13.4	45.2	41.4
2014	3459.00	425.50	1569.26	1464.24	12.3	45.4	42.3
2015	3505.00	387.66	1588.73	1528.61	11.1	45.3	43.6
2016	3552.00	351.64	1609.18	1591.18	9.9	45.3	44.8
2017	3613.00	319.22	1629.66	1664.12	8.8	45.1	46.1
2018	3691.00	278.13	1649.05	1763.82	7.5	44.7	47.8
2019	3771.00	244.41	1673.08	1853.51	6.5	44.4	49.2
2020	3857.00	208.00	1692.00	1957.00	5.4	43.9	50.7
2021	3897.00	206.00	1727.00	1964.00	5.3	44.3	50.4
2022	3885.00	203.00	1726.00	1956.00	5.2	44.4	50.3

注：2011年起就业人口数据按照人口普查和住户失业率调查数据测算。

1-5 地方财政科技拨款情况 (1990—2022)

年份	财政科技拨款（亿元）	科技三项费	科学事业费	财政科技拨款占财政支出比重（%）
1990	1.50	0.77	0.73	1.87
1991	1.73	0.91	0.81	2.03
1992	1.93	0.96	0.95	2.03
1993	2.26	1.11	1.11	1.80
1994	2.78	1.32	1.37	1.82
1995	3.49	1.78	1.63	1.94
1996	4.42	2.04	2.19	2.07
1997	5.57	2.94	2.41	2.32
1998	7.30	4.08	2.98	2.55
1999	9.46	5.59	3.39	2.80
2000	13.98	9.18	3.95	3.24
2001	18.55	12.05	5.12	3.10
2002	24.94	16.05	6.12	3.33
2003	29.41	19.52	7.17	3.28
2004	38.35	25.18	9.15	3.61
2005	50.01	34.10	10.56	3.95
2006	62.88	41.52	12.81	4.29
2007	72.88			4.03
2008	88.19			3.99
2009	99.30			3.74
2010	121.40			3.78
2011	143.90			3.74
2012	165.98			3.99
2013	191.87			4.06
2014	207.99			4.03
2015	250.79			3.77
2016	269.04			3.86
2017	303.50			4.03
2018	379.66			4.40
2019	516.06			5.13
2020	472.13			4.68
2021	578.60			5.25
2022	680.89			5.67

1-6 省本级财政科技拨款情况 (1999—2022)

年份	省本级地方财政科技拨款（亿元）	科技三项费	科学事业费	科技基建费	占本级财政支出比重（%）
1999	3.32	1.37	1.93	0.02	5.94
2000	3.97	1.76	2.20	0.01	5.99
2001	5.13	2.23	2.89	0.01	5.71
2002	6.52	3.33	3.12	0.07	6.19
2003	7.52	3.87	3.58	0.06	6.52
2004	10.01	5.53	4.48	0.01	7.29
2005	12.96	7.90	4.79	0.01	8.10
2006	16.48	9.09	5.58	0.01	9.04
2007	16.99				8.50
2008	18.86				7.50
2009	20.42				6.27
2010	22.02				6.29
2011	24.16				6.04
2012	27.00				6.27
2013	30.34				6.30
2014	23.77				4.94
2015	25.47				3.08
2016	24.40				4.79
2017	24.77				2.38
2018	28.42				4.93
2019	33.67				5.26
2020	31.68				4.68
2021	51.62				7.91
2022	67.65				9.38

1-7 R&D 人员投入情况（1990—2022）

单位：万人年

年份	R&D 人员	按执行部门分			
		研究机构	高等院校	工业企业	其他部门
1990	1.23				
1991	1.30				
1992	1.39				
1993	1.49				
1994	1.56				
1995	1.63				
1996	1.71				
1997	1.76				
1998	2.31				
1999	2.74				
2000	2.86	0.29	0.53	1.62	0.43
2001	3.92	0.27	0.57	2.43	0.65
2002	4.46	0.28	0.77	2.66	0.74
2003	4.96	0.29	0.82	3.13	0.72
2004	5.85	0.28	1.03	3.98	0.56
2005	8.01	0.32	1.06	6.11	0.52
2006	10.81	0.34	1.05	8.80	0.63
2007	13.05	0.45	1.08	10.55	0.96
2008	16.03	0.41	1.13	13.03	1.46
2009	18.51	0.40	1.20	15.09	1.81
2010	22.35	0.42	1.30	18.57	2.05
2011	26.29	0.46	1.29	21.71	2.82
2012	27.81	0.54	1.34	22.86	3.07
2013	31.10	0.51	1.42	26.35	2.82
2014	33.84	0.56	1.41	29.03	2.84
2015	36.47	0.71	1.61	31.67	2.48
2016	37.66	0.71	1.77	32.18	2.99
2017	39.81	0.78	2.00	33.36	3.66
2018	45.80	0.89	2.07	39.41	3.43
2019	53.47	0.88	2.68	45.18	4.73
2020	58.30	0.98	2.89	48.05	6.38
2021	57.53	1.09	3.17	48.21	5.06
2022	64.23	1.18	3.47	51.92	7.66

1-8　R&D 经费投入情况（1990—2022）

年份	R&D 活动经费 （亿元）	占 GDP 比重 （%）
1990	2.04	0.23
1991	2.27	0.21
1992	3.46	0.25
1993	4.43	0.23
1994	7.88	0.30
1995	9.14	0.26
1996	10.5	0.25
1997	15.19	0.33
1998	19.7	0.39
1999	27.05	0.50
2000	36.59	0.59
2001	44.74	0.65
2002	57.65	0.72
2003	77.76	0.80
2004	115.55	0.99
2005	163.29	1.25
2006	224.03	1.43
2007	286.32	1.53
2008	345.76	1.61
2009	398.84	1.73
2010	494.23	1.80
2011	612.93	1.90
2012	722.59	2.08
2013	817.27	2.18
2014	907.85	2.26
2015	1011.18	2.32
2016	1130.63	2.39
2017	1266.34	2.42
2018	1445.69	2.49
2019	1669.80	2.67
2020	1859.90	2.88
2021	2157.69	2.94
2022	2416.77	3.11

注：2016 年起研发支出计入地区生产总值。

1-9 研究与试验发展经费情况（1990-2022）

单位：亿元

年份	R&D 经费支出	按执行部门分				按经费来源分			
		研究机构	高等院校	工业企业	其他部门	政府资金	企业资金	国外资金	其他资金
1990	2.04	0.96	0.51	0.52	0.05				
1991	2.27	0.87	0.69	0.64	0.06				
1992	3.46	1.21	1.25	0.90	0.09				
1993	4.43	1.48	1.77	1.04	0.13				
1994	7.88	1.33	1.82	4.52	0.21				
1995	9.14	1.85	2.42	4.63	0.24				
1996	10.50	2.23	2.43	5.56	0.29				
1997	15.19	2.96	3.04	7.85	1.34				
1998	19.70	3.10	3.00	11.80	1.80				
1999	27.05	3.04	3.71	17.80	2.50				
2000	36.59	3.21	3.33	26.54	3.51	5.73	26.93	0.53	3.40
2001	44.74	3.32	5.09	32.04	4.29	6.59	32.73	0.64	4.78
2002	57.65	2.97	6.58	42.58	5.52	6.77	42.20	0.17	8.51
2003	77.76	4.35	7.88	59.62	5.91	9.46	57.70	0.32	10.28
2004	115.55	4.62	13.33	91.10	6.50	13.78	97.42	0.63	3.72
2005	163.29	11.58	13.90	130.41	7.40	24.12	134.74	0.55	3.88
2006	224.03	12.38	15.99	183.39	12.27	28.00	190.28	1.12	4.63
2007	286.32	13.63	18.18	235.55	18.96	30.94	246.39	2.50	6.49
2008	345.76	13.89	19.15	283.73	28.99	37.08	296.46	4.39	7.83
2009	398.84	12.85	23.91	330.10	31.98	36.63	354.22	2.48	5.51
2010	494.23	15.36	34.55	407.43	36.89	48.00	435.45	3.27	7.53
2011	612.93	18.07	40.81	501.87	52.18	53.56	539.41	9.51	10.45
2012	722.59	21.83	44.72	588.61	67.43	60.41	644.37	3.13	14.68
2013	817.27	24.17	47.28	684.36	61.46	66.16	733.62	2.38	15.12
2014	907.85	27.12	49.76	768.15	62.83	70.65	817.35	2.58	17.27
2015	1011.18	30.28	56.14	853.57	71.19	75.29	911.30	2.00	22.60
2016	1130.63	35.03	54.65	935.79	105.16	78.72	1033.25	2.10	16.56
2017	1266.34	36.24	62.19	1030.14	137.77	91.58	1151.55	1.56	21.66
2018	1445.69	47.41	72.36	1147.39	178.53	113.89	1302.68	2.18	26.94
2019	1669.80	55.22	93.00	1274.23	247.35	136.33	1506.98	0.34	26.15
2020	1859.90	56.02	103.60	1395.90	304.38	164.95	1676.28	1.57	17.09
2021	2157.69	67.67	114.54	1591.66	383.82	201.35	1920.96	1.26	34.13
2022	2416.77	78.53	133.26	1768.06	436.92	249.76	2127.37	0.93	38.70

1-10 按行业分的事业单位专业技术人员数（2022）

单位：人

行 业	合计	按职务分		
		高级岗位	中级岗位	初级岗位
总计	1179290	214410	426928	350135
教育	605588	128101	252641	165448
科研	8584	1616	1977	917
文化	14868	2585	5005	3783
卫生	392329	65010	117976	125260
体育	2126	359	730	678
新闻出版	2789	539	924	601
广播电视	14792	1446	4389	3839
社会福利	4071	120	1063	1250
救助减灾	350	12	86	151
统计调查	637	33	189	322
技术推广与实验	8448	1695	3511	2641
公共设施与管理	27402	4445	10172	9154
物资仓储	90	6	29	47
监测	2870	570	992	679
勘探与勘察	2096	711	1161	202
测绘	1808	285	421	126
检验检测与鉴定	3071	506	960	675
法律服务	1068	15	175	369
资源管理事务	4483	609	1633	1399
质量技术监督事务	5228	842	1321	777
经济监管事务	1954	199	775	817
知识产权事务	292	39	96	98
公证与认证	871	41	136	204
信息与咨询	2087	329	821	694
人才交流	264	39	103	90
机关后勤服务	2905	93	716	857
其他服务	68219	4165	18926	29057

1-11 按行业分的企业单位专业技术人员数（2022）

单位：人

项 目	总数	按职务分				
		高级职务	#正高级职务	中级职务	初级职务	未聘任专业技术职务
总计	218421	22464	1577	63548	64905	67504
农、林、牧、渔业	1393	123	16	477	683	110
采矿业	266	51	2	109	104	2
制造业	19772	2157	123	5362	4602	7651
电力、热力、燃气及水生产和供应业	19227	1846	68	6292	7700	3389
建筑业	31590	4458	289	10625	8985	7522
批发和零售业	27022	955	26	3861	6689	15517
交通运输、仓储及邮政业	46037	5092	438	13170	15029	12746
住宿和餐饮业	1231	96	3	194	266	675
信息传输、软件和信息技术服务业	4923	187	2	548	582	3606
金融业	19848	917	19	6531	4634	7766
房地产业	6448	971	14	2644	1870	963
租赁和商务服务业	7740	732	26	2954	2664	1390
科学研究和技术服务业	8045	2262	225	2487	1983	1313
水利、环境和公共设施管理业	8350	1222	94	2960	2993	1175
居民服务、修理和其他服务业	2710	196	15	891	1139	484
教育	507	67	6	180	240	20
卫生和社会工作	1557	231	37	646	631	49
文化、体育与娱乐业	11755	901	174	3617	4111	3126

注：#表示其中主要项，后表同。

单位：人

项　目	按专业分				
	＃工程技术人员	＃科学技术人员	＃卫生技术人员	＃经济专业人员	＃其他专技人员
总计	**110279**	**1333**	**5230**	**61571**	**40008**
农、林、牧、渔业	499	14	1	233	646
采矿业	146		8	63	49
制造业	14701	59	161	2811	2040
电力、热力、燃气及水生产和供应业	13304	312	8	3619	1984
建筑业	26477	190	1	2280	2642
批发和零售业	1301	180	3446	14478	7617
交通运输、仓储及邮政业	24673	152	157	15312	5743
住宿和餐饮业	196	157		404	474
信息传输、软件和信息技术服务业	3268	3		1012	640
金融业	1574	19	5	14254	3996
房地产业	3933	21	3	1426	1065
租赁和商务服务业	3313	92	15	2370	1950
科学研究和技术服务业	7388	28	1	371	257
水利、环境和公共设施管理业	6251	29	2	1061	1007
居民服务、修理和其他服务业	1087	62	10	769	782
教育	38		13	54	402
卫生和社会工作	78	7	1395	34	43
文化、体育与娱乐业	2052	8	4	1020	8671

注：＃表示其中主要项，后表同。

1-12 技术市场成交合同数量与成交金额（1990—2022）

年份	合同项数（项）	技术开发	技术转让	技术咨询	技术服务	技术许可	成交金额（亿元）	技术开发	技术转让	技术咨询	技术服务	技术许可
1990	8336	1375	526	1436	4999		1.36	0.40	0.13	0.10	0.74	
1991	9200	1014	538	1502	6146		1.62	0.41	0.28	0.16	0.78	
1992	12670	1788	671	2188	8023		3.08	0.55	0.41	0.42	1.71	
1993	15769	876	437	3824	10632		7.15	0.75	0.44	1.22	4.74	
1994	14436	550	458	4387	9041		7.20	0.69	0.53	1.85	4.13	
1995	17954	467	491	5206	11790		9.78	1.05	1.04	2.22	5.47	
1996	19031	759	360	4554	13358		10.73	1.22	0.48	2.25	6.78	
1997	19808	849	378	5296	13285		13.32	1.40	0.85	2.79	8.28	
1998	21774	1094	314	5294	15072		16.23	2.14	0.70	3.45	9.93	
1999	25479	1713	542	6435	16789		18.85	3.57	1.21	4.24	9.63	
2000	31218	4391	395	11163	15269		27.63	7.38	1.34	6.94	11.97	
2001	33728	4014	510	10328	18876		31.67	8.85	1.21	8.40	13.20	
2002	38400	4143	458	13975	19824		38.94	9.14	1.75	12.48	15.58	
2003	50861	5886	489	21046	23440		53.04	12.06	2.41	20.77	17.79	
2004	39974	6862	562	18825	13725		58.15	17.02	2.74	23.39	15.00	
2005	20628	6788	816	8361	4663		38.70	19.75	3.47	8.74	6.74	
2006	17734	6900	682	6908	3244		39.96	24.17	2.70	7.37	5.73	
2007	16400	6508	830	5711	3351		45.42	28.24	3.86	6.96	6.36	
2008	17391	6313	739	7048	3291		58.92	39.31	6.41	9.23	3.97	
2009	12786	6221	717	3871	1977		56.51	43.41	5.83	4.43	2.83	
2010	12826	7135	536	3223	1932		60.35	45.32	8.02	3.71	3.30	
2011	13857	8761	335	2746	2015		68.30	57.53	4.17	2.58	4.01	
2012	13551	9594	285	1995	1677		81.31	66.46	9.17	2.16	3.52	
2013	12095	8360	312	1737	1686		81.41	55.70	9.85	1.92	13.94	
2014	11955	8189	376	1871	1519		89.16	61.75	16.05	2.60	8.75	
2015	11283	8176	530	1070	1507		99.29	64.81	24.44	2.17	7.87	
2016	14826	8191	548	1251	4836		198.37	132.90	28.15	4.35	32.98	
2017	13704	9154	625	910	3015		324.73	214.45	49.19	5.09	56.00	
2018	16142	10544	715	939	3944		539.39	413.93	43.34	16.58	65.55	
2019	18996	11869	913	1302	4912		888.01	519.53	94.55	24.43	249.50	
2020	25724	14333	1159	1304	8928		1403.32	757.11	94.30	103.81	448.11	
2021	36970	19031	1712	2468	13759		1438.24	780.96	151.27	38.52	467.49	
2022	43356	21633	1856	2068	17696	103	2435.07	1313.98	192.41	44.52	858.81	25.36

注：本表数据为技术输出口径。

1-13 科协系统科技活动情况（2021—2022）

项 目	单位	科协合计		省科协		市科协		县级科协	
		2021	2022	2021	2022	2021	2022	2021	2022
机构数	个	101	102	1	1	11	11	89	90
人员数	人	1581	1596	238	195	541	550	802	851
学术活动									
学术会议									
次数	次	282	186	8	5	199	117	75	64
参加人数	人	442793	978975	2565	2500	185858	747190	254370	229285
干部教育培训									
办培训班	个	80	94		11	14	13	66	70
培训人数	人次	5231	12561		7300	923	840	4308	4421
科普活动									
宣讲活动	次	13806	18788	180	675	3973	6369	9653	11744
受众	人次	26756055	23908690	8495441	8549326	8823647	8425343	9436967	6934021
出版									
编著科技图书	种	108	91		1	13	9	95	81
年发行总量	册	359040	282550		500	86020	79000	273020	203050

1-14 科协系统省级学会情况（2013—2022）

项　目	单位	2013	2014	2015	2016	2017	2018	2019	2020	2021	2022
机构数	个	165	169	170	173	173	175	176	175	176	175
会员数	人	197578	219027	231067	220897	235037	274195	276952	241186	257596	271643
学术活动											
学术会议											
次数	次	771	927	1105	1058	780	829	852	610	701	784
参加人数	人	100846	127614	173171	182818	223252	223508	264382	575103	863366	7153365
交流论文数	篇	14873	33283	35226	39773	26284	24887	34355	16067	20963	29113
科技培训											
继续教育	个	253	344	443	334	326	239	456	436	2703	728
培训人数	人次	35343	51386	82564	59965	76936	73540	70106	86157	1118783	69812
科普活动											
宣讲活动	次	937	1455	1967	1254	452	342	2183	1897	3097	3844
受众人数	人次	265364	323308	352079	1984109	1863481	3561227	5307130	18351392	7678049	14035508
青少年科技竞赛次数	次	61	39	48	49	26	30	33	50	51	45
出版											
主办科技期刊	种	58	54	56	53	60	54	35	42	42	37
年发行总数	册	981607	2144011	2109891	995120	1862500	1929077	887280	485589	512605	523328
编著科技图书	种	44	51	51	70	34	37	49	46	65	55
年发行总量	册	167000	291400	306300	362232	362730	318750	242700	144551	272901	275401

1-15 专利申请量和授权量（1990—2022）

单位：件

年份	申请量合计	发明	实用新型	外观设计	授权量合计	发明	实用新型	外观设计
1990	2243	256	1754	233	989	43	882	64
1991	2571	300	1965	306	1217	49	1006	162
1992	3194	377	2382	435	1577	63	1343	171
1993	3343	423	2353	567	2946	129	2404	413
1994	3495	389	2373	733	2028	62	1612	354
1995	4042	357	2323	1362	2131	54	1455	622
1996	5162	403	2845	1914	2410	45	1377	988
1997	6262	493	3062	2707	3167	64	1487	1616
1998	7074	571	3309	3194	4470	47	1967	2456
1999	8177	587	3465	4125	7071	108	3524	3439
2000	10316	859	4439	5018	7495	184	3439	3872
2001	12828	1093	5216	6519	8312	174	3549	4589
2002	17265	1843	6390	9032	10479	188	3860	6431
2003	21463	2750	7758	10955	14402	398	4928	9076
2004	25294	3578	9021	12695	15249	785	5492	8972
2005	43221	6776	12723	23722	19056	1110	6778	11168
2006	52980	8333	15940	28707	30968	1424	10503	19041
2007	68933	9532	19270	40131	42069	2213	16108	23748
2008	89965	12063	25168	52734	52955	3269	20002	29684
2009	108563	15655	40436	52472	79945	4818	25295	49832
2010	120783	18027	50249	52507	114643	6410	47617	60616
2011	177081	24745	75875	76461	130190	9135	56030	65025
2012	249373	33265	108599	107509	188431	11459	84897	92075
2013	294014	42744	127122	124148	202350	11139	106238	84973
2014	261434	52405	116011	93018	188544	13372	99508	75664
2015	307263	67674	150172	89417	234983	23345	124465	87173
2016	393147	93254	199244	100649	221456	26576	123744	71136
2017	377115	98975	191372	86768	213805	28742	114311	70752
2018	455526	143064	219176	93286	284592	32550	172435	79607
2019	435824	112974	218590	104260	285325	33963	168331	83031
2020					391700	49888	231693	110119
2021					465468	56796	292944	115728
2022					443985	61286	271100	111599

注：2020 年、2021 年数据来源于《浙江省市场监督管理局关于印发 2020 年全省专利授权量等统计数据的通知》。其中，专利申请量相关数据自 2020 年起不再公布。

1-16　测绘部门主要指标完成情况（2011—2022）

项　目	单位	2011	2012	2013	2014	2015	2016	2017	2018	2019	2020	2021	2022
测绘资质单位数	家							723	799	837	845	689	805
测绘服务总值	亿元	25.10	27.95	32.39	33.64	37.43	50.40	54.13	66.18	81.41	85.20	91.71	104.98
年末测绘从业人数	人	10774	11742	12488	14587	16061	18576	20011	21939	23332	22529	19027	19847
1:10000 地形图测制与更新	幅	1473	1657	1639	1502	1446	1446	1446	4336	1504	4336	4336	1444
1:2000 地形图测制与更新	幅							22076	12262	50200	105000	105000	105000

1-17　标准计量、特种设备和质量监督情况（2020—2022）

项　目	单位	2020	2021	2022
国家质检中心	家	52	52	54
省级质检中心	家	107	85	86
各级政府质量奖获奖企业数	家	3172	4096	4694
现行有效地方标准数	项	855	996	1121
企业产品标准自我声明公开数	项	207331	243940	283027
依法设置的计量检定机构数	所	75	75	75
省级检定机构数	所	1	1	1
市级检定机构数	所	12	12	12
县（市、区）级检定机构数	所	62	62	62
依法授权的计量检定机构数	个	78	88	102
省级授权机构数	个	10	15	22
市级授权机构数	个	68	73	80
全省最高等级社会公用计量标准数	个	351	366	396
全省其他等级社会公用计量标准数	个	3346	3512	3583
强制检定计量器具实际检出数	万台件	928	978	1232
全省检验检测机构数	个	2224	2337	2483
产品质量监督抽查批次数	批次	37217	41945	42974
特种设备综合检验机构数	个	19	19	19
省特种设备检验机构数	个	1	1	1
市特种设备检验机构数	个	11	11	11
行业特种设备检验机构数	个	7	7	7
固定资产总值	万元	137491	179567	190448
打击假冒伪劣案件立案数	个	9402	10714	13039

注：产品质量监督抽查批次数 2020 年前为产品质量监督检验受检企业数；2019 年打击假冒伪劣案件立案数为结案数。

1-18 高新技术产品进出口贸易情况（2020—2022）

单位：万美元

项　目	出口			进口			进出口		
	2020	2021	2022	2020	2021	2022	2020	2021	2022
高新技术产品	**2933576**	**4211267**	**5196005**	**1323656**	**1905912**	**1746575**	**4257232**	**6117180**	**6942580**
生物技术	26571	31247	33613	233	333	178	26804	31580	33791
生命科学技术	814163	1250163	1356364	191682	266084	264142	1005846	1516248	1620506
光电技术	134149	148108	146503	142013	181225	150055	276163	329333	296558
计算机与通信技术	993622	1341406	1423072	288084	383403	241805	1281706	1724809	1664877
电子技术	582701	952807	1626084	513109	752652	681764	1095810	1705459	2307848
计算机集成制造技术	296957	393924	473854	156480	277190	337915	453437	671114	811769
材料技术	62262	66788	104300	15800	21484	35450	78062	88272	139750
航空航天技术	15458	16368	20888	15533	23069	34132	30991	39437	55020
其他技术	7693	10457	11328	721	472	1133	8414	10929	12461

1-19 分地区工业制成品、高新技术产品进出口情况（2020—2022）

单位：万美元

地　区	出口								
	2020			2021			2022		
	总　值	工业制成品	高新技术产品	总　值	工业制成品	高新技术产品	总　值	工业制成品	高新技术产品
合计	**38288535**	**35354959**	**2933576**	**49382726**	**45171458**	**4211267**	**54411571**	**49215566**	**5196005**
杭州地区	6138882	5200739	938144	8456207	7050874	1405333	8949648	7374756	1574892
宁波地区	9790238	9092316	697922	12487139	11632218	854921	13074640	12159677	914963
温州地区	2761430	2673628	87803	3224305	3112409	111896	3828144	3705781	122364
嘉兴地区	3729036	3229776	499260	4982937	4275845	707091	5725195	4702664	1022530
湖州地区	1562201	1458631	103570	2312352	2074818	237535	2480909	2221682	259227
绍兴地区	3487003	3392307	94696	4324462	4210608	113854	5132738	5007093	125645
金华地区	6820921	6615494	205427	8641060	8206640	434420	9689012	8919023	769989
衢州地区	376110	357112	18997	505547	477822	27725	619214	580065	39149
舟山地区	400221	396426	3795	334383	330736	3647	377221	373514	3707
台州地区	668037	396426	271611	3670446	3372753	297694	4106469	3762762	343707
丽水地区	428836	416485	12351	443889	426736	17153	428381	408550	19832

地　区	进口								
	2020			2021			2022		
	总　值	工业制成品	高新技术产品	总　值	工业制成品	高新技术产品	总　值	工业制成品	高新技术产品
合计	**8540916**	**7217260**	**1323656**	**11308998**	**9403086**	**1905912**	**11001435**	**9254860**	**1746575**
杭州地区	2422723	1916503	506220	3014215	2241507	772708	2621137	1895386	725750
宁波地区	3676773	3164639	512134	4745432	4093419	652013	4200943	3715458	485485
温州地区	348972	345217	3755	459332	452071	7262	545430	526797	18632
嘉兴地区	1091028	878981	212047	1472674	1215308	257367	1600007	1396253	203754
湖州地区	122467	112160	10307	181664	152117	29547	150060	129995	20065
绍兴地区	248742	226199	22543	292048	237838	54210	397829	284887	112942
金华地区	182578	165742	16837	589503	515870	73633	946972	840576	106396
衢州地区	50683	48695	1988	157140	132309	24831	119668	97584	22084
舟山地区	196801	188599	8202	164405	159708	4697	179392	161700	17692
台州地区	216921	188599	28322	1243726	1215308	28418	206434	178286	28148
丽水地区	28818	27516	1302	38284	37056	1228	33564	27937	5627

1-20 全省科技成果获奖情况（1990—2022）

单位：项

年份	国家自然科学奖	国家技术发明奖	国家科技进步奖	省科技进步奖	浙江科技大奖
1990	—	3	16	297	—
1991	2	7	14	299	—
1992	—	4	6	297	—
1993	1	4	24	300	—
1994	—	—	—	299	—
1995	5	5	19	—	—
1996	—	3	12	300	—
1997	2	6	22	300	—
1998	—	1	16	299	—
1999	1	0	11	299	—
2000	0	0	13	300	—
2001	0	1	8	300	—
2002	2	0	4	279	—
2003	0	1	8	280	3
2004	0	2	13	280	—
2005	3	0	11	280	2
2006	1	2	9	280	—
2007	2	6	21	273	3
2008	0	6	17	279	—
2009	0	8	31	277	3
2010	1	2	15	279	—
2011	—	2	28	280	3
2012	2	6	21	277	—
2013	4	8	14	281	3
2014	2	5	27	291	—
2015	1	0	7	291	3
2016	2	4	6	280	—
2017	0	2	8	252	3
2018	0	3	4	259	—
2019	—	2	9	240	2
2020	2	5	12	240	1
2021	—	—	—	234	2
2022	—	—	—	214	—

注：1. 国家级成果获奖数据为浙江省主持奖项。

2. 2019 年度开始省重大科技贡献奖更名为浙江科技大奖。

3. 国家科学技术奖 2021 年、2022 年未开展。

4. 2022 年度浙江科技大奖空缺。

二、研究
与开发机构

2-1 科学研究和技术服务业事业单位机构、人员和经费概况（2022）

指标	机构数（个）	从业人员（人）	#科技活动人员（不含外聘的流动学者和在读研究生）	#本科及以上学历	经费收入总额（万元）	#科技活动收入	经费内部支出总额（万元）	#科技经费内部支出
总计	322	35524	32410	29704	2747055	2596703	2416561	2230838
按机构所属地域分布								
杭州市	69	16254	14961	13731	1431315	1358095	1245793	1141769
宁波市	51	5306	4872	4509	522320	505402	412668	388338
温州市	48	3541	3146	2833	191257	184125	190413	174563
嘉兴市	27	3029	2663	2555	176583	152740	171838	153135
湖州市	14	1108	1032	961	52045	45535	51433	46421
绍兴市	23	1916	1752	1650	117281	110853	90331	88547
金华市	17	991	901	794	45085	40429	50409	46927
衢州市	19	924	840	733	76346	74591	85953	83537
舟山市	16	774	724	626	50603	46542	37608	32315
台州市	16	975	870	766	48699	46034	48542	45100
丽水市	22	706	649	546	35521	32359	31573	30186
按机构所属隶属关系分布								
中央部门属	11	3290	3014	2700	290948	278553	285445	273386
中国科学院	1	1071	1071	1015	122058	122058	102945	102945
非中央部门属	311	32234	29396	27004	2456107	2318151	2131116	1957452
省级部门属	46	12256	11006	10089	1093777	1016403	944628	845706
副省级城市属	35	4274	3802	3498	381197	359144	266504	235718
地市级部门属	81	7162	6568	5932	383446	362554	398335	375975
按机构从事的国民经济行业分布								
科学研究和技术服务业	322	35524	32410	29704	2747055	2596703	2416561	2230838
研究和试验发展	173	24064	22283	20839	2023441	1939802	1770937	1653595
专业技术服务业	80	8508	7342	6357	497444	440045	470478	409559
科技推广和应用服务业	69	2952	2785	2508	226170	216856	175147	167684
按机构服务的国民经济行业分布								
农、林、牧、渔业	38	4547	3962	3390	297679	270842	309689	250402
农业	20	2129	1829	1566	126720	115441	127686	111883
林业	5	435	409	310	24862	22269	23807	22364
渔业	7	431	384	351	33881	29910	33101	27319
农、林、牧、渔专业及辅助性活动	6	1552	1340	1163	112216	103222	125095	88835

指标	机构数（个）	从业人员（人）	#科技活动人员（不含外聘的流动学者和在读研究生）	#本科及以上学历	经费收入总额（万元）	#科技活动收入	经费内部支出总额（万元）	#科技经费内部支出
制造业	56	4320	4089	3807	263684	254712	285800	280021
农副食品加工业	2	97	96	79	4116	4068	4116	4076
食品制造业	3	49	48	47	5086	5086	2885	2646
酒、饮料和精制茶制造业	2	81	73	61	4143	2820	3517	2937
纺织业	1	510	475	472	21251	20033	15817	15808
皮革、毛皮、羽毛及其制品和制鞋业	3	94	90	74	4608	4545	5441	5349
文教、工美、体育和娱乐用品制造业	1	23	11	11	594	15	871	167
化学原料和化学制品制造业	7	495	470	423	49424	48037	55837	54773
医药制造业	5	491	469	447	37374	36842	49014	48285
橡胶和塑料制品业	1	7	7	7	49	49	158	149
通用设备制造业	8	199	163	154	10680	10271	11390	10873
专用设备制造业	4	305	301	283	25572	25020	20409	20325
汽车制造业	1	20	18	16	1957	1198	2042	1562
铁路、船舶、航空航天和其他运输设备制造业	2	180	178	178	17699	17114	9461	9341
电气机械和器材制造业	1	72	72	68	1377	1377	1809	1697
计算机、通信和其他电子设备制造业	10	1210	1159	1060	46979	46279	69869	69296
仪器仪表制造业	3	389	362	333	28170	27362	28889	28470
其他制造业	2	98	97	94	4606	4600	4274	4267
电力、热力、燃气及水生产和供应业	1	134	100	93	5857	5339	5389	4664
电力、热力生产和供应业	1	134	100	93	5857	5339	5389	4664
批发和零售业	1	72	72	54	4116	4116	3750	3750
批发业	1	72	72	54	4116	4116	3750	3750
交通运输、仓储和邮政业	1	219	214	198	25940	25390	20856	20606
道路运输业	1	219	214	198	25940	25390	20856	20606
信息传输、软件和信息技术服务业	13	575	553	513	67588	66735	63701	62800
软件和信息技术服务业	13	575	553	513	67588	66735	63701	62800
租赁和商务服务业	1	72	70	67	4628	4531	3609	3558
商务服务业	1	72	70	67	4628	4531	3609	3558
科学研究和技术服务业	189	23575	21735	20078	1931143	1833327	1599092	1494803
研究和试验发展	74	12868	12346	11734	1286733	1251155	1027312	987528
专业技术服务业	72	7802	6885	5964	480068	443351	445142	398153
科技推广和应用服务业	43	2905	2504	2380	164342	138821	126637	109123
水利、环境和公共设施管理业	13	1594	1265	1172	113360	98782	92933	80279

指标	机构数（个）	从业人员（人）	#科技活动人员（不含外聘的流动学者和在读研究生）	#本科及以上学历	经费收入总额（万元）	#科技活动收入	经费内部支出总额（万元）	#科技经费内部支出
水利管理业	3	744	592	551	58286	56405	44995	42746
生态保护和环境治理业	10	850	673	621	55074	42377	47938	37532
卫生和社会工作	3	286	250	241	27786	27715	26922	25547
卫生	3	286	250	241	27786	27715	26922	25547
文化、体育和娱乐业	2	70	40	39	2975	2962	2532	2118
体育	2	70	40	39	2975	2962	2532	2118
公共管理、社会保障和社会组织	4	60	60	52	2300	2252	2290	2290
国家机构	4	60	60	52	2300	2252	2290	2290
按机构所属学科分布								
自然科学领域	42	5883	5516	5322	619918	589745	527554	503192
信息科学与系统科学	11	3164	3097	3028	415174	400312	322126	312327
力学	1	120	120	117	10517	10516	11063	11063
物理学	1	18	14	14	199	163	316	258
化学	8	624	595	558	40526	38659	39791	38964
地球科学	15	1278	1013	973	83787	70844	99636	86011
生物学	6	679	677	632	69715	69250	54622	54569
农业科学领域	50	5595	4849	4153	361153	323876	370019	301494
农学	29	4259	3733	3191	272424	248398	280626	225385
林学	10	793	628	516	46800	38979	47517	40127
水产学	11	543	488	446	41928	36499	41876	35982
医学科学领域	17	2222	2140	2065	194368	192706	186965	182780
基础医学	6	1223	1184	1163	118238	117498	105803	103712
临床医学	3	258	244	241	15632	15632	15683	15425
预防医学与公共卫生学	1	15	15	13	2021	2021	2019	2019
药学	6	601	587	546	44124	43272	48266	47591
中医学与中药学	1	125	110	102	14354	14283	15194	14034
工程科学与技术领域	196	20666	18802	17224	1483528	1404272	1250387	1166515
工程与技术科学基础学科	32	2871	2667	2402	149177	144362	125340	118414
信息与系统科学相关工程与技术	4	1103	810	774	57625	36304	49993	34919
自然科学相关工程与技术	13	692	629	575	95927	91467	54446	53191
测绘科学技术	2	1157	1118	821	107981	106328	105043	99744
材料科学	21	2760	2508	2340	273633	268515	194371	185984
机械工程	21	1568	1344	1233	91797	84243	85266	74304

指标	机构数（个）	从业人员（人）	#科技活动人员（不含外聘的流动学者和在读研究生）	#本科及以上学历	经费收入总额（万元）	#科技活动收入	经费内部支出总额（万元）	#科技经费内部支出
动力与电气工程	5	754	711	656	48956	48019	43644	42094
能源科学技术	2	92	92	87	2122	2122	2518	2406
电子与通信技术	17	2338	2238	2185	137868	132012	139057	130289
计算机科学技术	10	613	589	574	47620	47237	34656	34157
化学工程	8	492	480	402	58434	57382	58468	57707
产品应用相关工程与技术	12	1417	1318	1189	75838	73432	84622	81695
纺织科学技术	3	734	682	662	29981	28300	26367	25428
食品科学技术	12	732	675	603	25422	23407	23376	21715
土木建筑工程	2	78	72	39	3271	3194	2701	2671
水利工程	3	869	683	639	64040	61642	50281	47308
交通运输工程	2	228	221	205	26432	25512	21235	20864
航空、航天科学技术	5	459	452	428	86324	85169	63429	60372
环境科学技术及资源科学技术	14	1133	992	929	66073	51309	56399	45393
安全科学技术	3	444	394	359	29446	28900	22762	21803
管理学	5	132	127	122	5562	5418	6416	6060
社会、人文科学领域	17	1158	1103	940	88089	86104	81636	76857
马克思主义	1	147	137	137	7408	7363	7179	6678
考古学	1	247	247	117	18130	17732	18379	15439
经济学	3	192	189	186	24888	24403	24844	24773
法学	1	9	9	9	258	258	258	258
社会学	3	203	195	186	15121	14687	10793	10656
图书馆、情报与文献学	6	290	286	266	19310	18699	17651	16935
体育科学	2	70	40	39	2975	2962	2532	2118
按机构从业人员规模分								
≥1000 人	4	6168	5944	5397	673175	649870	569109	522233
500～999 人	8	4766	4055	3831	317846	285869	307863	274441
300～499 人	11	4181	3961	3781	240758	229826	238126	225998
200～299 人	18	4278	3984	3525	360724	343662	280702	256975
100～199 人	54	7669	6667	6158	611505	575813	548902	502450
50～99 人	72	5230	4875	4371	316866	299692	279754	268156
30～49 人	44	1702	1522	1399	123579	115417	108438	103202
20～29 人	26	635	591	522	49592	46268	39663	36934
10～19 人	43	625	566	506	40749	38862	33170	30504
0～9 人	42	270	245	214	12261	11425	10836	9946

2-2 科学研究和技术服务业事业单位人员概况（2022）

单位：人

指标	从业人员	#科技活动人员（不含外聘的流动学者和在读研究生）	#女性	外聘的流动学者	非本单位在读研究生	离退休人员
总计	**35524**	**32410**	**11220**	**4795**	**6656**	**7157**
按机构所属地域分布						
杭州市	16254	14961	5793	2044	2127	4573
宁波市	5306	4872	1637	926	2008	413
温州市	3541	3146	1087	544	489	571
嘉兴市	3029	2663	598	493	551	77
湖州市	1108	1032	294	152	507	98
绍兴市	1916	1752	422	182	231	73
金华市	991	901	347	210	429	185
衢州市	924	840	263	66	186	423
舟山市	774	724	238	23	47	275
台州市	975	870	309	148	80	220
丽水市	706	649	232	7	1	249
按机构所属隶属关系分布						
中央部门属	3290	3014	1082	356	1108	1237
中国科学院	1071	1071	358	211	531	9
非中央部门属	32234	29396	10138	4439	5548	5920
省级部门属	12256	11006	4259	1581	565	3359
副省级城市属	4274	3802	1449	367	840	1007
地市级部门属	7162	6568	2083	507	1227	1214
按机构从事的国民经济行业分布						
科学研究和技术服务业	35524	32410	11220	4795	6656	7157
研究和试验发展	24064	22283	7886	4016	5767	4724
专业技术服务业	8508	7342	2463	36	143	2037
科技推广和应用服务业	2952	2785	871	743	746	396
按机构服务的国民经济行业分布						
农、林、牧、渔业	4547	3962	1795	107	653	2202
农业	2129	1829	763	62	65	944
林业	435	409	172	2	125	221
渔业	431	384	132		46	243
农、林、牧、渔专业及辅助性活动	1552	1340	728	43	417	794

指标	从业人员	#科技活动人员（不含外聘的流动学者和在读研究生）	#女性	外聘的流动学者	非本单位在读研究生	离退休人员
制造业	4320	4089	1202	377	792	420
农副食品加工业	97	96	52			11
食品制造业	49	48	17	21		
酒、饮料和精制茶制造业	81	73	38	5	1	43
纺织业	510	475	18		41	2
皮革、毛皮、羽毛及其制品和制鞋业	94	90	31	10		
文教、工美、体育和娱乐用品制造业	23	11	9			
化学原料和化学制品制造业	495	470	150	105	264	131
医药制造业	491	469	213	25	44	28
橡胶和塑料制品业	7	7	0	5		
通用设备制造业	199	163	50	120	286	
专用设备制造业	305	301	135	6		19
汽车制造业	20	18	2	17	29	
铁路、船舶、航空航天和其他运输设备制造业	180	178	41	1		
电气机械和器材制造业	72	72	23	3	26	
计算机、通信和其他电子设备制造业	1210	1159	286	40	80	5
仪器仪表制造业	389	362	113	6	20	180
其他制造业	98	97	24	13	1	1
电力、热力、燃气及水生产和供应业	134	100	31			64
电力、热力生产和供应业	134	100	31			64
批发和零售业	72	72	28			13
批发业	72	72	28			13
交通运输、仓储和邮政业	219	214	69			15
道路运输业	219	214	69			15
信息传输、软件和信息技术服务业	575	553	108	68	5	7
软件和信息技术服务业	575	553	108	68	5	7
租赁和商务服务业	72	70	37			24
商务服务业	72	70	37			24
科学研究和技术服务业	23575	21735	7351	4006	4835	3543
研究和试验发展	12868	12346	4328	3491	4350	1224
专业技术服务业	7802	6885	2346	71	60	2075
科技推广和应用服务业	2905	2504	677	444	425	244
水利、环境和公共设施管理业	1594	1265	419	126	213	738

指标	从业人员	#科技活动人员（不含外聘的流动学者和在读研究生）	# 女性	外聘的流动学者	非本单位在读研究生	离退休人员
水利管理业	744	592	126			276
生态保护和环境治理业	850	673	293	126	213	462
卫生和社会工作	286	250	139	111	158	123
卫生	286	250	139	111	158	123
文化、体育和娱乐业	70	40	17			7
体育	70	40	17			7
公共管理、社会保障和社会组织	60	60	24			1
国家机构	60	60	24			1
按机构所属学科分布						
自然科学领域	5883	5516	2000	1701	551	1223
信息科学与系统科学	3164	3097	1024	1414	111	32
力学	120	120	37	9		1
物理学	18	14	4	4	8	
化学	624	595	216	117		74
地球科学	1278	1013	390	139	223	1114
生物学	679	677	329	18	209	2
农业科学领域	5595	4849	2183	109	834	3143
农学	4259	3733	1735	85	592	2286
林学	793	628	272	18	150	589
水产学	543	488	176	6	92	268
医学科学领域	2222	2140	1038	198	555	306
基础医学	1223	1184	560	76	464	29
临床医学	258	244	93	43	29	
预防医学与公共卫生学	15	15	5			6
药学	601	587	318	75	57	148
中医学与中药学	125	110	62	4	5	123
工程科学与技术领域	20666	18802	5505	2756	4716	2050
工程与技术科学基础学科	2871	2667	742	291	523	315
信息与系统科学相关工程与技术	1103	810	151	144	205	2
自然科学相关工程与技术	692	629	220	210	62	62
测绘科学技术	1157	1118	378			507
材料科学	2760	2508	789	382	860	11
机械工程	1568	1344	280	514	311	21
动力与电气工程	754	711	147	58	39	17

指标	从业人员	#科技活动人员（不含外聘的流动学者和在读研究生）	# 女性	外聘的流动学者	非本单位在读研究生	离退休人员
能源科学技术	92	92	29	11	81	
电子与通信技术	2338	2238	574	294	1539	103
计算机科学技术	613	589	182	178	25	4
化学工程	492	480	167	150	421	13
产品应用相关工程与技术	1417	1318	490	130	26	197
纺织科学技术	734	682	106		41	41
食品科学技术	732	675	331	24		50
土木建筑工程	78	72	11			
水利工程	869	683	156			340
交通运输工程	228	221	70			15
航空、航天科学技术	459	452	128	312	421	
环境科学技术及资源科学技术	1133	992	423	56	158	217
安全科学技术	444	394	69	2	4	40
管理学	132	127	62			95
社会、人文科学领域	1158	1103	494	31		435
马克思主义	147	137	62			89
考古学	247	247	94			27
经济学	192	189	82			75
法学	9	9	5			
社会学	203	195	76			49
图书馆、情报与文献学	290	286	158	31		188
体育科学	70	40	17			7
按机构从业人员规模分						
≥1000 人	6168	5944	2269	1630	983	1247
500～999 人	4766	4055	1168	204	318	929
300～499 人	4181	3961	1363	248	707	169
200～299 人	4278	3984	1420	198	1165	503
100～199 人	7669	6667	2339	718	1593	2163
50～99 人	5230	4875	1664	1027	1099	1445
30～49 人	1702	1522	503	440	545	335
20～29 人	635	591	204	97	136	90
10～19 人	625	566	206	195	65	180
0～9 人	270	245	84	38	45	96

2-3 科学研究和技术服务业事业单位从业人员按工作性质分（2022）

单位：人

指标名称	从业人员	科技活动人员（不含外聘的流动学者和在读研究生）				生产经营活动人员	其他人员
			科技管理人员	课题活动人员	科技服务人员		
总计	35524	32410	4751	23798	3861	1118	1996
按机构所属地域分布							
杭州市	16254	14961	1926	11197	1838	359	934
宁波市	5306	4872	742	3565	565	71	363
温州市	3541	3146	560	2222	364	126	269
嘉兴市	3029	2663	381	1964	318	325	41
湖州市	1108	1032	203	805	24	19	57
绍兴市	1916	1752	293	1352	107	115	49
金华市	991	901	107	640	154	44	46
衢州市	924	840	179	532	129	39	45
舟山市	774	724	124	500	100	2	48
台州市	975	870	151	589	130	7	98
丽水市	706	649	85	432	132	11	46
按机构所属隶属关系分布							
中央部门属	3290	3014	332	2105	577	83	193
中国科学院	1071	1071	92	782	197		
非中央部门属	32234	29396	4419	21693	3284	1035	1803
省级部门属	12256	11006	1425	8312	1269	550	700
副省级城市属	4274	3802	582	2725	495	134	338
地市级部门属	7162	6568	964	4882	722	161	433
按机构从事的国民经济行业分布							
科学研究和技术服务业	35524	32410	4751	23798	3861	1118	1996
研究和试验发展	24064	22283	3125	16689	2469	439	1342
专业技术服务业	8508	7342	981	5222	1139	601	565
科技推广和应用服务业	2952	2785	645	1887	253	78	89
按机构服务的国民经济行业分布							
农、林、牧、渔业	4547	3962	525	2716	721	96	489
农业	2129	1829	242	1179	408	67	233
林业	435	409	65	216	128	7	19
渔业	431	384	58	311	15	21	26

单位：人

指标名称	从业人员	科技活动人员（不含外聘的流动学者和在读研究生）	科技管理人员	课题活动人员	科技服务人员	生产经营活动人员	其他人员
农、林、牧、渔专业及辅助性活动	1552	1340	160	1010	170	1	211
制造业	4320	4089	773	2908	408	63	168
农副食品加工业	97	96	12	84			1
食品制造业	49	48	6	41	1	1	
酒、饮料和精制茶制造业	81	73	17	56		5	3
纺织业	510	475	94	355	26		35
皮革、毛皮、羽毛及其制品和制鞋业	94	90	13	72	5		4
文教、工美、体育和娱乐用品制造业	23	11	2	9		11	1
化学原料和化学制品制造业	495	470	106	285	79	4	21
医药制造业	491	469	90	356	23	3	19
橡胶和塑料制品业	7	7	1	5	1		
通用设备制造业	199	163	52	89	22	5	31
专用设备制造业	305	301	45	202	54		4
汽车制造业	20	18	9	9			2
铁路、船舶、航空航天和其他运输设备制造业	180	178	15	128	35	2	
电气机械和器材制造业	72	72	17	21	34		
计算机、通信和其他电子设备制造业	1210	1159	215	848	96	32	19
仪器仪表制造业	389	362	68	270	24		27
其他制造业	98	97	11	78	8		1
电力、热力、燃气及水生产和供应业	134	100	11	71	18		34
电力、热力生产和供应业	134	100	11	71	18		34
批发和零售业	72	72	5	11	56		
批发业	72	72	5	11	56		
交通运输、仓储和邮政业	219	214	31	183			5
道路运输业	219	214	31	183			5
信息传输、软件和信息技术服务业	575	553	121	408	24	9	13
软件和信息技术服务业	575	553	121	408	24	9	13
租赁和商务服务业	72	70	20	48	2		2
商务服务业	72	70	20	48	2		2
科学研究和技术服务业	23575	21735	2997	16238	2500	840	1000
研究和试验发展	12868	12346	1639	9588	1119	136	386
专业技术服务业	7802	6885	914	4823	1148	369	548
科技推广和应用服务业	2905	2504	444	1827	233	335	66

指标名称	从业人员	科技活动人员（不含外聘的流动学者和在读研究生）	科技管理人员	课题活动人员	科技服务人员	生产经营活动人员	其他人员
水利、环境和公共设施管理业	1594	1265	233	962	70	110	219
水利管理业	744	592	72	497	23	10	142
生态保护和环境治理业	850	673	161	465	47	100	77
卫生和社会工作	286	250	17	185	48		36
卫生	286	250	17	185	48		36
文化、体育和娱乐业	70	40	7	29	4		30
体育	70	40	7	29	4		30
公共管理、社会保障和社会组织	60	60	11	39	10		
国家机构	60	60	11	39	10		
按机构所属学科分布							
自然科学领域	5883	5516	840	4313	363	172	195
信息科学与系统科学	3164	3097	456	2447	194		67
力学	120	120	45	60	15		
物理学	18	14	5	9		4	
化学	624	595	121	423	51		29
地球科学	1278	1013	155	769	89	167	98
生物学	679	677	58	605	14	1	1
农业科学领域	5595	4849	651	3406	792	149	597
农学	4259	3733	469	2655	609	72	454
林学	793	628	103	366	159	56	109
水产学	543	488	79	385	24	21	34
医学科学领域	2222	2140	309	1524	307	7	75
基础医学	1223	1184	108	917	159	3	36
临床医学	258	244	37	160	47	4	10
预防医学与公共卫生学	15	15	15				
药学	601	587	142	357	88		14
中医学与中药学	125	110	7	90	13		15
工程科学与技术领域	20666	18802	2722	13946	2134	790	1074
工程与技术科学基础学科	2871	2667	350	2074	243	66	138
信息与系统科学相关工程与技术	1103	810	123	577	110	271	22
自然科学相关工程与技术	692	629	145	456	28	38	25
测绘科学技术	1157	1118	30	982	106		39
材料科学	2760	2508	327	1847	334	153	99
机械工程	1568	1344	176	870	298	62	162

单位：人

指标名称	从业人员	科技活动人员（不含外聘的流动学者和在读研究生）	科技管理人员	课题活动人员	科技服务人员	生产经营活动人员	其他人员
动力与电气工程	754	711	131	523	57		43
能源科学技术	92	92	22	29	41		
电子与通信技术	2338	2238	285	1872	81	38	62
计算机科学技术	613	589	87	477	25	5	19
化学工程	492	480	79	263	138	5	7
产品应用相关工程与技术	1417	1318	197	899	222	1	98
纺织科学技术	734	682	109	542	31		52
食品科学技术	732	675	64	413	198	38	19
土木建筑工程	78	72	38	18	16		6
水利工程	869	683	80	565	38	10	176
交通运输工程	228	221	32	189		2	5
航空、航天科学技术	459	452	81	327	44		7
环境科学技术及资源科学技术	1133	992	268	646	78	101	40
安全科学技术	444	394	69	299	26		50
管理学	132	127	29	78	20		5
社会、人文科学领域	1158	1103	229	609	265		55
马克思主义	147	137	35	53	49		10
考古学	247	247	21	90	136		
经济学	192	189	50	137	2		3
法学	9	9		9			
社会学	203	195	34	149	12		8
图书馆、情报与文献学	290	286	82	142	62		4
体育科学	70	40	7	29	4		30
按机构从业人员规模分							
≥1000 人	6168	5944	594	4775	575		224
500～999 人	4766	4055	589	2969	497	298	413
300～499 人	4181	3961	289	3134	538	46	174
200～299 人	4278	3984	495	2850	639	91	203
100～199 人	7669	6667	1141	4814	712	503	499
50～99 人	5230	4875	991	3401	483	124	231
30～49 人	1702	1522	323	997	202	15	165
20～29 人	635	591	125	360	106	20	24
10～19 人	625	566	147	335	84	9	50
0～9 人	270	245	57	163	25	12	13

2-4 科学研究和技术服务业事业单位科技活动人员按学历和职称分（2022）

单位：人

指标名称	科技活动人员（不含外聘的流动学者和在读研究生）	学历					职称			
		博士	硕士	本科	大专	其他	高级职称	中级职称	初级职称	其他
总计	32410	8294	11095	10315	1802	904	8912	9326	3813	10359
按机构所属地域分布										
杭州市	14961	4029	5580	4122	766	464	4116	4357	1184	5304
宁波市	4872	1260	1599	1650	261	102	1430	1574	913	955
温州市	3146	733	1089	1011	240	73	797	951	554	844
嘉兴市	2663	797	993	765	66	42	601	452	257	1353
湖州市	1032	432	227	302	52	19	375	182	56	419
绍兴市	1752	457	630	563	53	49	493	561	136	562
金华市	901	235	228	331	77	30	278	217	149	257
衢州市	840	179	191	363	63	44	253	235	137	215
舟山市	724	63	191	372	72	26	163	285	141	135
台州市	870	99	243	424	67	37	249	252	126	243
丽水市	649	10	124	412	85	18	157	260	160	72
按机构所属隶属关系分布										
中央部门属	3014	1176	833	691	187	127	1295	1014	316	389
中国科学院	1071	530	308	177	33	23	394	468	209	
非中央部门属	29396	7118	10262	9624	1615	777	7617	8312	3497	9970
省级部门属	11006	2295	4354	3440	567	350	2793	3425	1119	3669
副省级城市属	3802	680	1332	1486	226	78	1029	1195	588	990
地市级部门属	6568	1256	2116	2560	411	225	1700	1903	985	1980
按机构从事的国民经济行业分布										
科学研究和技术服务业	32410	8294	11095	10315	1802	904	8912	9326	3813	10359
研究和试验发展	22283	7269	8399	5171	887	557	6391	5964	1991	7937
专业技术服务业	7342	394	1827	4136	717	268	1871	2704	1516	1251
科技推广和应用服务业	2785	631	869	1008	198	79	650	658	306	1171
按机构服务的国民经济行业分布										
农、林、牧、渔业	3962	1071	1415	904	261	311	1362	1466	498	636
农业	1829	293	814	459	127	136	542	643	331	313
林业	409	109	65	136	56	43	139	135	53	82
渔业	384	67	139	145	22	11	121	157	47	59

指标名称	科技活动人员（不含外聘的流动学者和在读研究生）	学历					职称			
		博士	硕士	本科	大专	其他	高级职称	中级职称	初级职称	其他
农、林、牧、渔专业及辅助性活动	1340	602	397	164	56	121	560	531	67	182
制造业	4089	934	1555	1318	199	83	1026	954	319	1790
农副食品加工业	96	1	29	49	12	5	23	39	13	21
食品制造业	48	5	31	11	1		3	5	4	36
酒、饮料和精制茶制造业	73	8	28	25	4	8	33	20	3	17
纺织业	475	200	198	74		3	201	198	2	74
皮革、毛皮、羽毛及其制品和制鞋业	90	46	12	16	16		32	13	1	44
文教、工美、体育和娱乐用品制造业	11	2	5	4			8	3		
化学原料和化学制品制造业	470	133	155	135	18	29	149	91	77	153
医药制造业	469	158	146	143	18	4	120	68	79	202
橡胶和塑料制品业	7	7					7			
通用设备制造业	163	38	42	74	7	2	43	28	23	69
专用设备制造业	301	30	95	158	16	2	44	108	10	139
汽车制造业	18	7	1	8		2	4	6		8
铁路、船舶、航空航天和其他运输设备制造业	178	18	99	61			47	94	1	36
电气机械和器材制造业	72	15	16	37	2	2	8	3		61
计算机、通信和其他电子设备制造业	1159	218	485	357	82	17	176	126	88	769
仪器仪表制造业	362	30	154	149	20	9	115	138	15	94
其他制造业	97	18	59	17	3		13	14	3	67
电力、热力、燃气及水生产和供应业	100	2	38	53	7		47	39	13	1
电力、热力生产和供应业	100	2	38	53	7		47	39	13	1
批发和零售业	72		4	50	18		14	26	26	6
批发业	72		4	50	18		14	26	26	6
交通运输、仓储和邮政业	214	13	95	90	16		56	104	37	17
道路运输业	214	13	95	90	16		56	104	37	17
信息传输、软件和信息技术服务业	553	193	122	198	37	3	155	62	87	249
软件和信息技术服务业	553	193	122	198	37	3	155	62	87	249
租赁和商务服务业	70	8	42	17	2	1	10	40	3	17
商务服务业	70	8	42	17	2	1	10	40	3	17
科学研究和技术服务业	21735	5904	7088	7086	1183	474	5606	6164	2596	7369
研究和试验发展	12346	4967	4487	2280	411	201	3174	2971	891	5310
专业技术服务业	6885	261	1779	3924	662	259	1837	2597	1318	1133
科技推广和应用服务业	2504	676	822	882	110	14	595	596	387	926

指标名称	科技活动人员（不含外聘的流动学者和在读研究生）	学历					职称			
		博士	硕士	本科	大专	其他	高级职称	中级职称	初级职称	其他
水利、环境和公共设施管理业	1265	104	588	480	70	23	509	393	155	208
水利管理业	592	46	279	226	33	8	291	198	73	30
生态保护和环境治理业	673	58	309	254	37	15	218	195	82	178
卫生和社会工作	250	61	109	71	2	7	111	47	53	39
卫生	250	61	109	71	2	7	111	47	53	39
文化、体育和娱乐业	40	1	18	20	1		8	12	7	13
体育	40	1	18	20	1		8	12	7	13
公共管理、社会保障和社会组织	60	3	21	28	6	2	8	19	19	14
国家机构	60	3	21	28	6	2	8	19	19	14
按机构所属学科分布										
自然科学领域	5516	1827	2253	1242	159	35	1114	1242	291	2869
信息科学与系统科学	3097	979	1518	531	63	6	322	581	64	2130
力学	120	21	52	44		3	16	26	1	77
物理学	14	5	8	1			5			9
化学	595	146	164	248	23	14	198	152	70	175
地球科学	1013	332	319	322	34	6	427	340	141	105
生物学	677	344	192	96	39	6	146	143	15	373
农业科学领域	4849	1209	1695	1249	347	349	1713	1760	576	800
农学	3733	954	1374	863	256	286	1340	1360	422	611
林学	628	160	141	215	64	48	224	210	97	97
水产学	488	95	180	171	27	15	149	190	57	92
医学科学领域	2140	678	861	526	54	21	532	496	234	878
基础医学	1184	498	464	201	20	1	245	278	58	603
临床医学	244	74	85	82	2	1	97	45	58	44
预防医学与公共卫生学	15		6	7	2		4	8	3	
药学	587	81	247	218	28	13	141	140	94	212
中医学与中药学	110	25	59	18	2	6	45	25	21	19
工程科学与技术领域	18802	4469	5814	6941	1157	421	5239	5519	2564	5480
工程与技术科学基础学科	2667	580	717	1105	190	75	589	863	401	814
信息与系统科学相关工程与技术	810	284	210	280	34	2	215	235	160	200
自然科学相关工程与技术	629	213	222	140	38	16	214	149	65	201
测绘科学技术	1118	15	212	594	187	110	245	410	222	241
材料科学	2508	984	712	644	127	41	785	789	411	523
机械工程	1344	210	334	689	94	17	400	450	208	286

单位：人

指标名称	科技活动人员（不含外聘的流动学者和在读研究生）	学历					职称			
		博士	硕士	本科	大专	其他	高级职称	中级职称	初级职称	其他
动力与电气工程	711	66	178	412	38	17	259	245	71	136
能源科学技术	92	20	23	44	2	3	13	9	8	62
电子与通信技术	2238	1100	687	398	48	5	639	309	157	1133
计算机科学技术	589	150	253	171	14	1	94	59	55	381
化学工程	480	150	139	113	51	27	142	87	67	184
产品应用相关工程与技术	1318	175	435	579	98	31	295	375	139	509
纺织科学技术	682	206	253	203	17	3	237	261	51	133
食品科学技术	675	33	175	395	62	10	125	252	203	95
土木建筑工程	72		11	28	28	5	8	22	21	21
水利工程	683	48	316	275	39	5	336	236	85	26
交通运输工程	221	13	97	95	16		60	106	38	17
航空、航天科学技术	452	81	206	141	14	10	83	162	20	187
环境科学技术及资源科学技术	992	133	454	342	36	27	356	292	104	240
安全科学技术	394	6	115	238	19	16	115	160	56	63
管理学	127	2	65	55	5		29	48	22	28
社会、人文科学领域	1103	111	472	357	85	78	314	309	148	332
马克思主义	137	53	54	30			68	34	3	32
考古学	247	3	64	50	59	71	29	36	37	145
经济学	189	34	112	40	2	1	98	65	6	20
法学	9		2	7				2	7	
社会学	195	12	81	93	8	1	46	47	29	73
图书馆、情报与文献学	286	8	141	117	15	5	65	113	59	49
体育科学	40	1	18	20	1		8	12	7	13
按机构从业人员规模分										
≥1000人	5944	1947	2261	1189	295	252	1297	1818	473	2356
500～999人	4055	1232	1523	1076	151	73	1435	1247	487	886
300～499人	3961	1394	1322	1065	153	27	1102	1083	403	1373
200～299人	3984	885	1280	1360	303	156	981	964	450	1589
100～199人	6667	1413	2277	2468	343	166	2053	1954	904	1756
50～99人	4875	929	1534	1908	340	164	1299	1453	599	1524
30～49人	1522	274	483	642	100	23	405	410	203	504
20～29人	591	123	169	230	48	21	140	139	124	188
10～19人	566	61	175	270	46	14	130	187	117	132
0～9人	245	36	71	107	23	8	70	71	53	51

2-5　科学研究和技术服务业事业单位经费收入（2022）

单位：万元

指标名称	经费收入总额	科技活动收入	政府资金	财政拨款	承担政府科研项目收入	其他	非政府资金	#技术性收入	#国外资金	生产经营活动收入	其他收入
总计	2747055	2596703	1937593	1565258	326714	45621	659111	622064	64	69158	81194
按机构所属地域分布											
杭州市	1431315	1358095	973820	812584	146849	14388	384275	364604	58	21136	52085
宁波市	522320	505402	353501	235662	105541	12299	151900	144956		7642	9277
温州市	191257	184125	159006	128326	28529	2152	25119	25077		2318	4814
嘉兴市	176583	152740	139232	122027	15811	1394	13508	11963		21372	2472
湖州市	52045	45535	32122	25349	5429	1345	13412	11755		2206	4304
绍兴市	117281	110853	89404	78504	2955	7945	21449	15018		3704	2724
金华市	45085	40429	35604	30447	5107	50	4825	4366		4020	637
衢州市	76346	74591	68971	58842	7737	2392	5620	5470		820	934
舟山市	50603	46542	36265	32129	2920	1215	10278	10272	6	2933	1128
台州市	48699	46034	21459	16603	2438	2418	24575	24434		1435	1231
丽水市	35521	32359	28208	24787	3397	25	4150	4150		1573	1589
按机构所属隶属关系分布											
中央部门属	290948	278553	180473	97914	77265	5294	98080	95332	40	1221	11175
中国科学院	122058	122058	97188	39185	53343	4660	24870	22166			
非中央部门属	2456107	2318151	1757120	1467343	249449	40327	561031	526733	24	67937	70019
省级部门属	1093777	1016403	708081	574010	120344	13728	308321	288323	18	40353	37021
副省级城市属	381197	359144	280251	229475	44980	5796	78893	75649		10784	11269
地市级部门属	383446	362554	286840	238722	40542	7575	75714	68444	6	7217	13676
按机构从事的国民经济行业分布											
科学研究和技术服务业	2747055	2596703	1937593	1565258	326714	45621	659111	622064	64	69158	81194
研究和试验发展	2023441	1939802	1597866	1284271	277813	35783	341936	315289	64	21766	61872
专业技术服务业	497444	440045	174505	141197	24246	9062	265540	256189		42865	14535
科技推广和应用服务业	226170	216856	165222	139790	24655	776	51634	50586		4527	4787
按机构服务的国民经济行业分布											
农、林、牧、渔业	297679	270842	224697	146829	71167	6700	46145	40024	64	5289	21548
农业	126720	115441	103548	72354	29127	2067	11894	11336	11	319	10959
林业	24862	22269	19130	11087	7563	479	3139	3089	36	290	2303
渔业	33881	29910	23735	11031	11544	1161	6175	6175		3362	609
农、林、牧、渔专业及辅助性活动	112216	103222	78284	52357	22934	2993	24937	19424	17	1318	7677

单位：万元

指标名称	经费收入总额	科技活动收入	政府资金	财政拨款	承担政府科研项目收入	其他	非政府资金	#技术性收入	#国外资金	生产经营活动收入	其他收入
制造业	263684	254712	206051	171104	27880	7067	48661	47516		2451	6520
农副食品加工业	4116	4068	4041	4041			27	27			48
食品制造业	5086	5086	4531	3281	1250		555	555			
酒、饮料和精制茶制造业	4143	2820	1668	1268	236	165	1152	1152		388	935
纺织业	21251	20033	17000	17000			3033	3033			1219
皮革、毛皮、羽毛及其制品和制鞋业	4608	4545	500	500			4045	4045			64
文教、工美、体育和娱乐用品制造业	594	15	15		15					579	
化学原料和化学制品制造业	49424	48037	42537	32927	4930	4681	5499	4689		542	846
医药制造业	37374	36842	35488	34839	376	272	1354	1354			532
橡胶和塑料制品业	49	49	5	5			44	44			
通用设备制造业	10680	10271	9028	8101	538	390	1243	1240		261	148
专用设备制造业	25572	25020	12498	11840	659		12522	12520			552
汽车制造业	1957	1198	555	545	10		643	643			759
铁路、船舶、航空航天和其他运输设备制造业	17699	17114	16752	16752			362	362		340	246
电气机械和器材制造业	1377	1377	1319	1319			58	58			
计算机、通信和其他电子设备制造业	46979	46279	43946	25380	18258	307	2333	2002		341	359
仪器仪表制造业	28170	27362	11682	9281	2401		15680	15680			808
其他制造业	4606	4600	4486	4026	458	3	114	114			6
电力、热力、燃气及水生产和供应业	5857	5339	526	444	81		4814	4814		111	407
电力、热力生产和供应业	5857	5339	526	444	81		4814	4814		111	407
批发和零售业	4116	4116	4116	4116							
批发业	4116	4116	4116	4116							
交通运输、仓储和邮政业	25940	25390	8928	4608	4321		16462	14912			550
道路运输业	25940	25390	8928	4608	4321		16462	14912			550
信息传输、软件和信息技术服务业	67588	66735	38308	30603	7623	82	28427	28251		641	212
软件和信息技术服务业	67588	66735	38308	30603	7623	82	28427	28251		641	212
租赁和商务服务业	4628	4531	3932	976	2957		598	598			97
商务服务业	4628	4531	3932	976	2957		598	598			97
科学研究和技术服务业	1931143	1833327	1390227	1155342	205257	29628	443101	416790		50744	47071
研究和试验发展	1286733	1251155	1107642	921929	168691	17022	143513	127565		6416	29161
专业技术服务业	480068	443351	166385	143849	14915	7621	276967	268310		21179	15538
科技推广和应用服务业	164342	138821	116200	89563	21652	4985	22621	20916		23149	2372

指标名称	经费收入总额	科技活动收入	政府资金	财政拨款	承担政府科研项目收入	其他	非政府资金	#技术性收入	#国外资金	生产经营活动收入	其他收入
水利、环境和公共设施管理业	113360	98782	37622	30186	5483	1953	61160	60871		9921	4657
水利管理业	58286	56405	9985	7875	2109		46421	46213		421	1460
生态保护和环境治理业	55074	42377	27637	22311	3374	1953	14739	14659		9500	3197
卫生和社会工作	27786	27715	18445	17228	1217		9270	7818			71
卫生	27786	27715	18445	17228	1217		9270	7818			71
文化、体育和娱乐业	2975	2962	2579	2384	4	192	383	383			13
体育	2975	2962	2579	2384	4	192	383	383			13
公共管理、社会保障和社会组织	2300	2252	2163	1437	725			90	88		48
国家机构	2300	2252	2163	1437	725			90	88		48
按机构所属学科领域分布											
自然科学领域	619918	589745	505260	443998	56559	4704	84484	83083		8287	21886
信息科学与系统科学	415174	400312	367372	333628	31462	2282	32940	32790		78	14784
力学	10517	10516	10465	1000	9255	210	51	51			1
物理学	199	163	163	163							35
化学	40526	38659	13801	12847	918	36	24858	24047		1304	563
地球科学	83787	70844	44614	33052	9401	2161	26230	25791		6906	6038
生物学	69715	69250	68846	63308	5523	15	404	404			465
农业科学领域	361153	323876	268575	175390	84189	8997	55301	49179	64	8673	28603
农学	272424	248398	207684	136426	63930	7328	40714	34643	28	741	23286
林学	46800	38979	31072	21863	8700	509	7907	7858	36	3286	4535
水产学	41928	36499	29820	17101	11558	1161	6679	6679		4646	783
医学科学领域	194368	192706	148236	134274	11273	2690	44470	33071			1662
基础医学	118238	117498	91202	82014	8083	1106	26296	16366			740
临床医学	15632	15632	7540	6433	1107		8092	8092			
预防医学与公共卫生学	2021	2021	2005	1994		11	17				
药学	44124	43272	34659	31832	1254	1573	8614	8614			852
中医学与中药学	14354	14283	12831	12001	830		1453				71
工程科学与技术领域	1483528	1404272	963597	779477	155081	29039	440676	422552		52198	27058
工程与技术科学基础学科	149177	144362	96290	72319	18766	5205	48072	39201		2155	2660
信息与系统科学相关工程与技术	57625	36304	32440	23629	8051	760	3863	3168		21001	320
自然科学相关工程与技术	95927	91467	88620	80129	5406	3085	2847	2847		3705	755
测绘科学技术	107981	106328	25606	25546	60		80722	79688			1653
材料科学	273633	268515	236384	163155	67956	5273	32132	27735		3715	1403
机械工程	91797	84243	39105	36831	1756	517	45138	44960		2586	4968

2-5 续表3　　　　　　　　　　　　　　　　　　　　　　　　　　　　　　　　　　　单位：万元

指标名称	经费收入总额	科技活动收入	政府资金	财政拨款	承担政府科研项目收入	其他	非政府资金	#技术性收入	#国外资金	生产经营活动收入	其他收入
动力与电气工程	48956	48019	12263	9164	935	2164	35756	35548			937
能源科学技术	2122	2122	1369	1334	35		753	476			
电子与通信技术	137868	132012	108587	97641	10473	473	23425	23425		716	5139
计算机科学技术	47620	47237	44057	41894	2160	3	3181	2886		106	277
化学工程	58434	57382	50572	42553	3602	4418	6809	6809		820	233
产品应用相关工程与技术	75838	73432	41512	31903	8561	1048	31920	31609		805	1601
纺织科学技术	29981	28300	17549	17319	230		10752	10752			1681
食品科学技术	25422	23407	16976	14520	740	1717	6431	6431		1810	205
土木建筑工程	3271	3194	156	156			3038	3038			77
水利工程	64040	61642	10407	8217	2191		51234	51027		532	1866
交通运输工程	26432	25512	9050	4730	4321		16462	14912		340	580
航空、航天科学技术	86324	85169	78157	71630	6527		7012	7012		109	1046
环境科学技术及资源科学技术	66073	51309	40584	30313	7028	3243	10725	10625		13797	967
安全科学技术	29446	28900	9278	1871	6274	1133	19622	19622			545
管理学	5562	5418	4636	4626	11		782	782			145
社会、人文科学领域	88089	86104	51924	32119	19613	192	34180	34179			1985
马克思主义	7408	7363	7363	7363							44
考古学	18130	17732	8682	2399	6283		9051	9051			398
经济学	24888	24403	15098	2051	13047		9305	9303			486
法学	258	258	258	258							
社会学	15121	14687	5098	5098			9590	9590			434
图书馆、情报与文献学	19310	18699	12847	12568	280		5852	5852			610
体育科学	2975	2962	2579	2384	4	192	383	383			13
按机构从业人员规模分											
≥1000人	673175	649870	529157	419037	100205	9915	120713	112495	17	71	23235
500～999人	317846	285869	173791	133483	38461	1847	112078	110967	11	20998	10979
300～499人	240758	229826	166543	143696	20971	1876	63283	63170		2237	8696
200～299人	360724	343662	239357	193487	39743	6128	104305	92766		9184	7878
100～199人	611505	575813	388336	309966	72328	6041	187477	177531		21761	13931
50～99人	316866	299692	248069	197633	40366	10070	51623	48859	29	6797	10377
30～49人	123579	115417	104695	86604	9180	8911	10722	7968		5016	3146
20～29人	49592	46268	40941	38639	2044	258	5327	5030	6	2114	1209
10～19人	40749	38862	36396	33402	2558	437	2466	2163		486	1402
0～9人	12261	11425	10308	9311	858	139	1117	1117		496	341

2–6 科学研究和技术服务业事业单位经费支出（2022）

单位：万元

指标名称	经费内部支出总额	科技经费内部支出	日常性支出	人员劳务费	其他日常性支出	资产性支出	仪器与设备支出	非基建的科学仪器与设备支出	基建的仪器与设备支出
总计	2416561	2230838	1573261	777409	795852	657577	469826	379915	89912
按机构所属地域分布									
杭州市	1245793	1141769	817818	405353	412465	323951	247056	200410	46646
宁波市	412668	388338	273458	134986	138472	114880	82621	70622	12000
温州市	190413	174563	119455	61803	57652	55108	28376	16705	11671
嘉兴市	171838	153135	78646	45170	33476	74489	45743	41434	4309
湖州市	51433	46421	39196	22310	16887	7225	6142	5788	353
绍兴市	90331	88547	56912	21739	35173	31634	22703	15407	7296
金华市	50409	46927	32878	19656	13221	14050	9803	8845	957
衢州市	85953	83537	68003	19259	48744	15534	14324	13391	933
舟山市	37608	32315	26644	13787	12856	5672	3131	2833	298
台州市	48542	45100	36524	17889	18635	8576	4771	2572	2199
丽水市	31573	30186	23727	15458	8269	6460	5157	1909	3248
按机构所属隶属关系分布									
中央部门属	285445	273386	206744	99408	107337	66642	36604	22603	14001
中国科学院	102945	102945	69429	44894	24535	33516	15035	15035	
非中央部门属	2131116	1957452	1366517	678001	688515	590936	433223	357312	75911
省级部门属	944628	845706	620171	305169	315002	225535	148791	114294	34498
副省级城市属	266504	235718	154459	82351	72109	81258	72598	69060	3538
地市级部门属	398335	375975	283349	145962	137387	92627	56546	49176	7370
按机构从事的国民经济行业分布									
科学研究和技术服务业	2416561	2230838	1573261	777409	795852	657577	469826	379915	89912
研究和试验发展	1770937	1653595	1111416	540798	570618	542179	387125	319562	67563
专业技术服务业	470478	409559	336216	184213	152003	73344	51791	40019	11773

指标名称	经费内部支出总额	科技经费内部支出	日常性支出	人员劳务费	其他日常性支出	资产性支出	仪器与设备支出	非基建的科学仪器与设备支出	基建的仪器与设备支出
科技推广和应用服务业	175147	167684	125629	52398	73231	42055	30910	20335	10576
按机构服务的国民经济行业分布									
农、林、牧、渔业	309689	250402	204742	105935	98807	45660	20778	11319	9458
农业	127686	111883	90255	49998	40257	21628	10257	4106	6151
林业	23807	22364	20802	11957	8845	1563	1426	489	937
渔业	33101	27319	24992	10705	14287	2327	1421	1123	298
农、林、牧、渔专业及辅助性活动	125095	88835	68693	33276	35418	20142	7674	5602	2072
制造业	285800	280021	159935	74534	85401	120086	77922	70539	7383
农副食品加工业	4116	4076	3651	2365	1287	424	424	424	
食品制造业	2885	2646	963	499	465	1683	1643	54	1589
酒、饮料和精制茶制造业	3517	2937	2805	1745	1060	132	132	132	
纺织业	15817	15808	10766	955	9811	5042	4242	3603	640
皮革、毛皮、羽毛及其制品和制鞋业	5441	5349	5349	2838	2512				
文教、工美、体育和娱乐用品制造业	871	167	88	85	3	79	28	28	
化学原料和化学制品制造业	55837	54773	37922	10294	27628	16851	13577	12196	1381
医药制造业	49014	48285	19998	7777	12221	28287	13043	13043	
橡胶和塑料制品业	158	149	149	77	72	1	1	1	
通用设备制造业	11390	10873	4043	2290	1753	6831	4018	1535	2483
专用设备制造业	20409	20325	10356	6652	3704	9969	9658	9658	
汽车制造业	2042	1562	940	212	728	622	567	95	472
铁路、船舶、航空航天和其他运输设备制造业	9461	9341	3289	2285	1004	6052	5932	5932	
电气机械和器材制造业	1809	1697	461	215	246	1236	677		677
计算机、通信和其他电子设备制造业	69869	69296	38575	22667	15908	30721	18025	17887	138
仪器仪表制造业	28889	28470	17073	11338	5735	11397	5204	5201	3
其他制造业	4274	4267	3507	2240	1266	760	751	751	
电力、热力、燃气及水生产和供应业	5389	4664	4593	3046	1547	71	71	71	
电力、热力生产和供应业	5389	4664	4593	3046	1547	71	71	71	

指标名称	经费内部支出总额	科技经费内部支出	日常性支出	人员劳务费	其他日常性支出	资产性支出	仪器与设备支出	非基建的科学仪器与设备支出	基建的仪器与设备支出
批发和零售业	3750	3750	3383	2448	935	366	366		366
批发业	3750	3750	3383	2448	935	366	366		366
交通运输、仓储和邮政业	20856	20606	17978	6925	11053	2628	2510	2510	
道路运输业	20856	20606	17978	6925	11053	2628	2510	2510	
信息传输、软件和信息技术服务业	63701	62800	59047	11989	47058	3754	1928	629	1300
软件和信息技术服务业	63701	62800	59047	11989	47058	3754	1928	629	1300
租赁和商务服务业	3609	3558	3558	3014	544				
商务服务业	3609	3558	3558	3014	544				
科学研究和技术服务业	1599092	1494803	1036668	528820	507848	458136	351522	283690	67832
研究和试验发展	1027312	987528	627854	307064	320790	359674	282237	231141	51096
专业技术服务业	445142	398153	325125	177822	147303	73028	48080	41309	6771
科技推广和应用服务业	126637	109123	83689	43933	39756	25434	21205	11240	9965
水利、环境和公共设施管理业	92933	80279	67914	32842	35071	12365	10541	9672	869
水利管理业	44995	42746	38372	19299	19073	4375	3573	3573	
生态保护和环境治理业	47938	37532	29542	13543	15999	7990	6967	6099	869
卫生和社会工作	26922	25547	11642	5461	6181	13905	3709	1007	2702
卫生	26922	25547	11642	5461	6181	13905	3709	1007	2702
文化、体育和娱乐业	2532	2118	1619	801	818	499	393	393	
体育	2532	2118	1619	801	818	499	393	393	
公共管理、社会保障和社会组织	2290	2290	2182	1594	589	107	87	86	2
国家机构	2290	2290	2182	1594	589	107	87	86	2
按机构所属学科领域分布									
自然科学领域	527554	503192	346709	131403	215306	156483	111664	91673	19990
信息科学与系统科学	322126	312327	225236	87207	138029	87092	70046	60179	9866
力学	11063	11063	9811	4154	5657	1252	1252	1252	
物理学	316	258	225	112	113	33	14	14	
化学	39791	38964	33602	10228	23374	5362	4777	2349	2428

单位：万元

指标名称	经费内部支出总额	科技经费内部支出	日常性支出	人员劳务费	其他日常性支出	资产性支出	仪器与设备支出	非基建的科学仪器与设备支出	基建的仪器与设备支出
地球科学	99636	86011	60379	25374	35005	25632	13354	5819	7535
生物学	54622	54569	17457	4329	13128	37113	22221	22060	161
农业科学领域	370019	301494	250512	133323	117189	50982	25245	15378	9867
农学	280626	225385	185445	101879	83566	39940	19889	11659	8230
林学	47517	40127	36165	18935	17230	3962	3240	1902	1339
水产学	41876	35982	28902	12508	16394	7080	2115	1817	298
医学科学领域	186965	182780	97199	52735	44464	85581	70940	46764	24177
基础医学	105803	103712	51357	29453	21904	52354	51642	31048	20593
临床医学	15683	15425	12782	6417	6365	2642	1643	187	1457
预防医学与公共卫生学	2019	2019	1185	401	784	835	835	2	832
药学	48266	47591	28537	14816	13722	19053	16016	14722	1294
中医学与中药学	15194	14034	3337	1649	1689	10696	805	805	
工程科学与技术领域	1250387	1166515	813904	425252	388652	352612	258545	222668	35878
工程与技术科学基础学科	125340	118414	89105	46662	42444	29309	24884	16884	7999
信息与系统科学相关工程与技术	49993	34919	25214	18353	6861	9705	7489	5088	2401
自然科学相关工程与技术	54446	53191	24905	7179	17726	28286	24181	19610	4571
测绘科学技术	105043	99744	95881	41078	54802	3864	3352	3352	
材料科学	194371	185984	107934	64558	43376	78050	56140	49620	6521
机械工程	85266	74304	54238	29309	24929	20065	16299	10306	5993
动力与电气工程	43644	42094	34741	22480	12261	7353	6447	5907	540
能源科学技术	2518	2406	1102	407	695	1303	744	68	677
电子与通信技术	139057	130289	85242	53640	31602	45047	33720	33615	105
计算机科学技术	34656	34157	27016	12375	14641	7141	3508	3186	321
化学工程	58468	57707	38222	12658	25564	19486	16763	15883	880
产品应用相关工程与技术	84622	81695	50166	27649	22517	31530	11412	9918	1494
纺织科学技术	26367	25428	17215	3132	14084	8213	7245	6539	705

指标名称	经费内部支出总额	科技经费内部支出	日常性支出	人员劳务费	其他日常性支出	资产性支出	仪器与设备支出	非基建的科学仪器与设备支出	基建的仪器与设备支出
食品科学技术	23376	21715	16574	11612	4962	5141	4847	2622	2224
土木建筑工程	2701	2671	2648	1824	824	23	23		23
水利工程	50281	47308	42862	22254	20608	4446	3644	3644	
交通运输工程	21235	20864	18236	7017	11219	2628	2510	2510	
航空、航天科学技术	63429	60372	25468	10128	15341	34904	26632	26001	631
环境科学技术及资源科学技术	56399	45393	32578	18283	14295	12815	6226	5500	725
安全科学技术	22762	21803	18610	11167	7443	3192	2383	2383	
管理学	6416	6060	5948	3489	2459	112	97	31	66
社会、人文科学领域	81636	76857	64938	34697	30241	11919	3432	3432	
马克思主义	7179	6678	4520	2687	1833	2157	2157	2157	
考古学	18379	15439	15109	5443	9665	330	330	330	
经济学	24844	24773	18437	10614	7823	6336	477	477	
法学	258	258	258	242	17				
社会学	10793	10656	10656	5693	4963				
图书馆、情报与文献学	17651	16935	14338	9217	5122	2597	76	76	
体育科学	2532	2118	1619	801	818	499	393	393	
按机构从业人员规模分									
≥1000 人	569109	522233	387013	187153	199859	135220	92203	80831	11372
500～999 人	307863	274441	210066	104050	106016	64375	48303	33876	14427
300～499 人	238126	225998	132219	78767	53453	93779	63246	57132	6114
200～299 人	280702	256975	171321	88813	82508	85654	74745	51864	22881
100～199 人	548902	502450	372462	152769	219693	129989	85733	75801	9932
50～99 人	279754	268156	185964	105291	80673	82192	59995	49534	10461
30～49 人	108438	103202	59640	31446	28195	43562	29839	22215	7624
20～29 人	39663	36934	24763	11920	12844	12170	9717	5424	4293
10～19 人	33170	30504	21571	12275	9296	8933	4826	3029	1796
0～9 人	10836	9946	8243	4926	3316	1703	1220	208	1012

单位：万元

指标名称	经费内部支出总额			生产经营支出	其他支出
	资产性支出				
	土建费	资本化的计算机软件支出	专利和专有技术支出		
总计	**158344**	**22677**	**6729**	**60967**	**124757**
按机构所属地域分布					
杭州市	58090	16708	2097	23880	80145
宁波市	30457	1418	384	4432	19899
温州市	24798	1364	570	7645	8205
嘉兴市	24433	980	3333	16164	2540
湖州市	971	30	83	2019	2993
绍兴市	7608	1247	77	1517	268
金华市	4097	126	25	2286	1196
衢州市	1092	107	12	1165	1252
舟山市	1980	520	41	233	5060
台州市	3539	169	97	1370	2072
丽水市	1281	10	12	259	1128
按机构所属隶属关系分布					
中央部门属	29403	474	161	1893	10166
中国科学院	18478	3			
非中央部门属	128941	22203	6568	59073	114591
省级部门属	59503	15773	1468	30171	68751
副省级城市属	7344	1049	267	9296	21491
地市级部门属	31127	1702	3252	7581	14779
按机构从事的国民经济行业分布					
科学研究和技术服务业	158344	22677	6729	60967	124757
研究和试验发展	136947	12445	5662	26367	90974
专业技术服务业	11254	9641	658	31715	29204
科技推广和应用服务业	10144	591	409	2885	4579
按机构服务的国民经济行业分布					
农、林、牧、渔业	23503	280	1100	6930	52358

指标名称	经费内部支出总额			生产经营支出	其他支出
	资产性支出				
	土建费	资本化的计算机软件支出	专利和专有技术支出		
农业	11256	94	21	4785	11018
林业	56	12	68	223	1220
渔业	905	1		1762	4021
农、林、牧、渔专业及辅助性活动	11286	173	1010	161	36099
制造业	36401	1748	4015	2996	2784
农副食品加工业					40
食品制造业	35	3	2	234	5
酒、饮料和精制茶制造业				290	290
纺织业	800				9
皮革、毛皮、羽毛及其制品和制鞋业				28	64
文教、工美、体育和娱乐用品制造业	51			703	2
化学原料和化学制品制造业	3208	60	6	278	785
医药制造业	15097	125	22	592	136
橡胶和塑料制品业					9
通用设备制造业	2193	575	44	105	412
专用设备制造业		308	3		85
汽车制造业	40	15		8	472
铁路、船舶、航空航天和其他运输设备制造业		120		121	
电气机械和器材制造业	559				112
计算机、通信和其他电子设备制造业	8546	231	3919	478	95
仪器仪表制造业	5872	306	14	158	262
其他制造业		4	5		7
电力、热力、燃气及水生产和供应业					725
电力、热力生产和供应业					725
批发和零售业					
批发业					

指标名称	经费内部支出总额			生产经营支出	其他支出
	资产性支出				
	土建费	资本化的计算机软件支出	专利和专有技术支出		
交通运输、仓储和邮政业		89	30	148	102
道路运输业		89	30	148	102
信息传输、软件和信息技术服务业	1767		58	428	473
软件和信息技术服务业	1767		58	428	473
租赁和商务服务业					51
商务服务业					51
科学研究和技术服务业	85218	19993	1403	43141	61147
研究和试验发展	68566	8300	571	7386	32398
专业技术服务业	14511	10091	346	19912	27077
科技推广和应用服务业	2141	1602	486	15843	1671
水利、环境和公共设施管理业	1324	431	69	7324	5331
水利管理业	649	152		376	1873
生态保护和环境治理业	675	279	69	6949	3458
卫生和社会工作	10132	65			1374
卫生	10132	65			1374
文化、体育和娱乐业		51	55		414
体育		51	55		414
公共管理、社会保障和社会组织		20			
国家机构		20			
按机构所属学科领域分布					
自然科学领域	39538	5085	197	8476	15886
信息科学与系统科学	13584	3445	18	62	9736
力学					
物理学			19	58	
化学	101	391	92		828
地球科学	11029	1186	64	8317	5308

指标名称	经费内部支出总额			生产经营支出	其他支出
	资产性支出				
	土建费	资本化的计算机软件支出	专利和专有技术支出		
生物学	14825	63	4	39	14
农业科学领域	24324	300	1113	10766	57759
农学	18748	283	1021	5157	50084
林学	637	16	68	3779	3612
水产学	4938	2	25	1831	4064
医学科学领域	13827	792	22	1198	2987
基础医学	241	453	19	1131	961
临床医学	999			66	192
预防医学与公共卫生学					
药学	2695	339	3	1	674
中医学与中药学	9892				1161
工程科学与技术领域	74856	13908	5303	40526	43345
工程与技术科学基础学科	3247	1101	77	3191	3734
信息与系统科学相关工程与技术	975	899	342	14588	486
自然科学相关工程与技术	3614	295	195	412	843
测绘科学技术		509	3		5299
材料科学	20758	151	1000	2884	5504
机械工程	2590	708	469	3303	7659
动力与电气工程	102	803	1	23	1527
能源科学技术	559				112
电子与通信技术	7619	875	2834	3339	5429
计算机科学技术	3608	13	12	124	376
化学工程	2688	35		228	533
产品应用相关工程与技术	19508	533	77	939	1988
纺织科学技术	879	89			939
食品科学技术	161	92	42	1450	211

指标名称	经费内部支出总额			生产经营支出	其他支出
	资产性支出				
	土建费	资本化的计算机软件支出	专利和专有技术支出		
土木建筑工程					30
水利工程	649	152		376	2598
交通运输工程		89	30	269	102
航空、航天科学技术	7362	765	144	996	2061
环境科学技术及资源科学技术	206	6383		7814	3192
安全科学技术	324	409	75	590	369
管理学	8	8			356
社会、人文科学领域	5800	2593	94		4780
马克思主义					502
考古学					2940
经济学	5800	20	40		71
法学					
社会学					138
图书馆、情报与文献学		2521			716
体育科学		51	55		414
按机构从业人员规模分					
≥1000 人	37905	4124	989	138	46738
500～999 人	13578	2184	311	18368	15053
300～499 人	26776	810	2948	2687	9441
200～299 人	2794	7093	1021	7942	15786
100～199 人	39272	4360	624	21513	24938
50～99 人	19266	2349	582	5806	5792
30～49 人	12057	1575	91	1962	3274
20～29 人	2375	57	22	855	1874
10～19 人	3901	89	118	1190	1477
0～9 人	422	38	24	507	383

2-7 科学研究和技术服务业事业单位科研基建与固定资产（2022）

单位：万元

指标名称	科研基建	按经费来源分				年末固定资产原价	#科研房屋建筑物	科研仪器设备	#进口
		政府资金	企业资金	事业单位资金	其他资金				
总计	**248256**	**213799**	**6482**	**27015**	**961**	**2700591**	**754024**	**1476238**	**448683**
按机构所属地域分布									
杭州市	104736	83332	9	21273	122	1318522	300050	761628	271630
宁波市	42457	36467	2364	3299	327	554359	192699	302832	92295
温州市	36469	35268		1159	42	216021	59445	103981	15069
嘉兴市	28743	26557	1635	551		233819	102029	86822	16488
湖州市	1325	915	113	297		40610	19068	16619	840
绍兴市	14904	12542	2362			55438	5301	44436	4982
金华市	5054	4466		119	470	48662	9976	33855	7612
衢州市	2024	2008		16		58653	12608	35131	9216
舟山市	2278	2278				66992	23059	27208	13203
台州市	5738	5472		267		60550	16796	38722	15572
丽水市	4529	4495		34		46964	12994	25005	1776
按机构所属隶属关系分布									
中央部门属	43403	40900		2503		491143	137104	286811	111673
中国科学院	18478	18402		76		169320	53931	97668	48807
非中央部门属	204852	172899	6482	24512	961	2209448	616920	1189427	337010
省级部门属	94000	73627	1576	18675	122	1082250	349963	525775	173931
副省级城市属	10882	9103	512	1268		365078	125548	166235	38460
地市级部门属	38497	37851		646		375120	59949	217546	44044
按机构从事的国民经济行业分布									
科学研究和技术服务业	248256	213799	6482	27015	961	2700591	754024	1476238	448683
研究和试验发展	204510	185977	1080	17330	122	1771625	498448	943736	319039
专业技术服务业	23026	12232	1576	8703	515	787689	199879	468418	120783
科技推广和应用服务业	20720	15589	3825	982	324	141277	55698	64084	8861
按机构服务的国民经济行业分布									
农、林、牧、渔业	32961	25775		7186		433777	161056	164545	28852
农业	17407	15083		2324		168883	50580	61071	2033
林业	993	966		27		45632	13761	19271	9089
渔业	1204	1047		157		58025	29696	23366	6708

指标名称	科研基建	按经费来源分				年末固定资产原价	#科研房屋建筑物	科研仪器设备	#进口
		政府资金	企业资金	事业单位资金	其他资金				
农、林、牧、渔专业及辅助性活动	13358	8680		4678		161237	67020	60837	11021
制造业	43783	37535	113	6132	3	213841	31062	172657	77041
农副食品加工业						10534	1119	9414	7562
食品制造业	1624	1624				3035	350	2684	300
酒、饮料和精制茶制造业						6717	5342	1166	757
纺织业	1440	1440				6249		6249	
皮革、毛皮、羽毛及其制品和制鞋业						1107		1025	525
文教、工美、体育和娱乐用品制造业	51			51		1762		1610	
化学原料和化学制品制造业	4589	4476	113			26251	2740	22484	7192
医药制造业	15097	15097				26878	600	24546	13582
橡胶和塑料制品业						58		13	
通用设备制造业	4677	4677				7024	1618	4864	
专用设备制造业						44756	9439	34335	25299
汽车制造业	512	512				1439		1302	
铁路、船舶、航空航天和其他运输设备制造业						6051	464	4822	458
电气机械和器材制造业	1236	1236				776		776	
计算机、通信和其他电子设备制造业	8684	8474		210		29197	9008	18449	5447
仪器仪表制造业	5875			5872	3	40811	383	37820	15919
其他制造业						1197		1098	
电力、热力、燃气及水生产和供应业						2212	1450	646	
电力、热力生产和供应业						2212	1450	646	
批发和零售业	366	366				6057		5209	360
批发业	366	366				6057		5209	360
交通运输、仓储和邮政业						38020	15856	15014	3545
道路运输业						38020	15856	15014	3545
信息传输、软件和信息技术服务业	3067	3067				29455	8065	15829	171
软件和信息技术服务业	3067	3067				29455	8065	15829	171
租赁和商务服务业						210		5	
商务服务业						210		5	
科学研究和技术服务业	153050	133409	6369	12315	958	1839869	495533	1050030	321999
研究和试验发展	119662	114858	1400	3282	122	958516	262619	535246	199773
专业技术服务业	21282	12102		8668	512	739600	183712	428699	113880
科技推广和应用服务业	12106	6449	4969	366	324	141753	49203	86085	8347

单位：万元

指标名称	科研基建	按经费来源分				年末固定资产原价	#科研房屋建筑物	科研仪器设备	
		政府资金	企业资金	事业单位资金	其他资金				#进口
水利、环境和公共设施管理业	2193	1446		747		115853	39130	33661	10062
水利管理业	649			649		61073	32004	13791	6200
生态保护和环境治理业	1544	1446		98		54780	7126	19869	3862
卫生和社会工作	12834	12200		634		15349	1639	13674	3712
卫生	12834	12200		634		15349	1639	13674	3712
文化、体育和娱乐业						3785		3343	2125
体育						3785		3343	2125
公共管理、社会保障和社会组织	2	2				2163	233	1625	816
国家机构	2	2				2163	233	1625	816
按机构所属学科分布									
自然科学领域	59528	58348	113	1025	42	365074	55420	231879	66097
信息科学与系统科学	23450	23450				106564	8065	76488	19490
力学						1628		1052	
物理学						516		380	
化学	2529	1425	113	991		60550	16359	40004	1684
地球科学	18564	18488		34	42	182136	30536	101161	41965
生物学	14986	14986				13680	460	12794	2958
农业科学领域	34190	26993		7197		535387	195777	197603	39892
农学	26978	21158		5819		373680	146258	143426	21836
林学	1976	1669		307		90485	18654	29234	11348
水产学	5237	4165		1071		71221	30865	24943	6708
医学科学领域	38003	34839		3043	122	256692	58519	169647	124081
基础医学	20834	18430		2282	122	111489	9439	80740	69554
临床医学	2456	2216		240		28745	23001	5745	3464
预防医学与公共卫生学	832	832				10256		10095	
药学	3989	3862		127		97960	25388	65555	51063
中医学与中药学	9892	9498		394		8241	693	7512	
工程科学与技术领域	110734	93619	6369	9950	797	1483583	411529	863148	216489
工程与技术科学基础学科	11246	9355	512	907	473	164280	48998	101479	16127
信息与系统科学相关工程与技术	3376	1800	1576			85570	24081	58193	3241
自然科学相关工程与技术	8185	5674	2304	207		47950	12052	34215	6963
测绘科学技术						73485	501	45322	2257
材料科学	27279	26557	646	76		236746	61702	154931	73052
机械工程	8583	7460	350	773		105418	32918	53117	4182

指标名称	科研基建	按经费来源分				年末固定资产原价	#科研房屋建筑物	科研仪器设备	#进口
		政府资金	企业资金	事业单位资金	其他资金				
动力与电气工程	643	634	9			69915	25492	38789	13659
能源科学技术	1236	1236				844		844	
电子与通信技术	7724	7724				69491	4993	57718	10680
计算机科学技术	3930	3927		3		7965		7145	1092
化学工程	3568	3552		16		31339	1675	27964	9215
产品应用相关工程与技术	21002	13283	972	6423	324	208925	86618	78283	22757
纺织科学技术	1584	1440		145		24554	58	22689	3382
食品科学技术	2385	2086		299		53802	9325	39593	22025
土木建筑工程	23			23		2887	2594	293	
水利工程	649			649		62326	33454	13478	6200
交通运输工程						38525	16320	15014	3545
航空、航天科学技术	7993	7993				60653	31719	27148	4082
环境科学技术及资源科学技术	932	833		98		107917	6735	73345	10926
安全科学技术	324			324		28875	11405	12807	3106
管理学	73	66		8		2117	890	779	
社会、人文科学领域	5800			5800		59856	32779	13961	2125
马克思主义						2469		1082	
考古学						7742	3946	281	
经济学	5800			5800		8900	6808	217	
法学						3			
社会学						6465	4237	2029	
图书馆、情报与文献学						30491	17788	7009	
体育科学						3785		3343	2125
按机构从业人员规模分									
≥1000 人	49277	45716		3561		459715	115596	265267	77059
500～999 人	28005	24370	1576	2058		457861	111491	242066	58503
300～499 人	32889	23113		9777		315861	96071	162861	62736
200～299 人	25675	24414	530	609	122	398934	98444	225492	116017
100～199 人	49204	37905	2304	8995		511069	160504	258587	50804
50～99 人	29727	28123	520	614	470	369526	124312	205910	60336
30～49 人	19680	16575	1484	1298	324	101063	27908	61244	10052
20～29 人	6668	6593	9	66		37052	9560	22216	7577
10～19 人	5697	5590	58	3	45	34245	6398	23826	4153
0～9 人	1434	1401		34		15265	3740	8770	1445

2-8 科学研究和技术服务业事业单位科学仪器设备（2022）

指标名称	科学仪器设备数量（台/套）		科学仪器设备原值（万元）	
		#单台原值≥100万元		#单台原值≥100万元
总计	**237561**	**2004**	**1476238**	**450846**
按机构所属地域分组				
杭州市	107429	1028	761628	238230
宁波市	47032	486	302832	111649
温州市	30365	100	103981	18859
嘉兴市	8360	90	86822	20969
湖州市	5729	16	16619	2516
绍兴市	7551	59	44436	12238
金华市	5052	45	33855	7224
衢州市	5461	47	35131	14095
舟山市	8393	35	27208	6775
台州市	7007	55	38722	10677
丽水市	5182	43	25005	7615
按机构所属隶属关系分组				
中央部门属	37788	443	286811	106150
中国科学院	12983	178	97668	44749
非中央部门属	199773	1561	1189427	344697
省级部门属	68119	653	525775	139844
副省级城市属	32136	226	166235	52110
地市级部门属	60699	228	217546	50966
按机构从事的国民经济行业分布				
科学研究和技术服务业	237561	2004	1476238	450846
研究和试验发展	162674	1270	943736	310930
专业技术服务业	59161	665	468418	127410
科技推广和应用服务业	15726	69	64084	12507
按机构服务的国民经济行业分布				
农、林、牧、渔业	48841	148	164545	31150
农业	28460	39	61071	9538
林业	4137	19	19271	2829
渔业	3687	22	23366	3852
农、林、牧、渔专业及辅助性活动	12557	68	60837	14931

指标名称	科学仪器设备数量（台/套）	#单台原值≥100万元	科学仪器设备原值（万元）	#单台原值≥100万元
制造业	24144	248	172657	57250
农副食品加工业	1153	15	9414	3329
食品制造业	618	3	2684	360
酒、饮料和精制茶制造业	242	3	1166	348
纺织业	488	15	6249	3330
皮革、毛皮、羽毛及其制品和制鞋业	45	4	1025	888
文教、工美、体育和娱乐用品制造业	267	1	1610	114
化学原料和化学制品制造业	3398	28	22484	9969
医药制造业	3326	38	24546	10066
橡胶和塑料制品业	30		13	
通用设备制造业	732	7	4864	1232
专用设备制造业	2776	58	34335	13101
汽车制造业	571		1302	
铁路、船舶、航空航天和其他运输设备制造业	1724	6	4822	1148
电气机械和器材制造业	173	1	776	105
计算机、通信和其他电子设备制造业	1907	24	18449	4214
仪器仪表制造业	6057	45	37820	9047
其他制造业	637		1098	
电力、热力、燃气及水生产和供应业	355		646	
电力、热力生产和供应业	355		646	
批发和零售业	615	2	5209	240
批发业	615	2	5209	240
交通运输、仓储和邮政业	1703	18	15014	4848
道路运输业	1703	18	15014	4848
信息传输、软件和信息技术服务业	2453	5	15829	1319
软件和信息技术服务业	2453	5	15829	1319
租赁和商务服务业	2		5	
商务服务业	2		5	
科学研究和技术服务业	151320	1502	1050030	340871
研究和试验发展	82984	755	535246	193671
专业技术服务业	58142	651	428699	126169
科技推广和应用服务业	10194	96	86085	21032
水利、环境和公共设施管理业	5788	52	33661	10023

指标名称	科学仪器设备数量（台／套）	#单台原值≥100万元	科学仪器设备原值（万元）	#单台原值≥100万元
水利管理业	1305	29	13791	5539
生态保护和环境治理业	4483	23	19869	4483
卫生和社会工作	1478	26	13674	4676
卫生	1478	26	13674	4676
文化、体育和娱乐业	402	2	3343	231
体育	402	2	3343	231
公共管理、社会保障和社会组织	460	1	1625	239
国家机构	460	1	1625	239
按机构所属学科分布				
自然科学领域	34687	267	231879	69790
信息科学与系统科学	18624	51	76488	14663
力学	48	1	1052	437
物理学	229		380	
化学	6076	55	40004	10109
地球科学	6589	149	101161	38920
生物学	3121	11	12794	5662
农业科学领域	55766	193	197603	39611
农学	44484	141	143426	30831
林学	6516	30	29234	4928
水产学	4766	22	24943	3852
医学科学领域	13131	251	169647	59614
基础医学	6353	117	80740	30311
临床医学	398	14	5745	2650
预防医学与公共卫生学	695		10095	
药学	4960	108	65555	24507
中医学与中药学	725	12	7512	2145
工程科学与技术领域	130591	1289	863148	281202
工程与技术科学基础学科	21066	148	101479	32190
信息与系统科学相关工程与技术	4388	57	58193	14354
自然科学相关工程与技术	2749	55	34215	12206
测绘科学技术	3102	31	45322	9534
材料科学	18426	278	154931	66221
机械工程	9636	89	53117	15700

指标名称	科学仪器设备数量（台/套）	#单台原值≥100万元	科学仪器设备原值（万元）	#单台原值≥100万元
动力与电气工程	6595	68	38789	15046
能源科学技术	192	1	844	105
电子与通信技术	12996	93	57718	20918
计算机科学技术	2110	5	7145	1319
化学工程	4082	36	27964	11351
产品应用相关工程与技术	14238	100	78283	19032
纺织科学技术	2994	35	22689	6711
食品科学技术	4833	103	39593	16144
土木建筑工程	683		293	
水利工程	1614	29	13478	5539
交通运输工程	1703	18	15014	4848
航空、航天科学技术	10036	40	27148	10052
环境科学技术及资源科学技术	6287	85	73345	16384
安全科学技术	2197	18	12807	3548
管理学	664		779	
社会、人文科学领域	3386	4	13961	629
马克思主义	166		1082	
考古学	72		281	
经济学	258		217	
社会学	938		2029	
图书馆、情报与文献学	1550	2	7009	399
体育科学	402	2	3343	231
按机构从业人员规模分				
≥1000人	43223	316	265267	81354
500～999人	41249	307	242066	76962
300～499人	23848	255	162861	54022
200～299人	26484	333	225492	71292
100～199人	40514	356	258587	80153
50～99人	44377	298	205910	62633
30～49人	9359	82	61244	12810
20～29人	3009	33	22216	7572
10～19人	4185	13	23826	2276
0～9人	1313	11	8770	1774

2–9 科学研究和技术服务业事业单位课题概况（2022）

指标名称	课题数（个）	#R&D课题	课题经费内部支出（万元）	#政府资金	#R&D课题经费	课题人员折合全时工作量（人年）	#R&D课题人员折合全时工作量
总计	**10495**	**8132**	**570100**	**404968**	**494236**	**24885.6**	**21388.5**
按地域分布							
杭州市	3666	2536	210776	166385	169878	10184.9	8268.8
宁波市	2550	2155	166229	115734	154811	5081.2	4579.8
温州市	1279	1001	45612	29601	41604	2421.6	2180.5
嘉兴市	575	382	48357	20481	38799	1950.6	1629.6
湖州市	483	353	13206	6755	11099	1069.9	934.8
绍兴市	412	370	35977	27045	33566	1528	1381.1
金华市	212	166	12716	11611	11823	555.6	482.3
衢州市	338	323	9877	8167	8536	629.6	596.1
舟山市	462	381	8297	5575	7275	478.1	447.5
台州市	379	340	12893	7770	11513	660.9	595.9
丽水市	139	125	6161	5844	5331	325.2	292.1
按隶属关系分布							
中央部门属	2211	1841	119027	104804	105590	3261.6	2811.5
中国科学院	1397	1253	74497	65959	67902	1482	1331.7
非中央部门属	8284	6291	451073	300164	388645	21624	18577
省级部门属	3128	1952	144425	108624	103812	6819.1	5278.4
副省级城市属	847	587	54917	46091	49570	3026.9	2668.5
地市级部门属	2257	1961	73457	40697	68302	4885.9	4410.8
按课题来源分布							
国家科技项目	1536	1407	105395	93269	93962	4193	3903
地方科技项目	4737	3440	173441	146064	140486	8387.8	6791.1
企业委托科技项目	2415	1731	78963	6518	60866	4654.4	3734.3
自选科技项目	1328	1231	187882	140772	181774	5771.6	5546
国际合作科技项目	14	12	407	407	391	16	14.9
其他科技项目	465	311	24013	17938	16758	1862.8	1399.2
按课题活动类型分布							
基础研究	1216	1216	53466	41311	53466	2951.9	2951.9
应用研究	2688	2688	175584	142572	175584	7918.4	7918.4

指标名称	课题数（个）	#R&D课题	课题经费内部支出（万元）	#政府资金	#R&D课题经费	课题人员折合全时工作量（人年）	#R&D课题人员折合全时工作量
试验发展	4228	4228	265186	167857	265186	10518.2	10518.2
研究与试验发展成果应用	966		36073	28205		1793.4	
技术推广与科技服务	1397		39792	25025		1703.7	
按课题所属学科分布							
自然科学领域	1360	1098	99827	67183	94388	3856.5	3486.7
数学	2	2	4	4	4	0.3	0.3
信息科学与系统科学	197	146	27605	7830	25916	623.6	489.8
力学	51	48	5322	4862	5310	169.3	162.3
物理学	61	54	11274	10290	11214	329.2	324.4
化学	253	225	6821	4700	6582	580.3	547.4
天文学	1	1	3		3	1.2	1.2
地球科学	533	387	33181	26612	30163	1130.1	975
生物学	261	234	15613	12887	15191	1020.5	984.3
心理学	1	1	5		5	2	2
农业科学领域	2562	1689	62413	56887	43419	3389.4	2594.4
农学	1643	1125	39108	36695	25982	2286.3	1742.3
林学	229	174	5558	5558	4173	475.3	400.2
畜牧、兽医科学	164	103	3648	3612	2096	246.2	156.6
水产学	526	287	14098	11021	11168	381.6	295.3
医学科学领域	592	543	22214	16319	20503	1689.9	1522.7
基础医学	123	118	7832	4293	7374	550.3	460.5
临床医学	198	186	5490	4668	4812	493.6	469.6
预防医学与公共卫生学	26	22	628	547	427	109.9	98.6
军事医学与特种医学	2	2	154	113	154	5.5	5.5
药学	146	135	6529	5303	6385	392.9	377.1
中医学与中药学	97	80	1580	1394	1350	137.7	111.4
工程科学与技术领域	5704	4713	365812	255368	320735	15329.3	13345
工程与技术科学基础学科	96	74	8425	5756	7827	367	321.8
信息与系统科学相关工程与技术	203	181	10206	5518	9682	609	571.7
自然科学相关工程与技术	376	318	19205	18494	17502	1009.7	896
测绘科学技术	61	47	1912	60	1751	104	93.3
材料科学	1887	1699	116587	91570	105981	3352.5	3018.1

指标名称	课题数（个）	#R&D课题	课题经费内部支出（万元）	#政府资金	#R&D课题经费	课题人员折合全时工作量（人年）	#R&D课题人员折合全时工作量
冶金工程技术	4	4	34	1	34	5.1	5.1
机械工程	386	352	25070	10761	24592	1083.4	996.6
动力与电气工程	82	78	6719	4266	5954	225.7	207.8
能源科学技术	109	92	7433	5542	7141	395.3	345.3
核科学技术	5	3	69		54	7.1	4.8
电子与通信技术	340	316	44243	33273	43893	1430.6	1383.4
计算机科学技术	411	359	44363	26360	39627	2552.9	2315.3
化学工程	380	365	14462	6800	14238	821	798.8
产品应用相关工程与技术	164	108	3163	1374	2545	331.6	254.2
纺织科学技术	107	97	12910	10776	11339	575.9	522.9
食品科学技术	124	110	3008	2493	2460	344.8	309.7
土木建筑工程	15	13	671	324	661	20.6	19.8
水利工程	153	72	10831	1362	2666	448.5	147.4
交通运输工程	101	49	2071	1465	1457	147	80.2
航空、航天科学技术	27	24	11931	11749	11698	285.4	271.9
环境科学技术及资源科学技术	468	226	18805	15287	7509	713.3	426.7
安全科学技术	110	87	1444	451	625	205.8	175.6
管理学	95	39	2252	1689	1500	293.1	178.6
社会、人文科学领域	277	89	19835	9212	15190	620.5	439.7
马克思主义	5	4	141	141	137	35	33
哲学	1	1	210	10	210	13	13
文学	3	3	1675	1675	1675	30.5	30.5
艺术学	3	2	18	3	15	1	0.8
历史学	1	1	300	300	300	9	9
考古学	48	21	12821	3283	11039	235	189
经济学	150	23	3015	2464	487	161.5	73.5
政治学	2		15	5		0.2	
军事学	1	1	192		192	6	6
社会学	29	25	1107	1048	934	73.5	63.6
新闻学与传播学	2	1	93	93	90	3.1	2
图书馆、情报与文献学	14	1	172	122	65	30.5	10
教育学	4	1	6	6	2	1.4	1

指标名称	课题数（个）	#R&D课题	课题经费内部支出（万元）	#政府资金	#R&D课题经费	课题人员折合全时工作量（人年）	#R&D课题人员折合全时工作量
体育科学	7	3	44	44	41	12.6	5.3
统计学	7	2	27	19	6	8.2	3
按课题技术领域分布							
非技术领域	256	149	13637	9944	11785	606.9	457.4
信息技术	1098	954	111985	59334	104874	5045.7	4607.2
生物和现代农业技术	2793	2103	88018	78967	72951	5494.8	4703.5
新材料技术	2263	2062	144251	115585	132679	4384.3	3980.8
能源技术	153	133	9122	6831	8741	481.2	429.5
激光技术	79	75	2480	1734	2420	204.6	197.4
先进制造与自动化技术	629	564	58566	38684	57084	1898.2	1768.3
航天技术	35	32	10620	10451	10382	337.9	326.4
资源与环境技术	1210	694	57177	48279	39560	1883.1	1379
其他技术领域	1979	1366	74245	35159	53760	4548.9	3539
按课题的社会经济目标分布							
环境保护、生态建设及污染防治	735	443	30544	18956	15101	1328.8	861.4
环境一般问题	51	33	1570	1073	1385	103.4	82.6
环境与资源评估	90	49	2422	1678	1378	77.9	34.8
环境监测	137	69	3421	2253	2105	184.6	135.6
生态建设	148	86	8338	4848	1502	303	119.7
环境污染预防	89	55	3395	2350	1811	170.3	111.1
环境治理	204	140	9311	6271	6327	459.6	366.9
自然灾害的预防、预报	16	11	2086	482	594	30	10.7
能源生产、分配和合理利用	305	250	17087	11631	15446	1038.4	846.3
能源一般问题研究	100	78	6576	4408	6156	497.8	394.8
能源矿物的开采和加工技术	1	1	11	11	11	1.2	1.2
能源转换技术	19	14	790	577	743	61.8	48
能源输送、储存与分配技术	25	18	1544	1227	1363	94.9	80.4
可再生能源	66	60	2275	1675	2208	125.3	123.1
能源设施和设备建造	48	40	1684	440	1420	120.7	98.6
能源安全生产管理和技术	9	9	1580	1407	1580	22.1	22.1
节约能源的技术	30	26	799	623	179	77.3	49.1
能源生产、输送、分配、储存、利用过程中污染的防治与处理	7	4	1829	1263	1786	37.3	29

指标名称	课题数（个）	#R&D课题	课题经费内部支出（万元）	#政府资金	#R&D课题经费	课题人员折合全时工作量（人年）	#R&D课题人员折合全时工作量
卫生事业发展	912	855	44814	36228	43124	3146.7	2952.1
卫生一般问题	6	6	277	103	277	22.8	22.8
诊断与治疗	636	607	27221	24127	26643	2073.6	2018.9
预防医学	10	10	332	295	332	61.1	61.1
公共卫生	22	17	877	782	754	93.6	78
营养和食品卫生	26	19	1901	534	1776	62.7	59.6
药物滥用和成瘾	6	5	457	295	454	16.8	16.3
社会医疗	26	23	1221	352	920	59	46.6
卫生医疗其他研究	180	168	12528	9739	11968	757.1	648.8
教育事业发展	14	9	2220	281	1946	109	95
教育一般问题	3	2	31	31	3	7.2	5.2
非学历教育与培训	5	4	2027	121	1910	87.3	84.3
其他教育	6	3	161	128	33	14.5	5.5
基础设施以及城市和农村规划	215	119	7312	3756	5430	343.1	226.3
交通运输	140	69	4286	2893	2781	221	118.9
通信	13	10	650	348	449	24.3	19.5
城市规划与市政工程	22	21	1595	329	1585	56.3	55.1
农村发展规划与建设	17	9	377	124	250	18.1	10.7
交通运输、通信、城市与农村发展对环境的影响	23	10	404	62	366	23.4	22.1
基础社会发展和社会服务	471	272	30486	11683	24087	1815.9	1432.1
社会发展和社会服务一般问题	86	30	3590	980	2745	200.6	138
社会保障	6	5	181	20	175	43.1	42
公共安全	124	91	3153	1947	2265	277.4	237.1
社会管理	13	6	233	112	91	47.6	14
就业	1		25	5		0.8	
政府与政治	1	1	10	10	10	1	1
遗产保护	48	21	12821	3283	11039	235	189
语言与文化	3	2	127	106	107	9.5	8.5
文艺、娱乐	3	3	248	248	248	7	7
宗教与道德	2	2	175	175	175	9	9
传媒	3	1	91	90	90	4.1	2
科技发展	112	63	8096	4473	5615	819.8	650.9

指标名称	课题数（个）	#R&D课题	课题经费内部支出（万元）	#政府资金	#R&D课题经费	课题人员折合全时工作量（人年）	#R&D课题人员折合全时工作量
国土资源管理	20	14	358		274	29.2	21.4
其他社会发展和社会服务	49	33	1378	234	1254	131.8	112.2
地球和大气层的探索与利用	502	388	33973	26666	29728	1158.3	992
地壳、地幔，海底的探测和研究	20	18	302	295	295	8.7	8.4
水文地理	43	31	4105	1229	1732	138.7	73.5
海洋	362	269	28879	24465	27045	840.5	751.3
大气	71	64	640	632	608	160.4	148.8
地球探测和开发其他研究	6	6	47	44	47	10	10
民用空间探测及开发	45	33	12860	12297	12166	322.8	295.9
空间探测一般研究	4	4	27		27	3.5	3.5
飞行器和运载工具研制	11	10	2074	1955	2071	95.7	91.7
发射与控制系统	7	6	3895	3864	3880	24	23
卫星服务	22	12	3499	3113	2823	164.6	142.7
空间探测和开发其他研究	1	1	3364	3364	3364	35	35
农林牧渔业发展	2633	1749	66757	61564	46243	3633.5	2762.4
农林牧渔业发展一般问题	273	167	4751	4275	3195	345.7	252.7
农作物种植及培育	1123	839	33881	32658	25228	1799.1	1445.4
林业和林产品	118	91	2837	2837	1825	174.7	140.6
畜牧业	130	81	3424	3400	2043	228.2	144.5
渔业	435	251	11809	9391	9374	348.3	272.8
农林牧渔业体系支撑	520	294	9541	8498	4126	691.4	469.1
农林牧渔业生产中污染的防治与处理	34	26	514	505	451	46.1	37.3
工商业发展	3352	2767	215787	142662	193407	8136.5	7187.9
促进工商业发展的一般问题	55	36	1856	985	1673	127.7	92.4
产业共性技术	845	691	73237	51560	66447	1243.5	1049.5
食品、饮料和烟草制品业	88	64	2125	1370	1764	159.3	133.6
纺织业、服装及皮革制品业	144	135	14410	9156	13757	619.2	572.8
化学工业	377	363	7404	5109	7252	709.4	688.4
非金属与金属制品业	94	89	7189	6121	7164	231.3	225.6
机械制造业（不包括电子设备、仪器仪表及办公机械	234	213	13057	6276	12304	536	495.3
电子设备、仪器仪表及办公机械	199	167	16095	13773	12908	783	727.6
其他制造业	67	61	5523	4260	5414	155.6	149

指标名称	课题数（个）	#R&D课题	课题经费内部支出（万元）	#政府资金	#R&D课题经费	课题人员折合全时工作量（人年）	#R&D课题人员折合全时工作量
热力、水的生产和供应	10	4	194	55	58	15.6	7.6
建筑业	21	15	700	99	502	68.6	25.7
信息与通信技术（ICT）服务业	385	336	43411	28407	40267	1581.5	1374
技术服务业	769	546	29161	14650	22847	1731.8	1492.4
金融业	8	6	262	158	226	50.2	48.8
房地产业	1		18			0.8	
商业及其他服务业	39	32	643	215	489	79.4	73
工商业活动中的环境保护、污染防治与处理	16	9	502	467	334	43.6	32.2
非定向研究	873	873	54516	49510	54516	1693.2	1693.2
自然科学领域的非定向研究	738	738	34039	30377	34039	964.7	964.7
工程与技术科学领域的非定向研究	93	93	15075	14688	15075	504.7	504.7
农业科学领域的非定向研究	4	4	108	108	108	8.6	8.6
医学科学领域的非定向研究	18	18	769	388	769	70.3	70.3
社会科学领域的非定向研究	3	3	116	116	116	19.2	19.2
人文科学领域的非定向研究	11	11	4022	3822	4022	108	108
其他	6	6	387	12	387	17.7	17.7
其他民用目标	398	335	47669	27140	47125	1712.4	1626.9
国防	40	39	6076	2594	5917	447	417
按课题合作形式分布							
独立完成	7649	5982	359223	247211	307860	15496.7	13344.9
与境内独立研究机构合作	597	459	45403	43687	41256	2278.9	1934
与境内高等学校合作	714	627	75374	60266	72659	3309.2	3076.8
与境内注册其他企业合作	954	732	69242	39826	59002	2817	2336.5
与境外机构合作	67	32	2677	2655	1733	132.6	79
其他	514	300	18180	11324	11726	851.2	617.3
按课题服务的国民经济行业分布							
农、林、牧、渔业	2277	1471	62579	57470	43918	3193.7	2406.5
农业	1121	808	33522	31923	23867	1733.5	1334.5
林业	173	128	4588	4585	3622	369.7	309.8
畜牧业	124	77	3421	3360	2200	218.4	141.8
渔业	440	226	12075	9434	9639	331.8	254.5
农、林、牧、渔专业及辅助性活动	419	232	8972	8169	4590	540.3	365.9

指标名称	课题数（个）	#R&D课题	课题经费内部支出（万元）	#政府资金	#R&D课题经费	课题人员折合全时工作量（人年）	#R&D课题人员折合全时工作量
采矿业	20	16	833	668	817	42.2	38
煤炭开采和洗选业	1	1	240	240	240	9	9
石油和天然气开采业	10	8	117	35	110	16.5	14.5
有色金属矿采选业	3	3	393	392	393	2.7	2.7
非金属矿采选业	3	1	10	1	1	3.9	1.7
开采专业及辅助性活动	3	3	73		73	10.1	10.1
制造业	2202	1894	141448	94791	131187	6708.7	6086.6
农副食品加工业	103	70	1434	978	610	106.9	77.9
食品制造业	23	20	530	503	507	46.3	44
酒、饮料和精制茶制造业	74	47	1914	1196	1417	111.7	75.9
烟草制品业	2					0.2	
纺织业	102	93	10127	9582	9192	527.8	478.9
纺织服装、服饰业	7	6	531	467	530	25.4	24.4
皮革、毛皮、羽毛及其制品和制鞋业	41	40	5554	354	5356	105.3	96.3
木材加工和木、竹、藤、棕、草制品业	17	12	202	201	109	19.9	14.9
家具制造业	11	8	891	3	870	34.6	28.6
造纸和纸制品业	8	7	286	278	285	16.9	14.9
印刷和记录媒介复制业	5	5	101	27	101	12	12
文教、工美、体育和娱乐用品制造业	5	3	437	204	368	18.6	16
石油、煤炭及其他燃料加工业	5	5	42		42	2.5	2.5
化学原料和化学制品制造业	356	331	9307	6424	8818	710	673.6
医药制造业	227	199	12822	10663	12586	681.7	643.5
化学纤维制造业	23	22	1063	894	1063	72.9	72
橡胶和塑料制品业	29	28	690	85	679	43.3	42.3
非金属矿物制品业	62	52	8842	7296	5879	194.8	165.1
黑色金属冶炼和压延加工业	5	5	83		83	14.2	14.2
有色金属冶炼和压延加工业	16	16	1459	1360	1459	32.9	32.9
金属制品业	67	62	3652	334	3615	231.6	222.4
通用设备制造业	228	214	9420	4604	9217	530.8	495.6
专用设备制造业	177	137	19941	13023	19424	707.5	586.1
汽车制造业	48	39	4660	2951	4585	142.3	131.2
铁路、船舶、航空航天和其他运输设备制造业	61	56	11583	9413	10738	504.3	457.8

指标名称	课题数（个）	#R&D课题	课题经费内部支出（万元）	#政府资金	#R&D课题经费	课题人员折合全时工作量（人年）	#R&D课题人员折合全时工作量
电气机械和器材制造业	161	132	9673	6323	8306	540.9	486.9
计算机、通信和其他电子设备制造业	130	119	18984	13625	18751	812.7	769.6
仪器仪表制造业	122	90	3936	1883	3547	251	214.2
其他制造业	82	73	3076	1928	2981	198.3	184.1
废弃资源综合利用业	5	3	206	189	71	11.4	8.8
电力、热力、燃气及水生产和供应业	112	93	2677	1241	2072	240.2	208.5
电力、热力生产和供应业	89	75	1865	897	1454	163.5	142.7
燃气生产和供应业	7	5	339	13	297	13.5	11.1
水的生产和供应业	16	13	474	330	320	63.2	54.7
建筑业	63	35	2128	269	1835	135.9	73.8
房屋建筑业	8	4	1235	74	1046	68.2	25.9
土木工程建筑业	46	23	837	150	736	58.5	39
建筑装饰、装修和其他建筑业	9	8	55	45	53	9.2	8.9
批发和零售业	5	5	447	8	447	4.8	4.8
零售业	5	5	447	8	447	4.8	4.8
交通运输、仓储和邮政业	77	48	2990	2135	2270	143.3	100.9
铁路运输业	1		85	16		6	
道路运输业	53	33	1465	838	901	68.2	43.6
水上运输业	9	4	226	212	213	13.3	8
航空运输业	3	3	756	678	756	27	27
管道运输业	1	1	81	81	81	2	2
多式联运和运输代理业	3	2	169	169	169	5	4
装卸搬运和仓储业	6	4	124	58	66	18.8	13.3
邮政业	1	1	85	85	85	3	3
住宿和餐饮业	1		71		71	1	
餐饮业	1		71		71	1	
信息传输、软件和信息技术服务业	551	461	66680	49168	60960	3026.8	2726.4
电信、广播电视和卫星传输服务	8	6	296	257	295	30.8	28
互联网和相关服务	58	50	9504	8427	9097	471.2	459.4
软件和信息技术服务业	485	405	56879	40484	51568	2524.8	2239
金融业	7	7	230	163	230	53.8	53.8
货币金融服务	3	3	68		68	14.8	14.8

指标名称	课题数（个）	#R&D课题	课题经费内部支出（万元）	#政府资金	#R&D课题经费	课题人员折合全时工作量（人年）	#R&D课题人员折合全时工作量
资本市场服务	1	1	50	50	50	5	5
保险业	1	1	4	4	4	5	5
其他金融业	2	2	108	108	108	29	29
租赁和商务服务业	16	4	385	236	219	39.1	5.1
商务服务业	16	4	385	236	219	39.1	5.1
科学研究和技术服务业	4079	3369	224482	162451	205891	8564.8	7675.8
研究和试验发展	2501	2501	178807	136446	178807	5576.4	5576.4
专业技术服务业	1233	783	38941	21393	25568	2383.5	1866.3
科技推广和应用服务业	345	85	6733	4612	1516	604.9	233.1
水利、环境和公共设施管理业	577	327	29387	18051	12578	1202.2	632.2
水利管理业	84	28	6729	703	1944	276.1	77.9
生态保护和环境治理业	475	288	21887	16888	10032	886.2	525.7
公共设施管理业	18	11	771	460	602	39.9	28.6
居民服务、修理和其他服务业	9	6	110	48	97	29.4	28.5
居民服务业	4	3	60	44	51	21.8	21.5
其他服务业	5	3	50	4	46	7.6	7
教育	25	14	3283	337	2748	123	109
教育	25	14	3283	337	2748	123	109
卫生和社会工作	333	306	9411	8720	8414	751.9	690.3
卫生	333	306	9411	8720	8414	751.9	690.3
文化、体育和娱乐业	60	28	12972	3422	11197	269.8	216.3
新闻和出版业	1	1	90	90	90	2	2
广播、电视、电影和录音制作业	1	1	20		20	13	13
文化艺术业	49	21	12713	3186	10942	236.2	190
体育	7	3	44	44	41	12.6	5.3
娱乐业	2	2	105	103	105	6	6
公共管理、社会保障和社会组织	81	48	9987	5720	9354	355	332
中国共产党机关	15	15	4199	3987	4199	138.3	138.3
国家机构	53	22	4990	941	4453	170.4	150.7
社会保障	2	1	7	1	1	6.1	5
群众团体、社会团体和其他成员组织	10	9	719	719	629	38.2	36
基层群众自治组织及其他组织	1	1	72	72	72	2	2

2-10 科学研究和技术服务业事业单位课题经费内部支出按活动类型分（2022）

单位：万元

指标	课题经费内部支出	基础研究	应用研究	试验发展	R&D 成果应用	科技服务
总计	**570100**	**53466**	**175584**	**265186**	**36073**	**39792**
按机构所属地域分布						
杭州市	210776	33120	82230	54528	17753	23145
宁波市	166229	11893	40882	102037	6826	4591
温州市	45612	2961	12120	26523	1601	2407
嘉兴市	48357	692	14154	23953	4489	5068
湖州市	13206	571	4720	5809	1428	679
绍兴市	35977	479	9627	23460	1768	643
金华市	12716	2760	5269	3794	776	118
衢州市	9877	413	1018	7105		1341
舟山市	8297	166	1827	5283	324	698
台州市	12893	410	2059	9044	798	582
丽水市	6161		1679	3652	310	521
按机构所属隶属关系分布						
中央部门属	119027	14413	56076	35102	7140	6296
中国科学院	74497	10719	30523	26661	5973	622
非中央部门属	451073	39053	119508	230084	28933	33495
省级部门属	144425	24571	44513	34728	16980	23632
副省级城市属	54917	2504	8956	38110	1992	3354
地市级部门属	73457	3134	20034	45134	3112	2044
按课题来源分布						
国家科技项目	105395	19972	50638	23352	8002	3431
地方科技项目	173441	18527	47000	74960	16248	16707
企业委托科技项目	78963	1085	11949	47832	4179	13919
自选科技项目	187882	13762	56025	111987	5205	903
国际合作科技项目	407		98	293		16
其他科技项目	24013	121	9874	6763	2440	4815

指标	课题经费内部支出	基础研究	应用研究	试验发展	R&D 成果应用	科技服务
按课题所属学科分布						
自然科学领域	99827	9619	39358	45411	627	4812
数学	4			4		
信息科学与系统科学	27605	171	3079	22667	116	1574
力学	5322	1238	2620	1453	5	7
物理学	11274	2557	7803	855	59	
化学	6821	538	1230	4815	71	168
天文学	3		3			
地球科学	33181	2313	22314	5536	132	2885
生物学	15613	2803	2309	10078	244	179
心理学	5			5		
农业科学领域	62413	3112	9296	31011	9882	9111
农学	39108	1751	6606	17625	6105	7021
林学	5558	1010	338	2825	825	561
畜牧、兽医科学	3648	124	247	1725	1392	160
水产学	14098	227	2106	8836	1561	1369
医学科学领域	22214	5581	8936	5986	955	756
基础医学	7832	2077	3210	2086	458	1
临床医学	5490	2405	1365	1042	338	340
预防医学与公共卫生学	628	50	153	224		201
军事医学与特种医学	154	113		41		
药学	6529	903	3698	1784	56	88
中医学与中药学	1580	32	510	808	104	126
工程科学与技术领域	365812	21091	117119	182526	24436	20641
工程与技术科学基础学科	8425	27	581	7220	172	426
信息与系统科学相关工程与技术	10206	166	1244	8272	32	492
自然科学相关工程与技术	19206	776	11539	5188	1346	357
测绘科学技术	1912	10	406	1334	119	42
材料科学	116587	10688	39586	55707	9597	1009
冶金工程技术	34		32	2		
机械工程	25070	16	3023	21553	355	123

指标	课题经费内部支出	基础研究	应用研究	试验发展	R&D 成果应用	科技服务
动力与电气工程	6719	7	3337	2609	453	312
能源科学技术	7433	43	2149	4950	184	108
核科学技术	69			54		15
电子与通信技术	44243	3074	23095	17723	247	104
计算机科学技术	44363	2759	19392	17476	4500	236
化学工程	14462	918	3220	10101	210	14
产品应用相关工程与技术	3163		576	1969	361	258
纺织科学技术	12910		2924	8415	1263	308
食品科学技术	3008	3	377	2080	375	173
土木建筑工程	671		33	629		9
水利工程	10831	409	459	1798	2104	6062
交通运输工程	2071	3	173	1282	439	174
航空、航天科学技术	11931	1174	657	9867	217	17
环境科学技术及资源科学技术	18805	955	3015	3540	1730	9566
安全科学技术	1444		161	464	520	299
管理学	2252	64	1141	294	212	540
社会、人文科学领域	19835	14063	875	252	173	4472
马克思主义	141	87	50			4
哲学	210	210				
文学	1675	1569	106			
艺术学	18			15		3
历史学	300	300				
考古学	12821	11039			104	1678
经济学	3015	72	371	43	24	2505
政治学	15					15
军事学	192		192			
社会学	1107	786	87	61		174
新闻学与传播学	93			90		3
图书馆、情报与文献学	172		65		43	64
教育学	6		2			4
体育科学	44		3	38		3

指标	课题经费内部支出	基础研究	应用研究	试验发展	R&D 成果应用	科技服务
统计学	27	1	5		2	19
按课题技术领域分布						
非技术领域	13637	3456	2274	6055	45	1807
信息技术	111985	3743	47786	53346	4729	2382
生物和现代农业技术	88018	10859	20195	41897	8795	6272
新材料技术	144251	11807	46173	74698	10626	946
能源技术	9122	45	4911	3786	159	222
激光技术	2480	24	1021	1374	60	1
先进制造与自动化技术	58566	2751	13995	40339	1010	472
航天技术	10620	1174	851	8357	214	25
资源与环境技术	57177	3759	25294	10508	2681	14936
其他技术领域	74245	15849	13085	24827	7755	12730
按课题的社会经济目标分布						
环境保护、生态建设及污染防治	30544	1178	4503	9420	4098	11345
环境一般问题	1570		200	1185	46	140
环境与资源评估	2422	79	500	799	222	823
环境监测	3421	35	436	1633	78	1238
生态建设	8338	99	205	1198	556	6280
环境污染预防	3395	300	385	1126	466	1119
环境治理	9311	655	2710	2962	1260	1724
自然灾害的预防、预报	2087	10	67	517	1470	22
能源生产、分配和合理利用	17087	251	5520	9675	1101	540
能源一般问题研究	6576	77	4069	2010	316	104
能源矿物的开采和加工技术	11			11		
能源转换技术	790		192	551	45	2
能源输送、储存与分配技术	1544		77	1287	78	102
可再生能源	2275	173	845	1190	31	36
能源设施和设备建造	1684		182	1238	11	253
能源安全生产管理和技术	1580		142	1438		
节约能源的技术	799		14	165	620	1
能源生产、输送、分配、储存、利用过程中污染的防治与处理	1829			1786		43

指标	课题经费内部支出	基础研究	应用研究	试验发展	R&D成果应用	科技服务
卫生事业发展	44814	7599	13691	21834	1202	488
卫生一般问题	278	100	1	177		
诊断与治疗	27221	5968	6632	14043	563	15
预防医学	332	51	164	117		
公共卫生	877	170	13	571	2	122
营养和食品卫生	1901	79	50	1647	118	7
药物滥用和成瘾	457	8	345	100	3	
社会医疗	1221	3	62	856		300
卫生医疗其他研究	12528	1221	6424	4323	516	44
教育事业发展	2220		1911	35		274
教育一般问题	31		2			29
非学历教育与培训	2027		1876	35		117
其他教育	162		33			128
基础设施以及城市和农村规划	7312	103	1623	3705	729	1153
交通运输	4286	3	865	1913	697	809
通信	650	89	84	277	2	199
城市规划与市政工程	1595		365	1220	10	
农村发展规划与建设	377	12	11	227	20	107
交通运输、通信、城市与农村发展对环境的影响	404		297	68		39
基础社会发展和社会服务	30487	13747	2215	8125	1190	5209
社会发展和社会服务一般问题	3590		236	2509	201	644
社会保障	181		6	169		6
公共安全	3154		536	1728	503	386
社会管理	233	50	1	40	20	122
就业	25					25
政府与政治	10		10			
遗产保护	12821	11039			104	1678
语言与文化	127		106	2		20
文艺、娱乐	248		248			
宗教与道德	175		2	173		
传媒	91			90		1

单位：万元

指标	课题经费内部支出	基础研究	应用研究	试验发展	R&D 成果应用	科技服务
科技发展	8097	2659	1010	1947	311	2171
国土资源管理	358			274	52	32
其他社会发展和社会服务	1378		62	1193		124
地球和大气层的探索与利用	33973	2737	21822	5169	649	3596
地壳、地幔，海底的探测和研究	302	117	171	8		7
水文地理	4105	331	156	1245	428	1944
海洋	28879	2195	21052	3798	199	1635
大气	640	94	403	112	21	10
地球探测和开发其他研究	47		40	8		
民用空间探测及开发	12860	1211	887	10068	217	478
空间探测一般研究	27		27			
飞行器和运载工具研制	2074		639	1432	3	
发射与控制系统	3895	37	70	3773		15
卫星服务	3499	1174	151	1498	214	463
空间探测和开发其他研究	3364			3364		
农林牧渔业发展	66757	3628	8495	34121	11120	9394
农林牧渔业发展一般问题	4751	877	188	2130	862	694
农作物种植及培育	33881	1856	5289	18083	4491	4162
林业和林产品	2837	77	106	1642	376	637
畜牧业	3424	115	253	1676	1239	141
渔业	11809	170	1365	7839	1233	1202
农林牧渔业体系支撑	9541	498	1158	2471	2866	2550
农林牧渔业生产中污染的防治与处理	514	34	137	280	55	8
工商业发展	215787	8138	51372	133897	15408	6972
促进工商业发展的一般问题	1856		724	949	24	159
产业共性技术	73237	4412	6337	55698	5730	1060
食品、饮料和烟草制品业	2125		349	1416	72	288
纺织业、服装及皮革制品业	14410		3695	10062	345	308
化学工业	7404	568	678	6006	110	42
非金属与金属制品业	7189	14	3132	4019		25
机械制造业（不包括电子设备、仪器仪表及办公机械	13057	16	1432	10855	709	44

指标	课题经费内部支出	基础研究	应用研究	试验发展	R&D 成果应用	科技服务
电子设备、仪器仪表及办公机械	16096	88	8196	4625	3012	175
其他制造业	5523		338	5076	45	64
热力、水的生产和供应	194		3	55	62	74
建筑业	700		38	464	196	2
信息与通信技术（ICT）服务业	43411	2918	20843	16507	2747	397
技术服务业	29161	123	5332	17392	2272	4042
金融业	262		225	1		36
房地产业	18					18
商业及其他服务业	643		6	483		154
工商业活动中的环境保护、污染防治与处理	502		45	290	84	84
非定向研究	54516	14318	40197			
自然科学领域的非定向研究	34039	7100	26938			
工程与技术科学领域的非定向研究	15075	3796	11279			
农业科学领域的非定向研究	108		108			
医学科学领域的非定向研究	769	470	299			
社会科学领域的非定向研究	116		116			
人文科学领域的非定向研究	4022	2952	1070			
其他	387		387			
其他民用目标	47669	463	21565	25097	201	343
国防	6076	94	1783	4040	159	
按课题合作形式分布						
独立完成	359224	42152	104068	161640	20163	31200
与境内独立研究机构合作	45403	3209	21169	16877	3757	390
与境内高等学校合作	75374	7405	38416	26839	2310	406
与境内注册其他企业合作	69242	129	9687	49186	7512	2728
与境外机构合作	2677	3	350	1380	792	152
其他	18180	568	1894	9264	1539	4916
按课题服务的国民经济行业分布						
农、林、牧、渔业	62579	2925	8766	32227	9878	8783
农业	33522	1645	5458	16764	5170	4485
林业	4588	921	255	2447	674	292

单位：万元

指标	课题经费内部支出	基础研究	应用研究	试验发展	R&D 成果应用	科技服务
畜牧业	3421	102	172	1926	1080	141
渔业	12075	171	1772	7697	1235	1201
农、林、牧、渔专业及辅助性活动	8973	87	1109	3394	1719	2664
采矿业	833		76	741		16
煤炭开采和洗选业	240			240		
石油和天然气开采业	117		5	106		7
有色金属矿采选业	393			393		
非金属矿采选业	10		1			9
开采专业及辅助性活动	73		71	2		
制造业	141448	2749	37088	91351	8433	1828
农副食品加工业	1434	10	23	577	642	183
食品制造业	530		175	332	23	
酒、饮料和精制茶制造业	1914		203	1214	177	320
烟草制品业	0					
纺织业	10127		2392	6800	841	95
纺织服装、服饰业	531		306	224	1	
皮革、毛皮、羽毛及其制品和制鞋业	5554		1177	4179		198
木材加工和木、竹、藤、棕、草制品业	202	18	26	66	82	11
家具制造业	891			870	12	9
造纸和纸制品业	286			285		1
印刷和记录媒介复制业	101		80	21		
文教、工美、体育和娱乐用品制造业	437			368	69	
石油、煤炭及其他燃料加工业	42	31		11		
化学原料和化学制品制造业	9307	789	794	7235	420	70
医药制造业	12822	375	4556	7655	95	141
化学纤维制造业	1063		111	952		
橡胶和塑料制品业	690		13	666		11
非金属矿物制品业	8842		1979	3900	2937	26
黑色金属冶炼和压延加工业	83		60	23		
有色金属冶炼和压延加工业	1459	21	14	1425		
金属制品业	3652	2	274	3340	21	16

指标	课题经费内部支出	基础研究	应用研究	试验发展	R&D 成果应用	科技服务
通用设备制造业	9420	40	2339	6838	69	134
专用设备制造业	19941	53	6572	12799	357	160
汽车制造业	4660		1469	3115	29	47
铁路、船舶、航空航天和其他运输设备制造业	11583	1190	795	8754	829	17
电气机械和器材制造业	9673	15	4522	3769	1190	178
计算机、通信和其他电子设备制造业	18984	203	7567	10981	195	38
仪器仪表制造业	3936	1	764	2783	286	103
其他制造业	3076	4	829	2149	25	69
废弃资源综合利用业	206		51	20	134	1
电力、热力、燃气及水生产和供应业	2678	13	468	1592	304	301
电力、热力生产和供应业	1865	13	446	996	189	221
燃气生产和供应业	339		13	284	42	
水的生产和供应业	474		9	312	74	80
建筑业	2128		6	1829	190	103
房屋建筑业	1236			1046	190	
土木工程建筑业	837			736		101
建筑装饰、装修和其他建筑业	55		6	47		2
批发和零售业	447		8	439		
零售业	447		8	439		
交通运输、仓储和邮政业	2990	3	885	1383	485	235
铁路运输业	85					85
道路运输业	1465	3	111	788	419	145
水上运输业	226		13	200	8	5
航空运输业	756		626	130		
管道运输业	81			81		
多式联运和运输代理业	169		1	168		1
装卸搬运和仓储业	124		49	17	58	
邮政业	85		85			
住宿和餐饮业	71					71
餐饮业	71					71
信息传输、软件和信息技术服务业	66680	5570	37118	18272	4482	1238

指标	课题经费内部支出	基础研究	应用研究	试验发展	R&D 成果应用	科技服务
电信、广播电视和卫星传输服务	297		159	136	2	
互联网和相关服务	9504	249	8467	382	12	394
软件和信息技术服务业	56879	5321	28492	17754	4468	843
金融业	230		229	1		
货币金融服务	68		67	1		
资本市场服务	50		50			
保险业	4		4			
其他金融业	108		108			
租赁和商务服务业	385		219			166
商务服务业	385		219			166
科学研究和技术服务业	224482	23441	81370	101080	9064	9527
研究和试验发展	178807	22964	73656	82187		
专业技术服务业	38941	405	7267	17895	7892	5482
科技推广和应用服务业	6733	72	447	997	1172	4045
水利、环境和公共设施管理业	29387	1661	3154	7763	2522	14286
水利管理业	6729	273	298	1373	590	4194
生态保护和环境治理业	21887	1361	2846	5825	1802	10052
公共设施管理业	771	27	10	565	130	39
居民服务、修理和其他服务业	110		46	52		13
居民服务业	60		15	37		9
其他服务业	50		31	15		4
教育	3284		1897	851	174	361
教育	3284		1897	851	174	361
卫生和社会工作	9411	3162	2219	3032	406	592
卫生	9411	3162	2219	3032	406	592
文化、体育和娱乐业	12972	10940	3	255	104	1671
新闻和出版业	90			90		
广播、电视、电影和录音制作业	20			20		
文化艺术业	12713	10940		2	104	1667
体育	44		3	38		3
娱乐业	105			105		
公共管理、社会保障和社会组织	9987	3002	2033	4319	30	602
中国共产党机关	4199	2952	1247			
国家机构	4990	50	776	3627	30	507
社会保障	7		1			6
群众团体、社会团体和其他成员组织	719		9	620		90
基层群众自治组织及其他组织	72			72		

2-11 科学研究和技术服务业事业单位课题人员折合全时工作量按活动类型分（2022）

单位：人年

指标名称	课题人员折合全时工作量	基础研究	应用研究	试验发展	R&D 成果应用	科技服务
总计	**24885.6**	**2951.9**	**7918.4**	**10518.2**	**1793.4**	**1703.7**
按机构所属地域分布						
杭州市	10184.9	2015.8	3439.6	2813.4	979.5	936.6
宁波市	5081.2	476.8	1702.2	2400.8	247.2	254.2
温州市	2421.6	162	626.4	1392.1	88.6	152.5
嘉兴市	1950.6	50.6	639.5	939.5	185.7	135.3
湖州市	1069.9	18.5	516	400.3	89.4	45.7
绍兴市	1528	44.8	391.9	944.4	90.5	56.4
金华市	555.6	77	173	232.3	64.1	9.2
衢州市	629.6	15	94.7	486.4		33.5
舟山市	478.1	9.6	118.9	319	8.6	22
台州市	660.9	81.8	157.6	356.5	27.7	37.3
丽水市	325.2		58.6	233.5	12.1	21
按机构所属隶属关系分布						
中央部门属	3261.6	560.1	1489.9	761.5	200.7	249.4
中国科学院	1482	305.9	611.9	413.9	130.2	20.1
非中央部门属	21624	2391.8	6428.5	9756.7	1592.7	1454.3
省级部门属	6819.1	1199.7	2069.2	2009.5	785.6	755.1
副省级城市属	3026.9	452.3	891.4	1324.8	162	196.4
地市级部门属	4885.9	155.9	1413.8	2841.1	254.1	221
按课题来源分布						
国家科技项目	4193	1375.7	1628.5	898.8	229.7	60.3
地方科技项目	8387.8	705.9	2471.1	3614.1	878.9	717.8
企业委托科技项目	4654.4	131.7	1126.6	2476	323.7	596.4
自选科技项目	5771.6	699.2	1741.2	3105.6	142.4	83.2
国际合作科技项目	16		6.8	8.1		1.1
其他科技项目	1862.8	39.4	944.2	415.6	218.7	244.9

单位：人年

指标名称	课题人员折合全时工作量	基础研究	应用研究	试验发展	R&D 成果应用	科技服务
按课题所属学科分布						
自然科学领域	3856.5	608.5	1579.1	1299.1	90.9	278.9
数学	0.3			0.3		
信息科学与系统科学	623.6	14.9	178.5	296.4	26.3	107.5
力学	169.3	35.5	57.9	68.9	5	2
物理学	329.2	49	170.6	104.8	4.4	0.4
化学	580.3	19.8	213.5	314.1	19.4	13.5
天文学	1.2		1.2			
地球科学	1130.1	53.2	725.6	196.2	11.6	143.5
生物学	1020.5	436.1	231.8	316.4	24.2	12
心理学	2			2		
农业科学领域	3389.4	336.7	551	1706.7	508.6	286.4
农学	2286.3	243.6	403.2	1095.5	338.7	205.3
林学	475.3	64.9	69	266.3	45.7	29.4
畜牧、兽医科学	246.2	14	35.8	106.8	79.2	10.4
水产学	381.6	14.2	43	238.1	45	41.3
医学科学领域	1689.9	494.8	656.2	371.7	116.6	50.6
基础医学	550.3	194.8	185.2	80.5	88	1.8
临床医学	493.6	174	207.9	87.7	16.7	7.3
预防医学与公共卫生学	109.9	24.2	52.9	21.5		11.3
军事医学与特种医学	5.5	3		2.5		
药学	392.9	86	149.5	141.6	7.1	8.7
中医学与中药学	137.7	12.8	60.7	37.9	4.8	21.5
工程科学与技术领域	15329.3	1225.3	4990.4	7129.3	1056.2	928.1
工程与技术科学基础学科	367	11	107.4	203.4	19	26.2
信息与系统科学相关工程与技术	609	13.4	175.5	382.8	16.9	20.4
自然科学相关工程与技术	1009.7	85.5	428.7	381.8	80.6	33.1
测绘科学技术	104	3	20.5	69.8	9.6	1.1
材料科学	3352.5	342	1261.8	1414.3	269.8	64.6
冶金工程技术	5.1		3.1	2		
机械工程	1083.4	13	200.3	783.3	59.7	27.1

指标名称	课题人员折合全时工作量	基础研究	应用研究	试验发展	R&D 成果应用	科技服务
动力与电气工程	225.7	1	83.1	123.7	3	14.9
能源科学技术	395.3	12	83.7	249.6	36	14
核科学技术	7.1			4.8	1.4	0.9
电子与通信技术	1430.6	234.1	708.4	440.9	38.5	8.7
计算机科学技术	2552.9	310.3	1094.9	910.1	211.1	26.5
化学工程	821	54.3	172.9	571.6	15.7	6.5
产品应用相关工程与技术	331.6		86.4	167.8	37.6	39.8
纺织科学技术	575.9		183.1	339.8	35.4	17.6
食品科学技术	344.8	1	77.5	231.2	25.6	9.5
土木建筑工程	20.6		4	15.8		0.8
水利工程	448.5	49.3	38.6	59.5	45.3	255.8
交通运输工程	147	1.3	15.2	63.7	4.5	62.3
航空、航天科学技术	285.4	53	41	177.9	9	4.5
环境科学技术及资源科学技术	713.3	36.1	148	242.6	101.9	184.7
安全科学技术	205.8		28	147.6	7.6	22.6
管理学	293.1	5	28.3	145.3	28	86.5
社会、人文科学领域	620.5	286.6	141.7	11.4	21.1	159.7
马克思主义	35	24	9			2
哲学	13	13				
文学	30.5	25	5.5			
艺术学	1			0.8		0.2
历史学	9	9				
考古学	235	189			4	42
经济学	161.5	0.6	70.3	2.6	0.3	87.7
政治学	0.2					0.2
军事学	6		6			
社会学	73.5	26	34.6	3		9.9
新闻学与传播学	3.1			2		1.1
图书馆、情报与文献学	30.5		10		16.5	4
教育学	1.4		1			0.4
体育科学	12.6		2.8	2.5		7.3

指标名称	课题人员折合全时工作量	基础研究	应用研究	试验发展	R&D 成果应用	科技服务
统计学	8.2		2.5	0.5	0.3	4.9
按课题技术领域分布						
非技术领域	606.9	160	162.7	134.7	12.3	137.2
信息技术	5045.7	427.7	2276.3	1903.2	271.7	166.8
生物和现代农业技术	5494.8	1154.1	1400.1	2149.3	564.6	226.7
新材料技术	4384.3	392.3	1501.2	2087.3	344.8	58.7
能源技术	481.2	14	146.1	269.4	33.4	18.3
激光技术	204.6	31	51	115.4	6.5	0.7
先进制造与自动化技术	1898.2	54.5	422.5	1291.3	88.7	41.2
航天技术	337.9	53	61.9	211.5	5	6.5
资源与环境技术	1883.1	120.4	784.6	474	130.8	373.3
其他技术领域	4548.9	544.9	1112	1882.1	335.6	674.3
按课题的社会经济目标分布						
环境保护、生态建设及污染防治	1328.8	66.6	243.3	551.5	131.9	335.5
环境一般问题	103.4		25	57.6	6.9	13.9
环境与资源评估	77.9	5.8	11.7	17.3	9.2	33.9
环境监测	184.6	1.7	39.5	94.4	12	37
生态建设	303	10	23.9	85.8	36.4	146.9
环境污染预防	170.3	14	28.2	68.9	16	43.2
环境治理	459.6	34.7	112	220.2	39.1	53.6
自然灾害的预防、预报	30	0.4	3	7.3	12.3	7
能源生产、分配和合理利用	1038.4	20.5	232.8	593	129	63.1
能源一般问题研究	497.8	5.1	122	267.7	76.8	26.2
能源矿物的开采和加工技术	1.2			1.2		
能源转换技术	61.8		12.8	35.2	12.6	1.2
能源输送、储存与分配技术	94.9		23	57.4	5.9	8.6
可再生能源	125.3	15.4	41.5	66.2	0.5	1.7
能源设施和设备建造	120.7		11.6	87	7	15.1
能源安全生产管理和技术	22.1		11.9	10.2		
节约能源的技术	77.3		10	39.1	26.2	2
能源生产、输送、分配、储存、利用过程中污染的防治与处理	37.3			29		8.3

指标名称	课题人员折合全时工作量	基础研究	应用研究	试验发展	R&D 成果应用	科技服务
卫生事业发展	3146.7	850.4	1129.4	972.3	150.5	44.1
卫生一般问题	22.8	1	2.8	19		
诊断与治疗	2073.6	668.7	716.2	634	51.2	3.5
预防医学	61.1	19.6	23	18.5		
公共卫生	93.6	11	5.2	61.8	2	13.6
营养和食品卫生	62.7	15.8	11.3	32.5	2.4	0.7
药物滥用和成瘾	16.8	0.1	14	2.2	0.5	
社会医疗	59	2	27.6	17		12.4
卫生医疗其他研究	757.1	132.2	329.3	187.3	94.4	13.9
教育事业发展	109		84.7	10.3		14
教育一般问题	7.2		3.2	2		2
非学历教育与培训	87.3		76	8.3		3
其他教育	14.5		5.5			9
基础设施以及城市和农村规划	343.1	9.9	85.9	130.5	18.8	98
交通运输	221	1.3	48.4	69.2	12.8	89.3
通信	24.3	8	7.2	4.3	2.8	2
城市规划与市政工程	56.3		11.2	43.9	1.2	
农村发展规划与建设	18.1	0.6	2.1	8	2	5.4
交通运输、通信、城市与农村发展对环境的影响	23.4		17	5.1		1.3
基础社会发展和社会服务	1815.9	657.8	282.6	491.7	85	298.8
社会发展和社会服务一般问题	200.6		44.3	93.7	4.3	58.3
社会保障	43.1		8	34		1.1
公共安全	277.4		110.3	126.8	14.5	25.8
社会管理	47.6	4	0.8	9.2	18	15.6
就业	0.8					0.8
政府与政治	1		1			
遗产保护	235	189			4	42
语言与文化	9.5		5.5	3		1
文艺、娱乐	7		6	1		
宗教与道德	9		1	8		
传媒	4.1		2			2.1

单位：人年

指标名称	课题人员折合全时工作量	基础研究	应用研究	试验发展	R&D 成果应用	科技服务
科技发展	819.8	464.8	83.8	102.3	33	135.9
国土资源管理	29.2		1	20.4	6.2	1.6
其他社会发展和社会服务	131.8		20.9	91.3	5	14.6
地球和大气层的探索与利用	1158.3	100.3	730.8	160.9	27.7	138.6
地壳、地幔，海底的探测和研究	8.7	2.1	6.2	0.1		0.3
水文地理	138.7	39	12.6	21.9	17.8	47.4
海洋	840.5	51.6	594.2	105.5	3.8	85.4
大气	160.4	7.6	107.9	33.3	6.1	5.5
地球探测和开发其他研究	10		9.9	0.1		
民用空间探测及开发	322.8	55	47.6	193.3	9	17.9
空间探测一般研究	3.5		0.5	3		
飞行器和运载工具研制	95.7		25.5	66.2	4	
发射与控制系统	24	2	6.6	14.4		1
卫星服务	164.6	53	15	74.7	5	16.9
空间探测和开发其他研究	35			35		
农林牧渔业发展	3633.5	368.4	544.5	1849.5	567.2	303.9
农林牧渔业发展一般问题	345.7	26.4	29.2	197.1	48.6	44.4
农作物种植及培育	1799.1	239.5	243.9	962	253	100.7
林业和林产品	174.7	16.9	9.4	114.3	13.5	20.6
畜牧业	228.2	12.8	28.1	103.6	74.5	9.2
渔业	348.3	14.8	39.9	218.1	37.4	38.1
农林牧渔业体系支撑	691.4	54.9	180.7	233.5	133.4	88.9
农林牧渔业生产中污染的防治与处理	46.1	3.1	13.3	20.9	6.8	2
工商业发展	8136.5	203.7	2459.1	4525.1	616.8	331.8
促进工商业发展的一般问题	127.7		29.3	63.1	9	26.3
产业共性技术	1243.5	62.3	243.8	743.4	153.2	40.8
食品、饮料和烟草制品业	159.3		31.1	102.5	8.8	16.9
纺织业、服装及皮革制品业	619.2		202.7	370.1	28.8	17.6
化学工业	709.4	46.1	129.2	513.1	13.4	7.6
非金属与金属制品业	231.3	0.7	66.3	158.6		5.7
机械制造业（不包括电子设备、仪器仪表及办公机械	536	13	88.6	393.7	29.3	11.4

指标名称	课题人员折合全时工作量	基础研究	应用研究	试验发展	R&D 成果应用	科技服务
电子设备、仪器仪表及办公机械	783	19	473.3	235.3	38.6	16.8
其他制造业	155.6		8	141	1.3	5.3
热力、水的生产和供应	15.6		1	6.6	3	5
建筑业	68.6		3.7	22	42.6	0.3
信息与通信技术（ICT）服务业	1581.5	48.7	653.1	672.2	187.5	20
技术服务业	1731.8	13.9	476.4	1002.1	92.4	147
金融业	50.2		48	0.8		1.4
房地产业	0.8					0.8
商业及其他服务业	79.4		3	70		6.4
工商业活动中的环境保护、污染防治与处理	43.6		1.6	30.6	8.9	2.5
非定向研究	1693.2	553	1140.2			
自然科学领域的非定向研究	964.7	354.9	609.8			
工程与技术科学领域的非定向研究	504.7	56.5	448.2			
农业科学领域的非定向研究	8.6		8.6			
医学科学领域的非定向研究	70.3	44.6	25.7			
社会科学领域的非定向研究	19.2		19.2			
人文科学领域的非定向研究	108	97	11			
其他	17.7		17.7			
其他民用目标	1712.4	53.2	719.6	854.1	27.5	58
国防	447	13.1	217.9	186	30	
按课题合作形式分布						
独立完成	15496.7	1909.9	5024.9	6410.1	908.5	1243.3
与境内独立研究机构合作	2278.9	247.7	795.3	891	304.6	40.3
与境内高等学校合作	3309.2	675.1	1385.7	1016	186.4	46
与境内注册其他企业合作	2817	40.2	496	1800.3	287.4	193.1
与境外机构合作	132.6	1.2	24.9	52.9	45.2	8.4
其他	851.2	77.8	191.6	347.9	61.3	172.6
按课题服务的国民经济行业分布						
农、林、牧、渔业	3193.7	292.2	427	1687.3	510.9	276.3
农业	1733.5	205.7	252.4	876.4	289.3	109.7
林业	369.7	45.3	44.1	220.4	40.3	19.6

指标名称	课题人员折合全时工作量	基础研究	应用研究	试验发展	R&D 成果应用	科技服务
畜牧业	218.4	12.1	20.8	108.9	67.3	9.3
渔业	331.8	13.2	34.3	207	39.2	38.1
农、林、牧、渔专业及辅助性活动	540.3	15.9	75.4	274.6	74.8	99.6
采矿业	42.2		10.5	27.5		4.2
煤炭开采和洗选业	9			9		
石油和天然气开采业	16.5		1	13.5		2
有色金属矿采选业	2.7			2.7		
非金属矿采选业	3.9		1.7			2.2
开采专业及辅助性活动	10.1		7.8	2.3		
制造业	6708.7	239	2036.5	3811.1	409.5	212.6
农副食品加工业	106.9	1	11.2	65.7	24.2	4.8
食品制造业	46.3		17.3	26.7	2.3	
酒、饮料和精制茶制造业	111.7		13.1	62.8	10.1	25.7
烟草制品业	0.2					0.2
纺织业	527.8		172.6	306.3	40.8	8.1
纺织服装、服饰业	25.4		7	17.4	1	
皮革、毛皮、羽毛及其制品和制鞋业	105.3		28.6	67.7		9
木材加工和木、竹、藤、棕、草制品业	19.9	3.6	4.1	7.2	3	2
家具制造业	34.6			28.6	0.6	5.4
造纸和纸制品业	16.9			14.9		2
印刷和记录媒介复制业	12		5.5	6.5		
文教、工美、体育和娱乐用品制造业	18.6			16	2.6	
石油、煤炭及其他燃料加工业	2.5	0.9	1	0.6		
化学原料和化学制品制造业	710	41.1	122	510.5	26.5	9.9
医药制造业	681.7	50.3	338.9	254.3	11.9	26.3
化学纤维制造业	72.9		8.2	63.8		0.9
橡胶和塑料制品业	43.3		7.8	34.5		1
非金属矿物制品业	194.8		62.2	102.9	23.2	6.5
黑色金属冶炼和压延加工业	14.2		11	3.2		
有色金属冶炼和压延加工业	32.9	1.5	7.3	24.1		
金属制品业	231.6	7.7	48.4	166.3	6.2	3

指标名称	课题人员折合全时工作量	基础研究	应用研究	试验发展	R&D 成果应用	科技服务
通用设备制造业	530.8	1.1	155.1	339.4	24.3	10.9
专用设备制造业	707.5	12.3	252.4	321.4	90.7	30.7
汽车制造业	142.3		41.7	89.5	2	9.1
铁路、船舶、航空航天和其他运输设备制造业	504.3	58.5	118.9	280.4	42	4.5
电气机械和器材制造业	540.9	16	173.3	297.6	33.1	20.9
计算机、通信和其他电子设备制造业	812.7	32.5	276.9	460.2	30	13.1
仪器仪表制造业	251	1	64.4	148.8	25.6	11.2
其他制造业	198.3	11.5	85.1	87.5	7.8	6.4
废弃资源综合利用业	11.4		2.5	6.3	1.6	1
电力、热力、燃气及水生产和供应业	240.2	3	71.5	134	17.1	14.6
电力、热力生产和供应业	163.5	3	65.7	74	10.7	10.1
燃气生产和供应业	13.5		3.3	7.8	2.4	
水的生产和供应业	63.2		2.5	52.2	4	4.5
建筑业	135.9	1.3	3.1	69.4	42.7	19.4
房屋建筑业	68.2			25.9	42.3	
土木工程建筑业	58.5	1	2	36	0.4	19.1
建筑装饰、装修和其他建筑业	9.2	0.3	1.1	7.5		0.3
批发和零售业	4.8		1.3	3.5		
零售业	4.8		1.3	3.5		
交通运输、仓储和邮政业	143.3	1.3	52.8	46.8	8.8	33.6
铁路运输业	6					6
道路运输业	68.2	1.3	14	28.3	3	21.6
水上运输业	13.3		2	6	0.3	5
航空运输业	27		22	5		
管道运输业	2			2		
多式联运和运输代理业	5		1	3		1
装卸搬运和仓储业	18.8		10.8	2.5	5.5	
邮政业	3		3			
住宿和餐饮业	1					1
餐饮业	1					1
信息传输、软件和信息技术服务业	3026.8	491.2	1468.1	767.1	240.3	60.1

单位：人年

指标名称	课题人员折合全时工作量	基础研究	应用研究	试验发展	R&D 成果应用	科技服务
电信、广播电视和卫星传输服务	30.8		17	11	2.8	
互联网和相关服务	471.2	211.3	208.6	39.5	4.4	7.4
软件和信息技术服务业	2524.8	279.9	1242.5	716.6	233.1	52.7
金融业	53.8		53	0.8		
货币金融服务	14.8		14	0.8		
资本市场服务	5		5			
保险业	5		5			
其他金融业	29		29			
租赁和商务服务业	39.1		5.1			34
商务服务业	39.1		5.1			34
科学研究和技术服务业	8564.8	1299.7	3167.9	3208.2	394.9	494.1
研究和试验发展	5576.4	1271	2549.3	1756.1		
专业技术服务业	2383.5	28.1	574.3	1263.9	242.7	274.5
科技推广和应用服务业	604.9	0.6	44.3	188.2	152.2	219.6
水利、环境和公共设施管理业	1202.2	72.3	184.6	375.3	130.4	439.6
水利管理业	276.1	9	27	41.9	23.4	174.8
生态保护和环境治理业	886.2	61.8	154.6	309.3	101	259.5
公共设施管理业	39.9	1.5	3	24.1	6	5.3
居民服务、修理和其他服务业	29.4		19.8	8.7		0.9
居民服务业	21.8		16.8	4.7		0.3
其他服务业	7.6		3	4		0.6
教育	123		81.7	27.3	2	12
教育	123		81.7	27.3	2	12
卫生和社会工作	751.9	263.9	225.7	200.7	27.5	34.1
卫生	751.9	263.9	225.7	200.7	27.5	34.1
文化、体育和娱乐业	269.8	187	2.8	26.5	4	49.5
新闻和出版业	2			2		
广播、电视、电影和录音制作业	13			13		
文化艺术业	236.2	187		3	4	42.2
体育	12.6		2.8	2.5		7.3
娱乐业	6			6		
公共管理、社会保障和社会组织	355	101	107	124	5.3	17.7
中国共产党机关	138.3	97	41.3			
国家机构	170.4	4	50.7	96	5.3	14.4
社会保障	6.1		5			1.1
群众团体、社会团体和其他成员组织	38.2		10	26		2.2
基层群众自治组织及其他组织	2			2		

2-12 科学研究和技术服务业事业单位 R&D 人员（2022）

单位：人

指标名称	R&D 人员	#研究人员	#女性	按工作量分		按学历分			
				R&D 全时人员	R&D 非全时人员	博士毕业	硕士毕业	本科毕业	其他
总计	**30804**	**20260**	**9587**	**18808**	**11996**	**9419**	**11608**	**7877**	**1900**
按机构所属地域分布									
杭州市	12252	7921	4264	7374	4878	3904	5563	2092	693
宁波市	6159	3646	1794	4294	1865	2068	1902	1849	340
温州市	3149	2227	1089	1743	1406	878	1183	867	221
嘉兴市	2363	1813	494	1395	968	889	807	554	113
湖州市	1555	1008	308	852	703	504	646	326	79
绍兴市	1762	1407	545	1185	577	459	596	556	151
金华市	779	576	284	446	333	243	253	238	45
衢州市	895	503	244	501	394	213	168	452	62
舟山市	558	397	161	392	166	82	161	255	60
台州市	851	461	229	359	492	169	219	373	90
丽水市	481	301	175	267	214	10	110	315	46
按机构所属隶属关系分布									
中央部门属	3569	2526	1201	2746	823	1414	1033	797	325
中国科学院	1780	1263	665	1420	360	776	536	380	88
非中央部门属	27235	17734	8386	16062	11173	8005	10575	7080	1575
省级部门属	8406	5143	2841	4508	3898	2040	4401	1480	485
副省级城市属	3499	1847	1101	2445	1054	1018	1195	1196	90
地市级部门属	6631	4498	1941	3403	3228	1436	2469	2359	367
按机构从事的国民经济行业分布									
科学研究和技术服务业	30804	20260	9587	18808	11996	9419	11608	7877	1900
研究和试验发展	23971	16149	7675	15024	8947	8163	9622	4747	1439
专业技术服务业	3664	2260	1174	1528	2136	302	1165	1949	248
科技推广和应用服务业	3169	1851	738	2256	913	954	821	1181	213
按机构服务的国民经济行业分布									
农、林、牧、渔业	3500	2483	1429	1857	1643	948	1283	864	405
农业	1573	1206	636	813	760	285	787	376	125

指标名称	R&D人员	#研究人员	#女性	按工作量分		按学历分			
				R&D全时人员	R&D非全时人员	博士毕业	硕士毕业	本科毕业	其他
林业	367	247	122	246	121	109	92	104	62
渔业	303	196	85	184	119	66	115	97	25
农、林、牧、渔专业及辅助性活动	1257	834	586	614	643	488	289	287	193
制造业	4124	2774	1216	2728	1396	1049	1378	1318	379
农副食品加工业	58	55	25	55	3	1	25	25	7
食品制造业	68	25	26	28	40	13	35	15	5
酒、饮料和精制茶制造业	65	50	34	39	26	10	31	19	5
纺织业	475	456	150	475		200	199	68	8
皮革、毛皮、羽毛及其制品和制鞋业	89	86	31	89		48	10	16	15
文教、工美、体育和娱乐用品制造业	6	3	3	3	3	2	2	2	0
化学原料和化学制品制造业	834	541	219	516	318	189	163	368	114
医药制造业	458	254	228	282	176	157	128	163	10
橡胶和塑料制品业	7	4		1	6	2	0	0	5
通用设备制造业	360	182	72	113	247	83	58	71	148
专用设备制造业	139	92	48	83	56	29	41	60	9
汽车制造业	57	18	8	10	47	17	2	38	0
铁路、船舶、航空航天和其他运输设备制造业	178	105	41	151	27	18	99	61	0
电气机械和器材制造业	72	15	23	22	50	15	16	37	4
计算机、通信和其他电子设备制造业	994	761	230	701	293	217	425	306	46
仪器仪表制造业	167	88	54	73	94	30	85	52	0
其他制造业	97	39	24	87	10	18	59	17	3
电力、热力、燃气及水生产和供应业	37	33	10	33	4	2	24	11	0
电力、热力生产和供应业	37	33	10	33	4	2	24	11	0
批发和零售业	17	9	2	9	8		4	13	
批发业	17	9	2	9	8		4	13	
交通运输、仓储和邮政业	110	64	14	64	46	10	89	8	3
道路运输业	110	64	14	64	46	10	89	8	3
信息传输、软件和信息技术服务业	516	355	99	382	134	206	116	175	19
软件和信息技术服务业	516	355	99	382	134	206	116	175	19
租赁和商务服务业	1	1		1			1		

指标名称	R&D人员	#研究人员	#女性	按工作量分		按学历分			
				R&D全时人员	R&D非全时人员	博士毕业	硕士毕业	本科毕业	其他
商务服务业	1	1		1			1		
科学研究和技术服务业	21014	13655	6355	13061	7953	6860	8019	5134	1001
研究和试验发展	15577	10228	4654	10616	4961	5981	6228	2675	693
专业技术服务业	3176	1863	1112	1104	2072	203	1088	1707	178
科技推广和应用服务业	2261	1564	589	1341	920	676	703	752	130
水利、环境和公共设施管理业	929	572	230	520	409	219	423	217	70
水利管理业	195	101	38	45	150	31	139	25	
生态保护和环境治理业	734	471	192	475	259	188	284	192	70
卫生和社会工作	505	279	218	124	381	123	251	110	21
卫生	505	279	218	124	381	123	251	110	21
文化、体育和娱乐业	24	20	6	16	8		11	12	1
体育	24	20	6	16	8		11	12	1
公共管理、社会保障和社会组织	27	15	8	13	14	2	9	15	1
国家机构	27	15	8	13	14	2	9	15	1
按机构所属学科分布									
自然科学领域	6452	4235	2081	4206	2246	1819	3342	1060	231
信息科学与系统科学	4071	2561	1178	2595	1476	958	2675	387	51
力学	92	79	24	60	32	22	36	34	
物理学	16	10	4	8	8	8	6	2	
化学	520	365	178	317	203	137	145	212	26
地球科学	1070	771	364	735	335	328	301	302	139
生物学	683	449	333	491	192	366	179	123	15
农业科学领域	4165	3007	1675	2370	1795	1088	1513	1123	441
农学	3199	2356	1312	1721	1478	852	1209	806	332
林学	518	357	217	361	157	141	139	162	76
水产学	448	294	146	288	160	95	165	155	33
医学科学领域	2040	1282	980	1225	815	743	823	394	80
基础医学	1068	713	503	838	230	497	459	100	12
临床医学	292	203	94	157	135	114	69	76	33
药学	570	276	321	170	400	107	236	200	27
中医学与中药学	110	90	62	60	50	25	59	18	8

指标名称	R&D人员	#研究人员	#女性	按工作量分		按学历分			
				R&D全时人员	R&D非全时人员	博士毕业	硕士毕业	本科毕业	其他
工程科学与技术领域	17543	11365	4600	10587	6956	5700	5705	5121	1017
工程与技术科学基础学科	2664	1740	722	1313	1351	690	824	1025	125
信息与系统科学相关工程与技术	898	511	163	481	417	268	206	222	202
自然科学相关工程与技术	683	520	191	392	291	277	200	152	54
测绘科学技术	140	96	35	45	95	8	72	60	
材料科学	3097	2096	1022	2287	810	1214	920	817	146
机械工程	1253	913	234	715	538	477	298	422	56
动力与电气工程	384	229	49	141	243	68	96	194	26
能源科学技术	123	44	29	29	94	20	21	44	38
电子与通信技术	2568	1840	574	1515	1053	1180	969	376	43
计算机科学技术	644	397	207	435	209	211	260	163	10
化学工程	966	586	214	559	407	328	219	293	126
产品应用相关工程与技术	846	490	306	264	582	174	308	331	33
纺织科学技术	536	492	174	478	58	206	254	68	8
食品科学技术	365	230	172	174	191	36	127	169	33
土木建筑工程	16	15	1	16			4	9	3
水利工程	232	134	48	78	154	33	163	36	
交通运输工程	117	71	15	71	46	10	91	13	3
航空、航天科学技术	1158	379	204	1039	119	375	339	410	34
环境科学技术及资源科学技术	579	401	198	389	190	119	225	172	63
安全科学技术	258	168	37	155	103	6	103	137	12
管理学	16	13	5	11	5		6	8	2
社会、人文科学领域	604	371	251	420	184	69	225	179	131
马克思主义	137	98	62	137		53	54	24	6
考古学	235	88	94	160	75	3	64	50	118
经济学	3	3	1	3		1	2		
社会学	137	120	64	92	45	10	48	73	6
图书馆、情报与文献学	68	42	24	12	56	2	46	20	
体育科学	24	20	6	16	8		11	12	1
按机构从业人员规模分									
0～9人	30804	20260	9587	18808	11996	9419	11608	7877	1900

2-13 科学研究和技术服务业事业单位 R&D 人员折合全时工作量 （2022）

单位：人年

指标名称	R&D 折合全时工作量	#研究人员	按活动类型分组		
			基础研究	应用研究	试验发展
总计	**24655**	**17219**	**3486**	**9180**	**11989**
按机构所属地域分布					
杭州市	10027	6937	2427	4205	3395
宁波市	5124	3347	545	1904	2675
温州市	2414	1648	174	684	1556
嘉兴市	1790	1522	57	700	1033
湖州市	1039	675	20	570	449
绍兴市	1508	1265	50	427	1031
金华市	559	452	90	203	266
衢州市	706	396	18	110	578
舟山市	484	337	10	133	341
台州市	673	369	95	178	400
丽水市	331	271		66	265
按机构所属隶属关系分布					
中央部门属	3169	2410	654	1644	871
中国科学院	1580	1230	363	726	491
非中央部门属	21486	14809	2832	7536	11118
省级部门属	6628	4497	1488	2715	2425
副省级城市属	2941	1719	487	972	1482
地市级部门属	4957	3345	170	1569	3218
按机构从事的国民经济行业分布					
科学研究和技术服务业	24655	17219	3486	9180	11989
研究和试验发展	19376	13692	3321	7811	8244
专业技术服务业	2588	1858	30	703	1855
科技推广和应用服务业	2691	1669	135	666	1890
按机构服务的国民经济行业分布					
农、林、牧、渔业	2696	1886	368	589	1739
农业	1216	852	120	238	858
林业	305	238	48	59	198

指标名称	R&D折合全时工作量	#研究人员	按活动类型分组		
			基础研究	应用研究	试验发展
渔业	229	183	10	47	172
农、林、牧、渔专业及辅助性活动	946	613	190	245	511
制造业	3388	2396	277	1077	2034
农副食品加工业	56	52		9	47
食品制造业	40	17		8	32
酒、饮料和精制茶制造业	51	47		10	41
纺织业	475	456		180	295
皮革、毛皮、羽毛及其制品和制鞋业	89	86		29	60
文教、工美、体育和娱乐用品制造业	3	1			3
化学原料和化学制品制造业	711	419	30	155	526
医药制造业	337	198	149	140	48
橡胶和塑料制品业	4	2		2	2
通用设备制造业	193	109	5	93	95
专用设备制造业	106	86	3	51	52
汽车制造业	38	6		11	27
铁路、船舶、航空航天和其他运输设备制造业	163	97	68		95
电气机械和器材制造业	25	7		19	6
计算机、通信和其他电子设备制造业	891	703	21	343	527
仪器仪表制造业	114	79	1	11	102
其他制造业	92	31		16	76
电力、热力、燃气及水生产和供应业	33	33		28	5
电力、热力生产和供应业	33	33		28	5
批发和零售业	11	4			11
批发业	11	4			11
交通运输、仓储和邮政业	79	64	1	21	57
道路运输业	79	64	1	21	57
信息传输、软件和信息技术服务业	456	329	6	93	357
软件和信息技术服务业	456	329	6	93	357
租赁和商务服务业	1	1		1	
商务服务业	1	1		1	
科学研究和技术服务业	16811	11816	2586	7145	7080
研究和试验发展	12887	8998	2487	5986	4414
专业技术服务业	2110	1470	24	645	1441

指标名称	R&D折合全时工作量	按活动类型分组		
		#研究人员	基础研究	应用研究	试验发展
科技推广和应用服务业	1814	1348	75	514	1225
水利、环境和公共设施管理业	799	481	74	175	550
水利管理业	165	70	46	38	81
生态保护和环境治理业	634	411	28	137	469
卫生和社会工作	342	183	158	46	138
卫生	342	183	158	46	138
文化、体育和娱乐业	22	18	16	3	3
体育	22	18	16	3	3
公共管理、社会保障和社会组织	17	8		2	15
国家机构	17	8		2	15
按机构所属学科分布					
自然科学领域	5462	4083	1264	2927	1271
信息科学与系统科学	3488	2534	817	1880	791
力学	82	76	19	49	14
物理学	10	5		3	7
化学	399	316	34	151	214
地球科学	955	731	53	728	174
生物学	528	421	341	116	71
农业科学领域	3276	2339	463	671	2142
农学	2500	1728	376	551	1573
林学	427	332	69	61	297
水产学	349	279	18	59	272
医学科学领域	1745	1112	628	691	426
基础医学	934	610	358	419	157
临床医学	254	184	127	98	29
药学	462	231	80	148	234
中医学与中药学	95	87	63	26	6
工程科学与技术领域	13668	9379	818	4820	8030
工程与技术科学基础学科	2017	1451	69	785	1163
信息与系统科学相关工程与技术	678	430	11	243	424
自然科学相关工程与技术	496	406	34	287	175
测绘科学技术	53	51		10	43
材料科学	2730	1980	383	1031	1316

指标名称	R&D 折合全时工作量		按活动类型分组		
		# 研究人员	基础研究	应用研究	试验发展
机械工程	917	664	7	217	693
动力与电气工程	248	159	1	46	201
能源科学技术	64	20		19	45
电子与通信技术	1794	1301	52	870	872
计算机科学技术	530	334	7	192	331
化学工程	816	459	35	165	616
产品应用相关工程与技术	503	388	8	111	384
纺织科学技术	493	471		180	313
食品科学技术	243	193		73	170
土木建筑工程	16	15			16
水利工程	198	103	46	66	86
交通运输工程	86	71	1	21	64
航空、航天科学技术	1075	370	139	307	629
环境科学技术及资源科学技术	482	346	25	148	309
安全科学技术	215	157		49	166
管理学	14	10			14
社会、人文科学领域	504	306	313	71	120
马克思主义	137	98	97	40	
考古学	200	70	200		
经济学	3	3		3	
社会学	110	90		22	88
图书馆、情报与文献学	32	27		3	29
体育科学	22	18	16	3	3
按机构从业人员规模分					
≥ 1000 人	5639	4060	1335	2788	1516
500 ～ 999 人	2637	1945	237	1032	1368
300 ～ 499 人	2553	2065	559	1094	900
200 ～ 299 人	2868	1695	460	1068	1340
100 ～ 199 人	4967	3425	640	1384	2943
50 ～ 99 人	3741	2578	140	1212	2389
30 ～ 49 人	1342	823	77	325	940
20 ～ 29 人	429	299	29	175	225
10 ～ 19 人	327	215	9	58	260
0 ～ 9 人	152	114		44	108

2-14 科学研究和技术服务业事业单位 R&D 经费内部支出按活动类型和经费来源分（2022）

单位：万元

指标名称	R&D经费内部支出	按活动类型分			按经费来源分			
		基础研究	应用研究	试验发展	政府资金	企业资金	国外资金	其他资金
总计	1515182	232980	631393	650809	1224163	161205	367	129446
按机构所属地域分布								
杭州市	702317	150855	359448	192014	609222	35500	9	57586
宁波市	291917	33052	85428	173436	209513	51680	351	30373
温州市	137092	17485	34264	85343	110815	16222		10055
嘉兴市	97329	9800	53538	33992	55368	32322		9640
湖州市	36495	1072	22944	12479	28888	6209		1399
绍兴市	72407	2208	32565	37634	57067	10215		5125
金华市	35203	5277	13455	16471	33287	900		1017
衢州市	64990	6981	8524	49485	61371	1422		2198
舟山市	22338	352	5577	16409	20387	1937	6	7
台州市	35621	5898	11000	18723	21301	4796		9525
丽水市	19473		4650	14823	16946	5		2522
按机构所属隶属关系分布								
中央部门属	210613	30926	112912	66776	180441	16889	351	12932
中国科学院	92799	16457	40704	35638	79284	13163	351	
非中央部门属	1304568	202054	518482	584033	1043722	144316	16	116515
省级部门属	458233	92320	254971	110943	378942	30124	9	49158
副省级城市属	153762	19344	38397	96020	119997	10322		23443
地市级部门属	280407	25687	87152	167567	219247	37713	6	23441
按机构从事的国民经济行业分布								
科学研究和技术服务业	1515182	232980	631393	650809	1224163	161205	367	129446
研究和试验发展	1255593	222982	568914	463698	1076170	109655	367	69402
专业技术服务业	129218	3924	31144	94151	60454	16302		52462
科技推广和应用服务业	130370	6074	31336	92960	87539	35249		7582
按机构服务的国民经济行业分布								
农、林、牧、渔业	170085	22569	36742	110775	146164	8331	16	15574
农业	80749	7536	18182	55032	78486	623		1640
林业	14470	1639	1772	11060	14034		6	430

单位：万元

指标名称	R&D经费内部支出	按活动类型分			按经费来源分			
		基础研究	应用研究	试验发展	政府资金	企业资金	国外资金	其他资金
渔业	16372	784	3791	11797	11852	2293		2226
农、林、牧、渔专业及辅助性活动	58494	12610	12997	32887	41792	5415	9	11277
制造业	217830	23619	81534	112677	158596	41489		17746
农副食品加工业	2510		304	2206	2510			
食品制造业	2433		509	1924	2067	366		
酒、饮料和精制茶制造业	1766		384	1382	1006	681		79
纺织业	15707		11457	4250	15692	14		
皮革、毛皮、羽毛及其制品和制鞋业	5196		1181	4015	0	5166		30
文教、工美、体育和娱乐用品制造业	69			69	15			54
化学原料和化学制品制造业	51301	2429	8375	40498	42170	6778		2353
医药制造业	35022	18582	13119	3322	29152	1016		4854
橡胶和塑料制品业	149		123	26	6			144
通用设备制造业	11360	94	5477	5788	10411	631		317
专用设备制造业	9314	50	6194	3070	5222	239		3854
汽车制造业	1360		1170	190	1130	230		
铁路、船舶、航空航天和其他运输设备制造业	8279	655		7624	8279			
电气机械和器材制造业	1952		1901	51	1932	20		
计算机、通信和其他电子设备制造业	56928	1769	29933	25226	29479	24042		3408
仪器仪表制造业	10631	40	840	9751	5671	2305		2655
其他制造业	3855		568	3287	3855			
电力、热力、燃气及水生产和供应业	1958		1049	909	451	1508		
电力、热力生产和供应业	1958		1049	909	451	1508		
批发和零售业	900			900	900			
批发业	900			900	900			
交通运输、仓储和邮政业	1147	1	158	989	1147			
道路运输业	1147	1	158	989	1147			
信息传输、软件和信息技术服务业	49235	4724	6104	38406	30241	18809		185
软件和信息技术服务业	49235	4724	6104	38406	30241	18809		185
租赁和商务服务业	51		51		8			43
商务服务业	51		51		8			43
科学研究和技术服务业	1013840	166976	492942	353923	850741	79231	351	83518
研究和试验发展	823684	158345	439560	225779	747140	55681	351	20512
专业技术服务业	112113	2097	31639	78378	50318	6845		54950

指标名称	R&D经费内部支出	按活动类型分			按经费来源分			
		基础研究	应用研究	试验发展	政府资金	企业资金	国外资金	其他资金
科技推广和应用服务业	78044	6534	21743	49767	53282	16705		8056
水利、环境和公共设施管理业	38603	3189	7637	27777	20094	11838		6671
水利管理业	12126	1671	2070	8385	1453	8268		2406
生态保护和环境治理业	26477	1518	5567	19392	18642	3571		4265
卫生和社会工作	19773	11284	4979	3509	14095			5678
卫生	19773	11284	4979	3509	14095			5678
文化、体育和娱乐业	754	618	47	89	754			
体育	754	618	47	89	754			
公共管理、社会保障和社会组织	1005		151	854	973			32
国家机构	1005		151	854	973			32
按机构所属学科分布								
自然科学领域	405286	64255	280940	60091	370583	25847		8856
信息科学与系统科学	272093	36120	203504	32469	251504	20312		276
力学	7325	1732	5545	47	7253	62		9
物理学	111		66	45	111			
化学	19709	1347	5980	12382	8766	2475		8468
地球科学	66211	6023	55214	4974	63550	2558		103
生物学	39839	19033	10631	10175	39400	439		
农业科学领域	205611	23647	45652	136313	175316	9028	16	21252
农学	158300	19054	39184	100061	134585	6413	9	17293
林学	23284	3017	2231	18035	21929		6	1349
水产学	24028	1575	4236	18216	18802	2615		2610
医学科学领域	137364	66914	37677	32773	110823	6001		20541
基础医学	75230	46357	19877	8996	65827	2268		7136
临床医学	13557	7438	2247	3872	5089	2790		5678
药学	38332	7723	11204	19405	29662	943		7727
中医学与中药学	10245	5396	4349	500	10245			
工程科学与技术领域	737203	58970	263954	414279	550272	120330	351	66249
工程与技术科学基础学科	89479	6671	28218	54590	71952	6817		10710
信息与系统科学相关工程与技术	24186	1742	11082	11362	18232	5954		
自然科学相关工程与技术	45055	1770	25275	18010	36015	5819		3221
测绘科学技术	4453		347	4106	60			4393
材料科学	164881	19888	59654	85339	139466	24551	351	512

单位：万元

指标名称	R&D经费内部支出	按活动类型分			按经费来源分			
		基础研究	应用研究	试验发展	政府资金	企业资金	国外资金	其他资金
机械工程	50696	754	13914	36028	34180	9172		7344
动力与电气工程	12010	17	2277	9716	4415	1171		6424
能源科学技术	2312		1901	411	1936	376		
电子与通信技术	102504	13280	52032	37191	65686	28259		8559
计算机科学技术	30116	233	11937	17946	25250	4681		185
化学工程	51606	2761	8548	40297	44901	6615		90
产品应用相关工程与技术	31248	1697	6489	23062	13172	8256		9820
纺织科学技术	16525		11457	5068	15824	14		687
食品科学技术	10010		1841	8170	9479	91		440
土木建筑工程	522			522	103			419
水利工程	14084	1671	3119	9294	1904	9775		2406
交通运输工程	1405	1	158	1247	1405			
航空、航天科学技术	54496	5878	14470	34148	49572	4924		
环境科学技术及资源科学技术	19081	2607	6966	9508	13900	916		4265
安全科学技术	11897		4271	7626	2666	2461		6770
管理学	639			639	156	479		5
社会、人文科学领域	29717	19194	3170	7354	17169			12548
马克思主义	6085	4201	1884		5326			760
考古学	14375	14375			9058			5317
经济学	202		202		127			75
社会学	6723		941	5782	1583			5141
图书馆、情报与文献学	1579		96	1483	322			1257
体育科学	754	618	47	89	754			
按机构从业人员规模分								
≥1000人	374906	58293	251554	65059	338793	22463	361	13289
500～999人	172339	27396	82415	62528	151507	13864		6969
300～499人	134404	33221	51593	49590	88421	30292		15690
200～299人	172066	42084	49111	80872	141234	9415		21417
100～199人	333734	51779	92492	189463	245618	43395		44722
50～99人	200962	9004	66603	125355	157392	27753		15817
30～49人	76050	5379	21372	49299	58239	9105		8707
20～29人	28299	4234	12687	11378	24820	2896	6	577
10～19人	15980	1591	1816	12574	12738	1310		1932
0～9人	6442		1751	4691	5402	713		327

2-15 科学研究和技术服务业事业单位 R&D 经费内部支出按经费类别分（2022）

单位：万元

指标名称	R&D经费内部支出	日常性支出	人员劳务费	其他日常性支出	资产性支出	土建费	仪器与设备支出	资本化的计算机软件支出	专利和专有技术支出
总计	**1515182**	**1014588**	**490211**	**524377**	**500594**	**109595**	**374426**	**11426**	**5146**
按机构所属地域分布									
杭州市	702317	470823	230000	240824	231494	40796	183115	6651	933
宁波市	291917	194936	93292	101645	96980	23488	71837	1347	308
温州市	137092	89050	44282	44768	48042	20811	25632	1074	525
嘉兴市	97329	51358	33082	18276	45972	4407	37599	856	3109
湖州市	36495	29558	17027	12531	6937	946	5880	29	83
绍兴市	72407	44969	15247	29722	27439	7488	18911	1028	12
金华市	35203	22386	13168	9218	12817	4097	8642	54	25
衢州市	64990	51923	11878	40045	13068	840	12200	22	6
舟山市	22338	17514	9762	7752	4824	1903	2683	197	41
台州市	35621	27856	14081	13775	7765	3539	3970	162	95
丽水市	19473	14216	8393	5823	5257	1281	3958	7	11
按机构所属隶属关系分布									
中央部门属	210613	158233	84001	74232	52380	23477	28337	462	104
中国科学院	92799	65960	42524	23436	26839	12552	14283	3	
非中央部门属	1304568	856355	406210	450145	448214	86118	346089	10964	5042
省级部门属	458233	316274	152962	163312	141960	29495	106409	5878	178
副省级城市属	153762	86736	40249	46487	67026	6876	58984	976	189
地市级部门属	280407	204049	102051	101999	76357	21489	50766	945	3157
按机构从事的国民经济行业分布									
科学研究和技术服务业	1515182	1014588	490211	524377	500594	109595	374426	11426	5146
研究和试验发展	1255593	821557	393742	427815	434036	96749	324022	8816	4449
专业技术服务业	129218	98952	61326	37626	30267	4882	23044	2035	306
科技推广和应用服务业	130370	94079	35143	58936	36291	7965	27360	575	392
按机构服务的国民经济行业分布									
农、林、牧、渔业	170085	140012	77509	62503	30073	18232	11612	183	46
农业	80749	64661	36901	27759	16089	9775	6297	13	4
林业	14470	13323	7652	5672	1147	56	1073		17

指标名称	R&D经费内部支出	日常性支出	人员劳务费	其他日常性支出	资产性支出	土建费	仪器与设备支出	资本化的计算机软件支出	专利和专有技术支出
渔业	16372	14575	6218	8357	1796	735	1061		
农、林、牧、渔专业及辅助性活动	58494	47453	26738	20715	11041	7667	3181	170	25
制造业	217830	122732	53609	69123	95098	23488	66139	1469	4002
农副食品加工业	2510	2234	1409	826	276		276		
食品制造业	2433	894	448	445	1540	35	1503		2
酒、饮料和精制茶制造业	1766	1687	1088	599	79		79		
纺织业	15707	10664	950	9714	5042	800	4242		
皮革、毛皮、羽毛及其制品和制鞋业	5196	5196	2696	2500					
文教、工美、体育和娱乐用品制造业	69	18	17	1	51	51			
化学原料和化学制品制造业	51301	34587	8871	25716	16714	3132	13516	60	6
医药制造业	35022	10989	6084	4906	24033	12160	11755	98	20
橡胶和塑料制品业	149	149	77	72	1		1		
通用设备制造业	11360	5018	2088	2930	6341	2187	3556	555	44
专用设备制造业	9314	4322	2492	1830	4992		4896	93	3
汽车制造业	1360	738	153	585	622	40	567	15	
铁路、船舶、航空航天和其他运输设备制造业	8279	2935	2056	879	5343		5223	120	
电气机械和器材制造业	1952	778	205	573	1174	531	643		
计算机、通信和其他电子设备制造业	56928	33390	18683	14707	23539	2204	17206	220	3909
仪器仪表制造业	10631	5944	4207	1736	4687	2349	2018	306	14
其他制造业	3855	3190	2086	1104	664		660		5
电力、热力、燃气及水生产和供应业	1958	1887	1132	755	71		71		
电力、热力生产和供应业	1958	1887	1132	755	71		71		
批发和零售业	900	534	355	179	366		366		
批发业	900	534	355	179	366		366		
交通运输、仓储和邮政业	1147	1147	1064	83					
道路运输业	1147	1147	1064	83					
信息传输、软件和信息技术服务业	49235	46693	9360	37334	2541	1539	945		58
软件和信息技术服务业	49235	46693	9360	37334	2541	1539	945		58
租赁和商务服务业	51	51	43	8					
商务服务业	51	51	43	8					
科学研究和技术服务业	1013840	660557	327805	332752	353284	58245	284643	9425	971
研究和试验发展	823684	521853	251032	270821	301831	48549	247343	5400	539
专业技术服务业	112113	81856	50297	31559	30257	7889	19637	2557	173

指标名称	R&D经费内部支出	日常性支出	人员劳务费	其他日常性支出	资产性支出	土建费	仪器与设备支出	资本化的计算机软件支出	专利和专有技术支出
科技推广和应用服务业	78044	56848	26475	30372	21196	1807	17662	1468	259
水利、环境和公共设施管理业	38603	29810	13879	15931	8793	621	7839	264	69
水利管理业	12126	10814	5530	5284	1312	195	1071	46	
生态保护和环境治理业	26477	18996	8349	10647	7481	426	6767	218	69
卫生和社会工作	19773	9505	4447	5058	10268	7470	2733	65	
卫生	19773	9505	4447	5058	10268	7470	2733	65	
文化、体育和娱乐业	754	754	318	436					
体育	754	754	318	436					
公共管理、社会保障和社会组织	1005	906	690	216	99		79	20	
国家机构	1005	906	690	216	99		79	20	
按机构所属学科分布									
自然科学领域	405286	269380	103332	166048	135906	35103	96318	4309	177
信息科学与系统科学	272093	191342	69074	122267	80751	12480	65050	3203	18
力学	7325	6756	2908	3848	569		569		
物理学	111	93	54	39	18		13		5
化学	19709	16590	5479	11111	3119	100	2579	347	92
地球科学	66211	45675	22214	23461	20536	10747	9016	715	58
生物学	39839	8925	3604	5321	30914	11776	19091	44	4
农业科学领域	205611	172258	96346	75913	33353	18624	14491	195	43
农学	158300	132643	77205	55438	25657	14436	11027	193	1
林学	23284	21246	11161	10085	2038	312	1708		17
水产学	24028	18369	7980	10389	5658	3876	1755	2	25
医学科学领域	137364	77412	42168	35244	59952	10816	48609	507	20
基础医学	75230	41674	23769	17905	33556	241	33061	235	19
临床医学	13557	11646	6072	5574	1911	923	988		
药学	38332	21665	11127	10537	16667	2422	13973	272	1
中医学与中药学	10245	2427	1199	1228	7818	7230	588		
工程科学与技术领域	737203	468230	235695	232535	268973	45053	212904	6109	4907
工程与技术科学基础学科	89479	63848	28350	35498	25631	3108	21399	1046	77
信息与系统科学相关工程与技术	24186	17228	13171	4057	6958	975	5089	747	147
自然科学相关工程与技术	45055	22527	4093	18434	22527	3483	18595	264	185
测绘科学技术	4453	3057	1863	1194	1396		884	509	3
材料科学	164881	96046	55675	40372	68834	14740	52992	102	1000

单位：万元

指标名称	R&D经费内部支出	日常性支出	人员劳务费	其他日常性支出	资产性支出	土建费	仪器与设备支出	资本化的计算机软件支出	专利和专有技术支出
机械工程	50696	34085	15888	18198	16611	2471	13102	625	414
动力与电气工程	12010	9752	6325	3427	2258	92	1783	381	1
能源科学技术	2312	1082	281	801	1230	531	699		
电子与通信技术	102504	65116	41224	23891	37388	1303	32679	573	2834
计算机科学技术	30116	23085	10780	12305	7031	3607	3399	13	12
化学工程	51606	32154	8884	23271	19452	2669	16748	35	
产品应用相关工程与技术	31248	19687	13173	6515	11561	3302	7649	533	77
纺织科学技术	16525	11213	1135	10078	5312	807	4498	8	
食品科学技术	10010	6746	4700	2046	3264	161	3085	17	2
土木建筑工程	522	522	374	149					
水利工程	14084	12701	6662	6039	1383	195	1143	46	
交通运输工程	1405	1405	1156	249					
航空、航天科学技术	54496	22099	8773	13326	32397	7271	24223	758	144
环境科学技术及资源科学技术	19081	15509	7561	7948	3572	206	3153	213	
安全科学技术	11897	9762	5419	4343	2135	132	1752	241	10
管理学	639	606	211	395	33		33		
社会、人文科学领域	29717	27307	12669	14638	2410		2105	305	
马克思主义	6085	3988	2687	1301	2097		2097		
考古学	14375	14375	5179	9196					
经济学	202	182	124	58	20			20	
社会学	6723	6723	3576	3147					
图书馆、情报与文献学	1579	1286	785	501	293		8	285	
体育科学	754	754	318	436					
按机构从业人员规模分									
≥ 1000 人	374906	261049	130857	130192	113857	28470	81501	3883	3
500～999 人	172339	124328	61804	62524	48011	13061	33684	1154	112
300～499 人	134404	85657	52744	32913	48747	4244	40829	770	2904
200～299 人	172066	108551	56670	51882	63515	2399	59665	530	922
100～199 人	333734	233415	88171	145245	100319	26590	71727	1493	509
50～99 人	200962	130457	65973	64483	70505	18670	49246	2061	528
30～49 人	76050	39258	19240	20018	36792	10710	24661	1385	37
20～29 人	28299	16809	6247	10562	11490	2375	9041	52	22
10～19 人	15980	9965	5649	4317	6015	2766	3080	65	104
0～9 人	6442	5099	2857	2242	1344	311	992	35	7

2-16 科学研究和技术服务业事业单位 R&D 经费外部支出（2022）

单位：万元

指标名称	R&D 经费外部支出	对境内研究机构支出	对境内高等学校支出	对境内企业支出	对境内其他单位支出
总计	**60894**	**14713**	**26503**	**18123**	**1556**
按机构所属地域分布					
杭州市	44932	14128	13081	16387	1335
宁波市	533	181	210	142	
温州市	602	63	499	40	
嘉兴市	7681	200	6604	661	216
湖州市	131		5	121	5
绍兴市	617		336	281	
金华市	5743	42	5586	115	
衢州市	39		39		
舟山市	310	98	87	125	
台州市	41		41		
丽水市	266		15	251	
按机构所属隶属关系分布					
中央部门属	2636	1070	918	648	
非中央部门属	58259	13643	25585	17475	1556
省级部门属	31697	12844	8485	9033	1335
副省级城市属	601	181	360	60	
地市级部门属	1069	149	443	255	221
按机构从事的国民经济行业分布					
科学研究和技术服务业	60894	14713	26503	18123	1556
研究和试验发展	59290	14620	25728	17386	1556
专业技术服务业	247	38	134	75	
科技推广和应用服务业	1357	54	641	662	
按机构服务的国民经济行业分布					
农、林、牧、渔业	3043	1196	941	906	
农业	2586	1043	899	644	

指标名称	R&D经费外部支出	对境内研究机构支出	对境内高等学校支出	对境内企业支出	对境内其他单位支出
林业	334	48	24	262	
渔业	111	93	18		
农、林、牧、渔专业及辅助性活动	12	12			
制造业	2077	369	1613	95	
皮革、毛皮、羽毛及其制品和制鞋业	361		361		
化学原料和化学制品制造业	35		35		
医药制造业	1000		1000		
通用设备制造业	82			82	
专用设备制造业	139	126		13	
汽车制造业	7		7		
计算机、通信和其他电子设备制造业	453	243	210		
信息传输、软件和信息技术服务业	635	42		592	
软件和信息技术服务业	635	42		592	
科学研究和技术服务业	54877	13017	23773	16531	1556
研究和试验发展	53738	12979	23359	16075	1325
专业技术服务业	271	38	143	75	15
科技推广和应用服务业	867		271	380	216
水利、环境和公共设施管理业	230	88	142		
生态保护和环境治理业	230	88	142		
卫生和社会工作	34		34		
卫生	34		34		
按机构所属学科分布					
自然科学领域	31740	12718	8650	9037	1335
信息科学与系统科学	31535	12718	8476	9021	1320
化学	31		15	16	
地球科学	24		9		15
生物学	150		150		
农业科学领域	3043	1196	941	906	
农学	2586	1043	899	644	
林学	334	48	24	262	

指标名称	R&D经费外部支出	对境内研究机构支出	对境内高等学校支出	对境内企业支出	对境内其他单位支出
水产学	123	105	18		
医学科学领域	7082	126	2230	4726	
基础医学	6048	126	1196	4726	
临床医学	34		34		
药学	1000		1000		
工程科学与技术领域	19030	672	14682	3455	221
工程与技术科学基础学科	2598	238	2063	81	216
信息与系统科学相关工程与技术	206	10	115	82	
自然科学相关工程与技术	4175		4060	115	
测绘科学技术	10		10		
材料科学	2046	43	1963	40	
机械工程	262		82	180	
动力与电气工程	4		4		
电子与通信技术	1569	203	365	996	5
计算机科学技术	6892		5300	1592	
化学工程	396		396		
产品应用相关工程与技术	283	90	74	119	
环境科学技术及资源科学技术	588	88	250	250	
按机构从业人员规模分					
≥1000人	31535	12718	8476	9021	1320
500～999人	3362	1204	1083	1075	
300～499人	5299	10	515	4774	
200～299人	1698	199	1257	21	221
100～199人	10274	88	8619	1567	
50～99人	6613	239	5005	1369	
30～49人	619	242	242	120	15
20～29人	1248		1217	32	
10～19人	235		90	145	
0～9人	12	12			

2–17 科学研究和技术服务业事业单位 R&D 日常性支出（2022）

单位：万元

指标名称	R&D 日常性支出	按活动类型分组			按来源分组				
		基础研究	应用研究	试验发展	政府资金	企业资金	事业单位资金	国外资金	其他资金
总计	1014588	145192	408098	461298	779479	136328	96828	252	1701
按机构所属地域分布									
杭州市	470823	96729	238603	135491	393615	33475	43385	9	339
宁波市	194936	20754	57195	116987	128261	41457	24012	237	970
温州市	89050	5645	20748	62657	66081	15483	7362		124
嘉兴市	51358	5890	25738	19729	22804	24185	4101		268
湖州市	29558	1001	18014	10543	22671	5971	916		
绍兴市	44969	690	18347	25931	34068	7589	3311		
金华市	22386	3043	6337	13006	20719	900	767		
衢州市	51923	5943	7333	38647	48466	1421	2036		
舟山市	17514	265	4022	13226	16062	1439	7	6	
台州市	27856	5232	8307	14316	14749	4403	8703		
丽水市	14216		3452	10765	11983	5	2228		
按机构所属隶属关系分布									
中央部门属	158233	23009	82120	53104	134313	11490	11855	237	339
中国科学院	65960	11697	28932	25331	57888	7835		237	
非中央部门属	856355	122183	325978	408194	645166	124838	84973	16	1362
省级部门属	316274	61768	168909	85597	252564	26842	36858	9	
副省级城市属	86736	8644	22633	55459	59420	8829	18247		240
地市级部门属	204049	12150	61595	130304	155910	29989	18000	6	144
按机构从事的国民经济行业分布									
科学研究和技术服务业	1014588	145192	408098	461298	779479	136328	96828	252	1701
研究和试验发展	821557	138432	360062	323063	682261	91259	46286	252	1500
专业技术服务业	98952	3270	25017	70664	40668	14735	43472		77
科技推广和应用服务业	94079	3491	23018	67570	56551	30334	7070		124
按机构服务的国民经济行业分布									
农、林、牧、渔业	140012	18758	30807	90447	122223	7827	9947	16	
农业	64661	6181	14772	43708	63222	616	822		
林业	13323	1505	1615	10203	12904		413	6	
渔业	14575	732	3347	10496	10618	1891	2067		

单位：万元

指标名称	R&D日常性支出	按活动类型分组			按来源分组				
		基础研究	应用研究	试验发展	政府资金	企业资金	事业单位资金	国外资金	其他资金
农、林、牧、渔专业及辅助性活动	47453	10340	11074	26039	35479	5320	6645	9	
制造业	122732	8271	45915	68546	79586	34127	8876		144
农副食品加工业	2234		271	1963	2234				
食品制造业	894		148	746	547	347			
酒、饮料和精制茶制造业	1687		361	1327	1006	681			
纺织业	10664		7779	2885	10650	14			
皮革、毛皮、羽毛及其制品和制鞋业	5196		1181	4015		5166	30		
文教、工美、体育和娱乐用品制造业	18			18	15		3		
化学原料和化学制品制造业	34587	1775	4786	28027	26056	6632	1899		
医药制造业	10989	4551	5114	1324	6548	1016	3425		
橡胶和塑料制品业	149		123	26	5				144
通用设备制造业	5018	50	2737	2231	4141	560	317		
专用设备制造业	4322	29	2941	1352	3061	238	1022		
汽车制造业	738		635	103	508	230			
铁路、船舶、航空航天和其他运输设备制造业	2935	219		2717	2935				
电气机械和器材制造业	778		758	20	758	20			
计算机、通信和其他电子设备制造业	33390	1626	18047	13718	14294	16917	2179		
仪器仪表制造业	5944	22	523	5399	3639	2305			
其他制造业	3190		514	2676	3190				
电力、热力、燃气及水生产和供应业	1887		1011	876	451	1436			
电力、热力生产和供应业	1887		1011	876	451	1436			
批发和零售业	534			534	534				
批发业	534			534	534				
交通运输、仓储和邮政业	1147	1	158	989	1147				
道路运输业	1147	1	158	989	1147				
信息传输、软件和信息技术服务业	46693	4428	5681	36584	27886	18622	185		
软件和信息技术服务业	46693	4428	5681	36584	27886	18622	185		
租赁和商务服务业	51			51	8		43		
商务服务业	51			51	8		43		
科学研究和技术服务业	660557	104319	317219	239018	528655	63491	67080	237	1094
研究和试验发展	521853	99372	279708	142773	460749	45660	14354	237	854
专业技术服务业	81856	636	21513	59707	29482	6609	45689		77
科技推广和应用服务业	56848	4311	15998	36539	38425	11222	7038		163

单位：万元

指标名称	R&D 日常性支出	按活动类型分组			按来源分组				
		基础研究	应用研究	试验发展	政府资金	企业资金	事业单位资金	国外资金	其他资金
水利、环境和公共设施管理业	29810	2295	5488	22027	13275	10826	5247		463
水利管理业	10814	1463	1821	7531	1310	7325	1841		339
生态保护和环境治理业	18996	832	3668	14497	11965	3501	3406		124
卫生和社会工作	9505	6503	1590	1412	4066		5438		
卫生	9505	6503	1590	1412	4066		5438		
文化、体育和娱乐业	754	618	47	89	754				
体育	754	618	47	89	754				
公共管理、社会保障和社会组织	906		131	775	894		12		
国家机构	906		131	775	894		12		
按机构所属学科分布									
自然科学领域	269380	35233	185481	48666	236359	25000	8021		
信息科学与系统科学	191342	25110	135409	30823	171306	19759	276		
力学	6756	1598	5115	43	6684	62	9		
物理学	93		56	38	93				
化学	16590	891	5189	10510	6758	2200	7632		
地球科学	45675	3997	37620	4058	43014	2558	103		
生物学	8925	3638	2092	3195	8505	420			
农业科学领域	172258	19790	39219	113250	148380	8523	15340	16	
农学	132643	16229	33626	82788	114453	6406	11774	9	
林学	21246	2628	1989	16629	20078		1162	6	
水产学	18369	934	3603	13833	13848	2117	2404		
医学科学领域	77412	36220	19151	22041	55170	6001	16165		77
基础医学	41674	25146	10143	6386	35981	2268	3425		
临床医学	11646	6774	2126	2745	3418	2790	5438		
药学	21665	3022	5852	12791	13343	943	7302		77
中医学与中药学	2427	1278	1030	119	2427				
工程科学与技术领域	468230	36203	161772	270255	324499	96804	45230	237	1461
工程与技术科学基础学科	63848	4341	20014	39494	51048	5219	7582		
信息与系统科学相关工程与技术	17228	1409	7464	8355	12292	4936			
自然科学相关工程与技术	22527	174	10599	11754	17236	3326	1842		124
测绘科学技术	3057		347	2711	60		2997		
材料科学	96046	12968	35936	47142	77393	18026	247	237	144
机械工程	34085	413	8652	25020	19595	8057	5703		730

单位：万元

指标名称	R&D日常性支出	按活动类型分组			按来源分组				
		基础研究	应用研究	试验发展	政府资金	企业资金	事业单位资金	国外资金	其他资金
动力与电气工程	9752	13	2054	7685	3160	1162	5430		
能源科学技术	1082		758	324	758	324			
电子与通信技术	65116	7930	34343	22843	39986	21188	3942		
计算机科学技术	23085	213	6958	15914	18241	4659	185		
化学工程	32154	1580	4304	26271	25449	6615	90		
产品应用相关工程与技术	19687	1151	4772	13765	8178	6033	5476		
纺织科学技术	11213		7779	3434	10781	14	417		
食品科学技术	6746		1264	5482	6455	91	200		
土木建筑工程	522			522	103		419		
水利工程	12701	1463	2831	8407	1761	8761	1841		339
交通运输工程	1405	1	158	1247	1405				
航空、航天科学技术	22099	2211	4596	15292	17175	4924			
环境科学技术及资源科学技术	15509	2339	5429	7742	11062	916	3406		124
安全科学技术	9762		3516	6246	2234	2075	5453		
管理学	606			606	127	479			
社会、人文科学领域	27307	17746	2475	7086	15072		12072		163
马克思主义	3988	2753	1235		3229		760		
考古学	14375	14375			9058		5317		
经济学	182		182		127		55		
社会学	6723		941	5782	1583		5141		
图书馆、情报与文献学	1286		70	1216	322		800		163
体育科学	754	618	47	89	754				
按机构从业人员规模分									
≥1000人	261049	41395	170302	49352	236558	16767	7478	246	
500～999人	124328	19148	57015	48165	106513	11843	5972		
300～499人	85657	19287	35886	30485	54143	23187	8327		
200～299人	108551	28040	29683	50828	80312	8336	19903		
100～199人	233415	27306	58342	147767	156832	39760	36484		339
50～99人	130457	6310	38140	86006	92249	26160	10955		1094
30～49人	39258	1522	8293	29444	28176	5626	5457		
20～29人	16809	1726	7174	7909	13600	2835	367	6	
10～19人	9965	460	1708	7797	6922	1212	1707		124
0～9人	5099		1554	3545	4175	602	178		144

2–18 科学研究和技术服务业事业单位专利（2022）

指标名称	专利申请受理数（件）	#发明专利	专利授权数（件）	#发明专利	#国外授权	拥有有效发明专利总数（件）	专利所有权转让及许可数（件）	专利所有权转让及许可收入（万元）
总计	7681	6266	4099	2943	113	11736	432	4961
按机构所属地域分布								
杭州市	2857	2410	1752	1314	68	4037	104	1773
宁波市	1551	1312	923	744	22	3783	66	2194
温州市	540	425	373	241	6	934	89	479
嘉兴市	519	363	192	124	2	716	6	130
湖州市	1018	912	167	70	2	200	40	18
绍兴市	274	185	86	42		108	16	3
金华市	211	150	115	69	1	148	1	60
衢州市	166	139	75	60		264	7	54
舟山市	143	120	200	166	3	997	55	118
台州市	373	243	194	108	8	428	48	134
丽水市	29	7	22	5	1	121		
按机构所属隶属关系分布								
中央部门属	952	837	710	610	25	3921	77	2772
中国科学院	692	610	512	461	16	2911	60	2159
非中央部门属	6729	5429	3389	2333	88	7815	355	2190
省级部门属	2085	1657	1632	1198	71	3843	67	686
副省级城市属	388	314	194	133	4	422	1	5
地市级部门属	1944	1638	693	432	5	1597	108	546
按机构从事的国民经济行业分布								
科学研究和技术服务业	7681	6266	4099	2943	113	11736	432	4961
研究和试验发展	6412	5413	3221	2491	109	9318	319	4794
专业技术服务业	546	306	543	245	3	1666	27	167
科技推广和应用服务业	723	547	335	207	1	752	86	
按机构服务的国民经济行业分布								
农、林、牧、渔业	626	449	791	575	52	2714	74	496
农业	235	167	258	160	23	704	10	245
林业	63	61	33	29	4	152		
渔业	137	119	192	173	1	893	11	31

指标名称	专利申请受理数（件）	#发明专利	专利授权数（件）	#发明专利	#国外授权	拥有有效发明专利总数（件）	专利所有权转让及许可数（件）	专利所有权转让及许可收入（万元）
农、林、牧、渔专业及辅助性活动	191	102	308	213	24	965	53	221
制造业	722	545	246	139	1	561	37	325
农副食品加工业	2	2	7	7		30		
食品制造业	12	12						
酒、饮料和精制茶制造业	20	13	6	5		52		
纺织业	66	51	6	6		6	2	
皮革、毛皮、羽毛及其制品和制鞋业	41	7	30	4		4	1	
文教、工美、体育和娱乐用品制造业	1	1	2	1		1		
化学原料和化学制品制造业	88	77	40	37		78		
医药制造业	28	24	15	12	1	30		
橡胶和塑料制品业	11	11	6	6		6		
通用设备制造业	49	35	20	17		101		
专用设备制造业	28	11	15	3		42		
汽车制造业	65	60	13	8		8		
铁路、船舶、航空航天和其他运输设备制造业	19	18	1			1		
电气机械和器材制造业	19	19						
计算机、通信和其他电子设备制造业	210	165	46	13		96	14	154
仪器仪表制造业	56	32	26	9		86	20	171
其他制造业	7	7	13	11		20		
电力、热力、燃气及水生产和供应业	3	2	3	1		9		
电力、热力生产和供应业	3	2	3	1		9		
批发和零售业	1	1						
批发业	1	1						
交通运输、仓储和邮政业	53	22	64	9		13	2	5
道路运输业	53	22	64	9		13	2	5
信息传输、软件和信息技术服务业	207	172	96	78		194	7	54
软件和信息技术服务业	207	172	96	78		194	7	54
租赁和商务服务业	2					2		
商务服务业	2					2		
科学研究和技术服务业	5612	4797	2703	2015	60	7648	266	3953
研究和试验发展	4678	4215	2062	1749	57	6265	202	3798
专业技术服务业	403	192	384	104	2	551	15	120

指标名称	专利申请受理数（件）	#发明专利	专利授权数（件）	#发明专利	#国外授权	拥有有效发明专利总数（件）	专利所有权转让及许可数（件）	专利所有权转让及许可收入（万元）
科技推广和应用服务业	531	390	257	162	1	832	49	35
水利、环境和公共设施管理业	286	239	155	114		529	40	13
水利管理业	107	84	52	28		143	1	2
生态保护和环境治理业	179	155	103	86		386	39	11
卫生和社会工作	167	39	41	12		58	6	115
卫生	167	39	41	12		58	6	115
文化、体育和娱乐业	2					8		
体育	2					8		
按机构所属学科分布								
自然科学领域	1387	1321	837	740	25	1655	19	191
信息科学与系统科学	1156	1137	711	675	23	1097	7	54
力学	73	65	9	1		1		
物理学	14	7	5					
化学	70	50	80	41	1	256	11	35
地球科学	66	61	27	22	1	288	1	102
生物学	8	1	5	1		13		
农业科学领域	801	601	913	684	56	3300	85	850
农学	495	374	558	411	50	1861	30	811
林学	156	100	130	78	5	358	5	9
水产学	150	127	225	195	1	1081	50	31
医学科学领域	303	139	134	63	2	217	6	115
基础医学	104	71	57	21	1	51		
临床医学	92	25	43	14		70	6	115
预防医学与公共卫生学	3							
药学	39	35	26	20	1	46		
中医学与中药学	65	8	8	8		50		
工程科学与技术领域	5181	4200	2211	1452	30	6543	322	3805
工程与技术科学基础学科	597	445	240	127	4	277	6	360
信息与系统科学相关工程与技术	297	201	133	82		527	13	35
自然科学相关工程与技术	106	87	24	16	3	60		
测绘科学技术	27	22	14	8		20		
材料科学	1002	879	621	552	17	3180	81	2309

指标名称	专利申请受理数（件）	#发明专利	专利授权数（件）	#发明专利	#国外授权	拥有有效发明专利总数（件）	专利所有权转让及许可数（件）	专利所有权转让及许可收入（万元）
机械工程	494	399	282	196	1	635	147	93
动力与电气工程	107	51	115	22		51	3	27
能源科学技术	19	19						
电子与通信技术	1480	1345	231	161	2	628	18	567
计算机科学技术	169	149	82	59		78	2	4
化学工程	123	80	66	37		84	1	
产品应用相关工程与技术	222	118	102	57	3	348	31	376
纺织科学技术	74	54	16	6		14	10	21
食品科学技术	38	30	15	15		100		
土木建筑工程	9	4	5					
水利工程	110	86	55	29		152	1	2
交通运输工程	57	25	65	9		14	2	5
航空、航天科学技术	134	127	63	50		74		
环境科学技术及资源科学技术	88	64	45	24		283	5	
安全科学技术	27	14	37	2		18	2	8
管理学	1	1						
社会、人文科学领域	9	5	4	4		21		
经济学	2					2		
社会学	4	4	4	4		11		
图书馆、情报与文献学	1	1						
体育科学	2					8		
按机构从业人员规模分								
≥1000人	1866	1734	1407	1276	62	4513	69	2371
500～999人	794	618	421	217	4	1364	33	892
300～499人	1310	1137	238	160	3	491	38	571
200～299人	488	382	288	148	7	632	33	529
100～199人	1616	1201	916	630	10	2487	86	369
50～99人	934	717	589	382	27	1710	134	229
30～49人	402	256	137	58		268	39	
20～29人	157	139	43	32		101		
10～19人	69	46	37	24		98		
0～9人	45	36	23	16		72		

2-19　科学研究和技术服务业事业单位论文、著作及其他科技产出（2022）

指标名称	科技论文（篇）	#国外发表	科技著作（种）	形成国家或行业标准数（项）	集成电路布图设计登记数（件）	植物新品种权授予数（项）	软件著作权数（件）
总计	10114	5992	265	285	24	139	1475
按机构所属地域分布							
杭州市	4873	2494	211	164	13	105	1021
宁波市	2334	1794	16	38		25	101
温州市	586	395	9	11			107
嘉兴市	573	398	2	8	6	4	58
湖州市	165	93	7	8	5		39
绍兴市	180	75	2	7			12
金华市	474	287	2	13		1	17
衢州市	375	289	2	16			53
舟山市	184	78	6	3			12
台州市	264	82	4	14		2	48
丽水市	106	7	4	3		2	7
按机构所属隶属关系分布							
中央部门属	2174	1718	54	23		50	64
中国科学院	1081	987	10	1			21
非中央部门属	7940	4274	211	262	24	89	1411
省级部门属	2879	1081	167	155	6	49	883
副省级城市属	1084	566	13	25		31	66
地市级部门属	1473	773	18	60	5	9	172
按机构从事的国民经济行业分布							
科学研究和技术服务业	10114	5992	265	285	24	139	1475
研究和试验发展	7959	5265	233	111	18	139	1173
专业技术服务业	1384	176	24	158	6		224
科技推广和应用服务业	771	551	8	16			78
按机构服务的国民经济行业分布							
农、林、牧、渔业	1668	811	46	23		102	497
农业	597	201	11	15		52	159
林业	170	108	7	1		1	13
渔业	151	49	8	2			10

指标名称	科技论文（篇）	#国外发表	科技著作（种）	形成国家或行业标准数（项）	集成电路布图设计登记数（件）	植物新品种权授予数（项）	软件著作权数（件）
农、林、牧、渔专业及辅助性活动	750	453	20	5		49	315
制造业	759	526	4	35			71
农副食品加工业	25	15					
食品制造业	1	1					1
酒、饮料和精制茶制造业	51	20	2	1			
纺织业	23	18					1
皮革、毛皮、羽毛及其制品和制鞋业	4	3		3			6
文教、工美、体育和娱乐用品制造业				3			2
化学原料和化学制品制造业	239	177		2			3
医药制造业	176	162					
橡胶和塑料制品业	2			1			
通用设备制造业	16	7		1			7
专用设备制造业	30	4		12			
汽车制造业				1			
铁路、船舶、航空航天和其他运输设备制造业	20	8					
电气机械和器材制造业	11	11					
计算机、通信和其他电子设备制造业	129	87	1				14
仪器仪表制造业	31	12	1	11			15
其他制造业	1	1					22
电力、热力、燃气及水生产和供应业	15		2	1			5
电力、热力生产和供应业	15		2	1			5
批发和零售业				2			
批发业				2			
交通运输、仓储和邮政业	55	11					33
道路运输业	55	11					33
信息传输、软件和信息技术服务业	171	146	2	4			185
软件和信息技术服务业	171	146	2	4			185
租赁和商务服务业	56	3					4
商务服务业	56	3					4
科学研究和技术服务业	6666	4131	181	213	24	31	623
研究和试验发展	4849	3678	152	45	18	31	352
专业技术服务业	1329	110	23	157			234
科技推广和应用服务业	488	343	6	11	6		37

指标名称	科技论文（篇）	#国外发表	科技著作（种）	形成国家或行业标准数（项）	集成电路布图设计登记数（件）	植物新品种权授予数（项）	软件著作权数（件）
水利、环境和公共设施管理业	368	181	12	5		6	53
水利管理业	90	14	4	3			43
生态保护和环境治理业	278	167	8	2		6	10
卫生和社会工作	341	183	18	1			3
卫生	341	183	18	1			3
文化、体育和娱乐业							1
体育							1
公共管理、社会保障和社会组织	15			1			
国家机构	15			1			
按机构所属学科分布							
自然科学领域	1283	1069	36	23			237
信息科学与系统科学	498	429	11	12			189
力学	5	5					4
物理学	5						
化学	115	57		9			6
地球科学	389	308	25	2			37
生物学	271	270					1
农业科学领域	2216	992	66	42		139	514
农学	1668	759	41	39		127	476
林学	332	142	16	1		12	28
水产学	216	91	9	2			10
医学科学领域	976	642	21	13			17
基础医学	461	357		12			
临床医学	124	89	2	1			
预防医学与公共卫生学							1
药学	151	85	2				13
中医学与中药学	240	111	17				3
工程科学与技术领域	5272	3274	42	195	24		672
工程与技术科学基础学科	469	281	8	21			69
信息与系统科学相关工程与技术	209	18			6		34
自然科学相关工程与技术	192	110		1			4
测绘科学技术	80	6		5			49
材料科学	1485	1277	14	5			24
机械工程	187	72	1	8			25

指标名称	科技论文（篇）	#国外发表	科技著作（种）	形成国家或行业标准数（项）	集成电路布图设计登记数（件）	植物新品种权授予数（项）	软件著作权数（件）
动力与电气工程	510	10	8	10			73
能源科学技术	11	11					
电子与通信技术	717	647		14	18		59
计算机科学技术	91	68	1	1			166
化学工程	406	335		9			7
产品应用相关工程与技术	126	67	1	26			30
纺织科学技术	68	22		81			5
食品科学技术	77	31	2	6			1
土木建筑工程	3						6
水利工程	105	14	6	4			48
交通运输工程	55	11					33
航空、航天科学技术	270	240					18
环境科学技术及资源科学技术	123	48	1	2			9
安全科学技术	65	6		2			12
管理学	23						
社会、人文科学领域	367	15	100	12			35
马克思主义	91		76				
考古学	38		20				
经济学	133	3		1			14
法学	2						
社会学	44	6	2	11			17
图书馆、情报与文献学	59	6	2				3
体育科学							1
按机构从业人员规模分							
≥1000 人	2034	1659	40	21		44	527
500～999 人	1454	750	34	13	6	44	130
300～499 人	901	594	2	25			65
200～299 人	1041	563	36	100	5	6	113
100～199 人	2560	1322	124	59	13	37	261
50～99 人	1295	608	14	39		8	332
30～49 人	376	236	3	14			35
20～29 人	215	163	3	9			6
10～19 人	187	77	9	3			4
0～9 人	51	20		2			2

2-20 科学研究和技术服务业事业单位对外科技服务（2022）

单位：人年

指标名称	合计	科技成果的示范性推广工作	为用户提供可行性报告、技术方案、建议及进行技术论证等技术咨询工作	地形、地质和水文考察、天文、气象和地震的日常观察	为社会和公众提供的检验、检疫、测试、标准化、计量、质量控制和专利服务	科技信息文献服务	提供孵化、平台搭建等科技服务活动	科学普及	其他科技服务活动
总计	9262	1320	2203	114	2897	301	608	570	1249
按机构所属地域分布									
杭州市	4231	493	1166	59	1251	149	146	196	771
宁波市	1419	185	190	12	654	46	112	118	102
温州市	890	151	201	3	380	13	37	33	72
嘉兴市	759	169	188	1	74	5	178	52	92
湖州市	521	137	202	4	10	36	46	32	54
绍兴市	359	54	113	1	83	21	31	29	27
金华市	170	11	50		26	5	22	8	48
衢州市	209	17	16	7	132	7	10	9	11
舟山市	225	33	35	15	62	12	8	46	14
台州市	266	22	22	4	172	6	9	9	22
丽水市	213	48	20	8	53	1	9	38	36
按机构所属隶属关系分布									
中央部门属	780	135	249	12	261	25	27	35	36
中国科学院	82	14	10		44	1	7	2	4
非中央部门属	8482	1185	1954	102	2636	276	581	535	1213
省级部门属	3466	441	874	55	920	116	186	105	769
副省级城市属	1391	149	202	6	750	14	81	105	84
地市级部门属	2080	305	460	26	741	87	127	164	170
按机构从事的国民经济行业分布									
科学研究和技术服务业	9262	1320	2203	114	2897	301	608	570	1249
研究和试验发展	5511	967	1734	70	1278	244	419	349	450
专业技术服务业	3008	167	304	35	1543	37	67	168	687
科技推广和应用服务业	743	186	165	9	76	20	122	53	112
按机构服务的国民经济行业分布									
农、林、牧、渔业	1249	436	182	25	280	29	39	91	167
农业	473	197	58		74	17	23	25	79
林业	129	41	20	20	11		3	19	15

单位：人年

指标名称	合计	科技成果的示范性推广工作	为用户提供可行性报告、技术方案、建议及进行技术论证等技术咨询工作	地形、地质和水文考察、天文、气象和地震的日常观察	为社会和公众提供的检验、检疫、测试、标准化、计量、计算、质量控制和专利服务	科技信息文献服务	提供孵化、平台搭建等科技服务活动	科学普及	其他科技服务活动
渔业	97	30	26		22			5	14
农、林、牧、渔专业及辅助性活动	550	168	78	5	173	12	13	42	59
制造业	854	75	211		358	13	61	86	50
农副食品加工业	36	2	2					32	
食品制造业	10	2				2	2	2	2
酒、饮料和精制茶制造业	20	3	3		7	2	2	2	1
纺织业	16	4	2		2		2	1	5
皮革、毛皮、羽毛及其制品和制鞋业	6	1	5						
文教、工美、体育和娱乐用品制造业	17		2		5	2		3	5
化学原料和化学制品制造业	72	3	53		8		4	4	
医药制造业	70	2	3		57		3	3	2
橡胶和塑料制品业	7	1	2				2	1	1
通用设备制造业	137	14	96		5	3	7	6	6
专用设备制造业	1		1						
汽车制造业	5	2	1		1		1		
铁路、船舶、航空航天和其他运输设备制造业	8	4	2						2
电气机械和器材制造业	19	2	2			1	1	5	8
计算机、通信和其他电子设备制造业	156	31	31		19	2	34	25	14
仪器仪表制造业	259		2		254	1		1	1
其他制造业	15	4	4				3	1	3
电力、热力、燃气及水生产和供应业	56	3	21		29	2		1	
电力、热力生产和供应业	56	3	21		29	2		1	
交通运输、仓储和邮政业	124	10	43		14	57			
道路运输业	124	10	43		14	57			
信息传输、软件和信息技术服务业	64	8	19		4	7	17	3	6
软件和信息技术服务业	64	8	19		4	7	17	3	6
租赁和商务服务业	33		23		2		4		4
商务服务业	33		23		2		4		4
科学研究和技术服务业	6253	747	1357	55	2093	186	466	359	990
研究和试验发展	2469	462	881	16	279	113	320	186	212
专业技术服务业	3110	145	321	29	1703	37	31	138	706
科技推广和应用服务业	674	140	155	10	111	36	115	35	72

　　　　　　　　　　　　　　　　　　　　　　　　　　　单位：人年

指标名称	合计	科技成果的示范性推广工作	为用户提供可行性报告、技术方案、建议及进行技术论证等技术咨询工作	地形、地质和水文考察、天文、气象和地震的日常观察	为社会和公众提供的检验、检疫、测试、计量、计算、质量控制和专利服务	科技信息文献服务	提供孵化、平台搭建等科技服务活动	科学普及	其他科技服务活动
水利、环境和公共设施管理业	553	36	330	32	92	4	18	14	27
水利管理业	379	20	226	30	79	3	6	3	12
生态保护和环境治理业	174	16	104	2	13	1	12	11	15
卫生和社会工作	39	5	2	2	18	3	3	1	5
卫生	39	5	2	2	18	3	3	1	5
文化、体育和娱乐业	16		1					15	
体育	16		1					15	
公共管理、社会保障和社会组织	21		14		7				
国家机构	21		14		7				
按机构所属学科分布									
自然科学领域	628	44	230	27	187	21	54	41	24
信息科学与系统科学	93	19	11		3	14	22	7	17
力学	7						7		
物理学	3	1						1	1
化学	174	14	12		116	4	10	14	4
地球科学	269	4	191	27	25	3	5	13	1
生物学	82	6	16		43		9	6	2
农业科学领域	1446	527	210	25	315	37	43	113	176
农学	1119	416	148	5	262	37	38	71	142
林学	204	63	36	20	31		3	31	20
水产学	123	48	26		22		2	11	14
医学科学领域	313	34	20	2	184	5	25	25	18
基础医学	113	28	15		27		19	15	9
临床医学	11				8				3
预防医学与公共卫生学	1					1			
药学	165	3	4		139	1	5	9	4
中医学与中药学	23	3	1	2	10	3	1	1	2
工程科学与技术领域	6505	696	1530	60	2206	201	472	372	968
工程与技术科学基础学科	868	66	173		461	6	68	56	38
信息与系统科学相关工程与技术	154	17	20		37		42	35	3
自然科学相关工程与技术	134	21	28	4	13	8	19	19	22
测绘科学技术	772	33	30	2	97	12	8	7	583
材料科学	444	66	57		165	37	53	43	23

指标名称	合计	科技成果的示范性推广工作	为用户提供可行性报告、技术方案、建议及进行技术论证等技术咨询工作	地形、地质和水文考察、天文、气象和地震的日常观察	为社会和公众提供的检验、检疫、测试、标准化、计量、计算、质量控制和专利服务	科技信息文献服务	提供孵化、平台搭建等科技服务活动	科学普及	其他科技服务活动
机械工程	824	86	151		483	2	25	29	48
动力与电气工程	162	27	33		59	9	12	9	13
能源科学技术	32	3	14			1	1	5	8
电子与通信技术	711	126	311	4	86	37	55	40	52
计算机科学技术	100	7	28		1	1	23		40
化学工程	78	4	55		9		3	4	3
产品应用相关工程与技术	857	100	162	1	373	14	104	37	66
纺织科学技术	136	54	5		62	2	4	3	6
食品科学技术	156	5	11		82	2	2	50	4
土木建筑工程	1								1
水利工程	435	23	247	30	108	5	6	4	12
交通运输工程	126	10	43		14	57			2
航空、航天科学技术	71	15	5				32	5	14
环境科学技术及资源科学技术	249	16	126	9	48	7	10	22	11
安全科学技术	154	15	30	10	78			4	17
管理学	41	2	1		30	1	5		2
社会、人文科学领域	370	19	213		5	37	14	19	63
经济学	123		113		2		4		4
社会学	26	2	18		2	2	1	1	
图书馆、情报与文献学	205	17	81		1	35	9	3	59
体育科学	16		1					15	
按机构从业人员规模分									
≥1000 人	1259	158	89	5	274	21	35	36	641
500～999 人	1085	141	557	30	187	26	76	22	46
300～499 人	1658	234	376	1	706	13	115	115	98
200～299 人	1120	165	124	16	518	98	96	92	11
100～199 人	1845	274	510	37	563	71	120	88	182
50～99 人	1391	208	309	18	481	18	81	128	148
30～49 人	462	53	148	1	106	23	44	47	40
20～29 人	165	26	42		35	12	15	15	20
10～19 人	205	47	34	3	24	19	18	17	43
0～9 人	72	14	14	3	3		8	10	20

2-21 转制为企业的研究机构机构、人员和经费概况（2022）

指标名称	单位数（个）	从业人员年末人数（人）	# 专业技术人员	# 本科及以上学历	技术性收入（万元）	# 技术开发收入	科技活动经费支出（万元）
总计	**33**	**8559**	**5190**	**5903**	**372299**	**8389**	**93488**
按机构所属地域分布							
杭州市	26	7176	4057	4834	295962	8347	87462
宁波市	2	810	681	607	54288		2883
温州市	1	34	15	12	121		215
嘉兴市	1	1			10		15
绍兴市	1	47	6	36	879		48
金华市	1	22	17	7	267	42	112
台州市	1	469	414	407	20771		2754
按机构所属隶属关系分布							
中央属	3	410	200	334	617		3875
地方属	16	2570	1616	1814	194401	4861	20568
其他	14	5579	3374	3755	177281	3528	69044
按机构从事的国民经济行业分布							
制造业	15	4153	1998	2289	58147	3803	56205
纺织业	1	92	32	26	219		801
化学原料和化学制品制造业	4	1905	687	1014	4144	3528	27075
医药制造业	1	56	38	38	1694		1232
有色金属冶炼和压延加工业	1	209	77	107	2056		4690
通用设备制造业	2	89	44	38	1860	276	254
专用设备制造业	1	163	100	131	438		1669
计算机、通信和其他电子设备制造业	2	96	41	29			665
仪器仪表制造业	3	1543	979	906	47736		19820
电力、热力、燃气及水生产和供应业	2	1044	930	971	92031		12288
电力、热力生产和供应业	2	1044	930	971	92031		12288
建筑业	1	1243	751	945	57917		4763
房屋建筑业	1	1243	751	945	57917		4763
信息传输、软件和信息技术服务业	4	245	192	178	5788	3368	2230
软件和信息技术服务业	4	245	192	178	5788	3368	2230
房地产业	1	8					
房地产业	1	8					

指标名称	单位数（个）	从业人员年末人数(人)	#专业技术人员	#本科及以上学历	技术性收入（万元）	#技术开发收入	科技活动经费支出（万元）
科学研究和技术服务业	9	1689	1189	1361	153162	1218	16388
研究和试验发展	2	522	449	449	22020	1204	5656
专业技术服务业	5	999	620	768	124500		10065
科技推广和应用服务业	2	168	120	144	6642	14	667
水利、环境和公共设施管理业	1	177	130	159	5255		1614
生态保护和环境治理业	1	177	130	159	5255		1614
按机构所属学科分布							
自然科学领域	2	388	161	202	2180		6064
化学	1	332	123	164	486		4832
生物学	1	56	38	38	1694		1232
医学科学领域	1	53	35	42	1249	1204	2903
中医学与中药学	1	53	35	42	1249	1204	2903
工程科学与技术领域	30	8118	4994	5659	368870	7185	84521
工程与技术科学基础学科	1	47	6	36	879		48
材料科学	2	264	126	218	4472		2389
冶金工程技术	1	209	77	107	2056		4690
机械工程	6	990	652	711	121518	276	9814
动力与电气工程	1	14	11	11	426		262
能源科学技术	1	1030	919	960	91605		12026
电子与通信技术	5	1614	1015	923	47698		20328
计算机科学技术	3	220	177	162	5756	3368	2123
化学工程	4	1715	667	977	10282	3528	22765
纺织科学技术	2	100	32	26	219		801
食品科学技术	1	26	17	17	19	14	145
土木建筑工程	1	1243	751	945	57917		4763
环境科学技术及资源科学技术	2	646	544	566	26026		4367
按机构登记注册类型分布							
国有	7	3543	1959	2418	87620	3528	28603
有限责任公司	20	3762	2625	2803	276849	4861	42524
股份有限公司	3	1066	470	537	9		21690
私营	3	188	136	145	7821		671

2–22 转制为企业的研究机构技术性收入情况（2022）

单位：万元

指标名称	技术性收入	技术转让收入	技术承包收入	技术咨询与服务收入	技术开发收入	政府委托	企业委托	其他
总计	**372299**	**19**	**17463**	**346429**	**8389**	**3347**	**4922**	**120**
按机构所属地域分布								
杭州市	295962	5	17463	270147	8347	3326	4901	120
宁波市	54288			54288				
温州市	121			121				
嘉兴市	10			10				
绍兴市	879			879				
金华市	267	14		212	42	20	21	
台州市	20771			20771				
按机构所属隶属关系分布								
中央属	617			617				
地方属	194401	19	3130	186392	4861	3347	1395	120
其他	177281		14333	159420	3528		3528	
按机构从事的国民经济行业分布								
制造业	58147			54343	3803		3803	
纺织业	219			219				
化学原料和化学制品制造业	4144			616	3528		3528	
医药制造业	1694			1694				
有色金属冶炼和压延加工业	2056			2056				
通用设备制造业	1860			1584	276		276	
专用设备制造业	438			438				
仪器仪表制造业	47736			47736				
电力、热力、燃气及水生产和供应业	92031		14333	77698				
电力、热力生产和供应业	92031		14333	77698				
建筑业	57917			57917				
房屋建筑业	57917			57917				
信息传输、软件和信息技术服务业	5788	14		2407	3368	3347	21	
软件和信息技术服务业	5788	14		2407	3368	3347	21	

指标名称	技术性收入	技术转让收入	技术承包收入	技术咨询与服务收入	技术开发收入	政府委托	企业委托	其他
科学研究和技术服务业	153162	5	3130	148809	1218		1098	120
研究和试验发展	22020			20816	1204		1098	106
专业技术服务业	124500		3130	121370				
科技推广和应用服务业	6642	5		6624	14			14
水利、环境和公共设施管理业	5255			5255				
生态保护和环境治理业	5255			5255				
按机构所属学科分布								
自然科学领域	2180			2180				
化学	486			486				
生物学	1694			1694				
医学科学领域	1249			45	1204		1098	106
中医学与中药学	1249			45	1204		1098	106
工程科学与技术领域	368870	19	17463	344204	7185	3347	3825	14
工程与技术科学基础学科	879			879				
材料科学	4472			4472				
冶金工程技术	2056			2056				
机械工程	121518		3130	118113	276		276	
动力与电气工程	426			426				
能源科学技术	91605		14333	77272				
电子与通信技术	47698			47698				
计算机科学技术	5756	14		2374	3368	3347	21	
化学工程	10282			6754	3528		3528	
纺织科学技术	219			219				
食品科学技术	19	5			14			14
土木建筑工程	57917			57917				
环境科学技术及资源科学技术	26026			26026				
按机构登记注册类型分布								
国有	87620			84092	3528		3528	
有限责任公司	276849	19	17463	254506	4861	3347	1395	120
股份有限公司	9			9				
私营	7821			7821				

2-23 转制为企业的研究机构科技活动经费支出与固定资产情况（2022）

单位：万元

指标名称	科技活动经费支出	人员人工费用（包含各种补贴）	直接投入费用	折旧费用与长期摊销费用	无形资产摊销费用	设计费用	装备调试费用与试验费用	委托外单位开展科技活动的经费支出	其他费用	年末固定资产原价	#科学仪器设备
总计	93488	51761	26081	5445	354	67	388	3499	5893	486232	62538
按机构所属地域分布											
杭州市	87462	46814	25782	5335	334		370	3261	5567	466567	60784
宁波市	2883	2673	50	13	19	67			62	8055	
温州市	215	105	91						19	5710	279
嘉兴市	15	8		1	1				6	82	
绍兴市	48	15	22	9					2	1157	
金华市	112	112								1411	14
台州市	2754	2035	137	88			19	238	238	3251	1461
按机构所属隶属关系分布											
中央属	3875	2080	742	256			49	613	135	7386	3231
地方属	20568	11140	6108	661	74	67	228	1413	879	73362	14197
其他	69044	38541	19231	4528	280		112	1473	4879	405484	45110
按机构从事的国民经济行业分布											
制造业	56205	32169	16884	4547	304		79	262	1961	368887	47127
纺织业	801	360	362	47					32	6454	1351
化学原料和化学制品制造业	27075	15261	7358	3231	123		32	218	852	247007	24386
医药制造业	1232	980	62						190	2787	1013
有色金属冶炼和压延加工业	4690	1640	2756	115				34	145	23107	5650

指标名称	科技活动经费支出	人员人工费用（包含各种补贴）	直接投入费用	折旧费用与长期摊销费用	无形资产摊销费用	设计费用	装备调试费用与试验费用	委托外单位开展科技活动的经费支出	其他费用	年末固定资产原价	#科学仪器设备
通用设备制造业	254	190	62						2	3370	629
专用设备制造业	1669	1442	42	108					78	1171	522
计算机、通信和其他电子设备制造业	665	448	65	71	26		8	10	37	4532	1704
仪器仪表制造业	19820	11848	6177	976	156		38		625	80459	11873
电力、热力、燃气及水生产和供应业	12288	7198	1120	64			53	955	2899	38719	40
电力、热力生产和供应业	12288	7198	1120	64			53	955	2899	38719	40
建筑业	4763	3287	834	438	29		35	86	55	34587	4139
房屋建筑业	4763	3287	834	438	29		35	86	55	34587	4139
信息传输、软件和信息技术服务业	2230	2181	6	5	1				38	6280	373
软件和信息技术服务业	2230	2181	6	5	1				38	6280	373
房地产业										1797	
房地产业										1797	
科学研究和技术服务业	16388	6638	5984	392	20	67	214	2168	906	34748	10619
研究和试验发展	5656	3364	322	88			19	1555	309	6733	4647
专业技术服务业	10065	2869	5553	291	1		196	613	542	27552	5779
科技推广和应用服务业	667	404	109	13	19	67			55	462	194
水利、环境和公共设施管理业	1614	289	1254				8	28	35	1214	239
生态保护和环境治理业	1614	289	1254				8	28	35	1214	239
按机构所属学科分布											
自然科学领域	6064	3243	1808	383	123		32	34	441	31046	5339
化学	4832	2263	1746	383	123		32	34	251	28259	4326
生物学	1232	980	62						190	2787	1013

单元：万元

指标名称	科技活动经费支出	人员人工费用（包含各种补贴）	直接投入费用	折旧费用与长期摊销费用	无形资产摊销费用	设计费用	装备调试费用与试验费用	委托外单位开展科技活动的经费支出	其他费用	年末固定资产原价	#科学仪器设备
医学科学领域	2903	1330	185					1317	71	3482	3186
中医学与中药学	2903	1330	185					1317	71	3482	3186
工程科学与技术领域	84521	47188	24088	5063	231	67	357	2147	5381	451705	54013
工程与技术科学基础学科	48	15	22	9					2	1157	
材料科学	2389	640	758	124	1		11	613	243	3502	3113
冶金工程技术	4690	1640	2756	115				34	145	23107	5650
机械工程	9814	3951	4952	296			223		391	31170	4253
动力与电气工程	262	120		34					109	40	40
能源科学技术	12026	7078	1120	30			53	955	2791	38679	
电子与通信技术	20328	12286	6168	1021	181		8	10	654	85404	13248
计算机科学技术	2123	2085	5	1	1				32	2133	266
化学工程	22765	13318	5661	2861	19	67		183	656	218923	20060
纺织科学技术	801	360	362	47					32	8251	1351
食品科学技术	145	85	60							288	194
土木建筑工程	4763	3287	834	438	29		35	86	55	34587	4139
环境科学技术及资源科学技术	4367	2324	1391	88			26	266	272	4465	1700
按机构登记注册类型分布											
国有	28603	19118	4355	3391	30		92	479	1138	257243	25826
有限责任公司	42524	21431	12798	824	149		288	2982	4053	143044	21272
股份有限公司	21690	10773	8858	1217	156		8	38	641	84616	15143
私营	671	439	71	14	20	67			61	1330	297

2-24 转制为企业的研究机构科技项目概况（2022）

指标名称	项目数（个）	项目经费内部支出（万元）	#政府资金	项目人员折合全时工作量（人年）	#研究人员
总计	**376**	**60448**	**4750**	**1955.6**	**1552**
按机构所属地域分布					
杭州市	328	55020	4703	1697.2	1371.8
宁波市	26	2850		152	152
温州市	1	47	47	3	3
绍兴市	5	39		6	6
金华市	1	112		6	1
台州市	15	2380		91.4	18.2
按机构所属隶属关系分布					
中央属	22	2810	195	157.7	137.2
地方属	121	13642	2481	448.1	256.8
其他	233	43997	2075	1349.8	1158
按项目来源分布					
国家科技项目	12	2172	247	75.2	63.6
地方科技项目	92	11981	3459	420.8	316
企业委托科技项目	21	1617		85.2	44.4
自选科技项目	242	43695	494	1321.4	1103.6
其他科技项目	9	983	550	53	24.4
按项目的活动类型分布					
基础研究	20	3103	270	102.1	90
应用研究	61	6805	711	296.4	150.5
试验发展	255	46877	3289	1414.2	1211.5
试制与工程化	25	2300	480	89.6	82.8
技术咨询与技术服务	15	1364		53.3	17.2
按项目所属学科分布					
自然科学领域	24	851	340	86.7	51.2
信息科学与系统科学	1	112		6	1

指标名称	项目数（个）	项目经费内部支出（万元）	#政府资金	项目人员折合全时工作量（人年）	#研究人员
物理学	8	233		17.7	14.2
化学	6	105		24	23
生物学	9	402	340	39	13
医学科学领域	16	1748	437	50.3	11.5
中医学与中药学	16	1748	437	50.3	11.5
工程科学与技术领域	336	57849	3973	1818.6	1489.3
工程与技术科学基础学科	23	2922		155.4	135.6
信息与系统科学相关工程与技术	6	1216	77	69.1	66.8
材料科学	81	5827	616	203.3	162
冶金工程技术	1	5	5	0.5	0.2
机械工程	33	4370	486	119.5	100.8
动力与电气工程	4	526	60	17.8	5.1
能源科学技术	7	2174		113.7	113.7
电子与通信技术	22	15473	701	397.8	375.5
计算机科学技术	23	5080	449	129.1	71
化学工程	72	13171	858	321	282
产品应用相关工程与技术	12	809	3	37	21
纺织科学技术	7	631	122	25	20
食品科学技术	4	136		18	18
土木建筑工程	10	399	399	63	50
环境科学技术及资源科学技术	30	4841	149	138.4	62.6
安全科学技术	1	270	49	10	5
按项目的社会经济目标分布					
环境保护、生态建设及污染防治	41	5491	375	187.8	85.2
环境一般问题	4	551	51	21	11.4
环境与资源评估	2	125		7.9	2.3
环境监测	8	1167	6	48.5	10.3
生态建设	1	120		5.2	1.6
环境污染预防	13	1409	192	46.3	20.4

指标名称	项目数（个）	项目经费内部支出（万元）	#政府资金	项目人员折合全时工作量（人年）	#研究人员
环境治理	13	2119	126	58.9	39.2
能源生产、分配和合理利用	22	5607	258	283.5	252.4
能源矿物的开采和加工技术	1	139	15	6	3
能源转换技术	1	15		4.3	4.3
能源输送、储存与分配技术	6	787	207	30.3	27.5
可再生能源	4	250	36	32.2	23.2
能源设施和设备建造	4	2496		139.5	135.4
能源安全生产管理和技术	1	936		22.6	22.6
节约能源的技术	4	784		21.6	9.4
能源生产、输送、分配、储存、利用过程中污染的防治与处理	1	199		27	27
卫生事业发展	14	1289	457	62.8	16.2
诊断与治疗	10	927	122	32.8	8.2
卫生医疗其他研究	4	362	335	30	8
基础设施以及城市和农村规划	21	1584	451	57.5	49.5
交通运输	12	1271	423	41.5	37.5
广播与电视	9	312	28	16	12
基础社会发展和社会服务	5	13	14	18.4	10.5
科技发展	5	13	14	18.4	10.5
民用空间探测及开发	5	132	9	3.9	2
飞行器和运载工具研制	5	132	9	3.9	2
农林牧渔业发展	8	613	279	19.5	9.1
农作物种植及培育	4	548	279	12.2	2.1
农林牧渔业体系支撑	3	64		6.3	6
农林牧渔业生产中污染的防治与处理	1	1		1	1
工商业发展	239	41192	2825	1227.7	1049.1
食品、饮料和烟草制品业	4	297	41	9.3	3.2
纺织业、服装及皮革制品业	3	418	87	13	11
化学工业	98	11246	906	339.2	284.4
非金属与金属制品业	3	152	151	5.4	2.4

指标名称	项目数（个）	项目经费内部支出（万元）	#政府资金	项目人员折合全时工作量（人年）	#研究人员
机械制造业（不包括电子设备、仪器仪表及办公机械	51	6698	639	166.2	137.7
电子设备、仪器仪表及办公机械	34	16652	673	407.3	382.8
其他制造业	5	716		33.8	33.8
建筑业	8	455	185	49	43
信息与通信技术（ICT）服务业	2	118		4.9	3.4
技术服务业	30	3943	85	182.6	138.4
工商业活动中的环境保护、污染防治与处理	1	498	59	17	9
非定向研究	3	18		4	4
工程与技术科学领域的非定向研究	3	18		4	4
其他民用目标	18	4510	82	90.5	74
按项目服务的国民经济行业分布					
农、林、牧、渔业	6	816	279	23.5	3.7
农业	6	816	279	23.5	3.7
采矿业	3	307	8	8.6	6.8
煤炭开采和洗选业	2	181		7.3	6
有色金属矿采选业	1	126	8	1.3	0.8
制造业	247	43775	3226	1161.8	960.7
农副食品加工业	2	89		6	4
食品制造业	4	297	41	9.3	3.2
纺织业	5	547	135	20	16
纺织服装、服饰业	1	35		2	2
造纸和纸制品业	7	481		33	31
文教、工美、体育和娱乐用品制造业	1	12		0.7	0.4
石油、煤炭及其他燃料加工业	1	18		1	1
化学原料和化学制品制造业	75	13056	861	333.2	279
医药制造业	32	2319	469	67.3	24.9
化学纤维制造业	2	281	36	19.8	11.8
橡胶和塑料制品业	1	14		2	1.1
非金属矿物制品业	4	362	71	10.2	7.6

指标名称	项目数（个）	项目经费内部支出（万元）	#政府资金	项目人员折合全时工作量（人年）	#研究人员
有色金属冶炼和压延加工业	1	139	15	6	3
金属制品业	8	550	33	14.6	4.5
通用设备制造业	29	5099	458	70.7	46.2
专用设备制造业	11	1650	70	99.8	95.8
汽车制造业	2	192	22	4.8	3.6
铁路、船舶、航空航天和其他运输设备制造业	6	262	57	4.9	2.4
电气机械和器材制造业	11	1187	258	30.2	25.1
计算机、通信和其他电子设备制造业	36	16660	691	403.8	378.3
仪器仪表制造业	7	337	10	18	15.3
废弃资源综合利用业	1	191		4.5	4.5
电力、热力、燃气及水生产和供应业	21	5017	151	275.7	250.2
电力、热力生产和供应业	11	3360		236.3	225.3
燃气生产和供应业	2	43		3	3
水的生产和供应业	8	1613	151	36.4	21.9
建筑业	11	862	383	51.4	42.7
房屋建筑业	7	250	185	39	33
土木工程建筑业	4	612	198	12.4	9.7
交通运输、仓储和邮政业	4	187	58	11.2	10.7
道路运输业	4	187	58	11.2	10.7
信息传输、软件和信息技术服务业	17	2193	14	104.2	51.9
软件和信息技术服务业	17	2193	14	104.2	51.9
科学研究和技术服务业	43	3893	403	190.4	168.4
专业技术服务业	39	3757	403	172.4	150.4
科技推广和应用服务业	4	136		18	18
水利、环境和公共设施管理业	22	3377	223	126.1	55.6
水利管理业	1	270	49	10	5
生态保护和环境治理业	21	3107	174	116.1	50.6
卫生和社会工作	2	22	5	2.7	1.3
卫生	2	22	5	2.7	1.3

2-25 转制为企业的研究机构科技项目经费内部支出按活动类型分类（2022）

单位：万元

指标	项目经费内部支出	基础研究	应用研究	试验发展	试制与工程化	技术咨询与技术服务
总计	**60448**	**3103**	**6805**	**46877**	**2300**	**1364**
按机构所属地域分布						
杭州市	55020	3096	5585	43378	2140	821
宁波市	2850			2698	153	
温州市	47			47		
绍兴市	39	7	4	15	7	7
金华市	112		112			
台州市	2380		1104	740		537
按机构所属隶属关系分布						
中央属	2810			2647	104	60
地方属	13642	4	3106	9704	311	516
其他	43997	3099	3699	34526	1885	788
按课题来源分布						
国家科技项目	2172	459	75	703	936	
地方科技项目	11981	110	857	10424	555	35
企业委托科技项目	1617			895		723
自选科技项目	43695	2535	5513	34340	705	603
其他科技项目	983		360	516	104	4
按课题所属学科分布						
自然科学领域	851		514	70	208	60
信息科学与系统科学	112		112			
物理学	233			70	104	60
化学	105				105	
生物学	402		402			
医学科学领域	1748		603	878		267

指标	项目经费内部支出	基础研究	应用研究	试验发展	试制与工程化	技术咨询与技术服务
中医学与中药学	1748		603	878		267
工程科学与技术领域	57849	3103	5688	45929	2091	1038
工程与技术科学基础学科	2922	7	174	2734		7
信息与系统科学相关工程与技术	1216			1216		
材料科学	5827		161	5423	244	
冶金工程技术	5			5		
机械工程	4370			4363	7	
动力与电气工程	526			315		211
能源科学技术	2174			1238	936	
电子与通信技术	15473			15473		
计算机科学技术	5080		1963	3116		
化学工程	13171	3092	2431	6903	746	
产品应用相关工程与技术	809			809		
纺织科学技术	631			438	158	35
食品科学技术	136	4	26	102		4
土木建筑工程	399			399		
环境科学技术及资源科学技术	4841		934	3125		782
安全科学技术	270			270		
按课题的社会经济目标分布						
环境保护、生态建设及污染防治	5491		1119	3590		782
环境一般问题	551		173	379		
环境与资源评估	125		125			
环境监测	1167		476	523		168
生态建设	120					120
环境污染预防	1409		178	986		245
环境治理	2119		167	1703		249
能源生产、分配和合理利用	5607		143	4317	936	211
能源矿物的开采和加工技术	139			139		

指标	项目经费内部支出	基础研究	应用研究	试验发展	试制与工程化	技术咨询与技术服务
能源转换技术	15			15		
能源输送、储存与分配技术	787			787		
可再生能源	250		143	107		
能源设施和设备建造	2496			2496		
能源安全生产管理和技术	936				936	
节约能源的技术	784			574		211
能源生产、输送、分配、储存、利用过程中污染的防治与处理	199			199		
卫生事业发展	1289		570	452		267
诊断与治疗	927		208	452		267
卫生医疗其他研究	362		362			
基础设施以及城市和农村规划	1584			1584		
交通运输	1271			1271		
广播与电视	312			312		
基础社会发展和社会服务	13		13			
科技发展	13		13			
民用空间探测及开发	132			124	9	
飞行器和运载工具研制	132			124	9	
农林牧渔业发展	613		420	185	5	4
农作物种植及培育	548		419	130		
农林牧渔业体系支撑	64			55	5	4
农林牧渔业生产中污染的防治与处理	1		1			
工商业发展	41192	3092	3037	33771	1198	95
食品、饮料和烟草制品业	297			297		
纺织业、服装及皮革制品业	418			259	158	
化学工业	11246	3092	1056	6349	749	
非金属与金属制品业	152			1	151	
机械制造业（不包括电子设备、仪器仪表及办公机械	6698		31	6647	20	
电子设备、仪器仪表及办公机械	16652			16522	104	26

指标	项目经费内部支出	基础研究	应用研究	试验发展	试制与工程化	技术咨询与技术服务
其他制造业	716			716		
建筑业	455			455		
信息与通信技术（ICT）服务业	118			102	15	
技术服务业	3943		1950	1924		69
工商业活动中的环境保护、污染防治与处理	498			498		
非定向研究	18	7	4			7
工程与技术科学领域的非定向研究	18	7	4			7
其他民用目标	4510	4	1499	2854	153	
按课题服务的国民经济行业分布						
农、林、牧、渔业	816		420	130		267
农业	816		420	130		267
采矿业	307			307		
煤炭开采和洗选业	181			181		
有色金属矿采选业	126			126		
制造业	43775	3092	3221	36396	1031	35
农副食品加工业	89			85	5	
食品制造业	297			297		
纺织业	547			389	158	
纺织服装、服饰业	35					35
造纸和纸制品业	481		17	407	56	
文教、工美、体育和娱乐用品制造业	12			12		
石油、煤炭及其他燃料加工业	18		18			
化学原料和化学制品制造业	13056	2832	2343	7189	692	
医药制造业	2319	39	561	1718	1	
化学纤维制造业	281		143	137		
橡胶和塑料制品业	14			14		
非金属矿物制品业	362			362		
有色金属冶炼和压延加工业	139			139		
金属制品业	550		83	467		

指标	项目经费内部支出	基础研究	应用研究	试验发展	试制与工程化	技术咨询与技术服务
通用设备制造业	5099		31	5062	7	
专用设备制造业	1650			1650		
汽车制造业	192		24	167		
铁路、船舶、航空航天和其他运输设备制造业	262			253	9	
电气机械和器材制造业	1187	221		966		
计算机、通信和其他电子设备制造业	16660			16660		
仪器仪表制造业	337			233	104	
废弃资源综合利用业	191			191		
电力、热力、燃气及水生产和供应业	5017		14	3856	936	211
电力、热力生产和供应业	3360			2214	936	211
燃气生产和供应业	43		14	29		
水的生产和供应业	1613			1613		
建筑业	862			862		
房屋建筑业	250			250		
土木工程建筑业	612			612		
交通运输、仓储和邮政业	187			187		
道路运输业	187			187		
信息传输、软件和信息技术服务业	2193		2075	102	15	
软件和信息技术服务业	2193		2075	102	15	
科学研究和技术服务业	3893	12	409	2954	317	201
专业技术服务业	3757	7	383	2852	317	198
科技推广和应用服务业	136	4	26	102		4
水利、环境和公共设施管理业	3377		656	2072		651
水利管理业	270			270		
生态保护和环境治理业	3107		656	1801		651
卫生和社会工作	22		10	12		
卫生	22		10	12		

2–26 转制为企业的研究机构科技项目投入人员全时工作量按活动类型分（2022）

单位：人年

指标	项目人员折合全时工作量	基础研究	应用研究	试验发展	试制与工程化	技术咨询与技术服务
总计	**1955.6**	**102.1**	**296.4**	**1414.2**	**89.6**	**53.3**
按机构所属地域分布						
杭州市	1697.2	100.1	240.1	1235.1	85.6	36.3
宁波市	152			149	3	
温州市	3			3		
绍兴市	6	2	1	1	1	1
金华市	6		6			
台州市	91.4		49.3	26.1		16
按机构所属隶属关系分布						
中央属	157.7			147.7	4	6
地方属	448.1	4	158.9	253.9	7	24.3
其他	1349.8	98.1	137.5	1012.6	78.6	23
按课题来源分布						
国家科技项目	75.2	13.2	3.3	36.1	22.6	
地方科技项目	420.8	10.7	54.6	335.1	18.4	2
企业委托科技项目	85.2			57.9		27.3
自选科技项目	1321.4	78.2	209.5	966.1	44.6	23
其他科技项目	53		29	19	4	1
按课题所属学科分布						
自然科学领域	86.7		45	7.7	28	6
信息科学与系统科学	6		6			
物理学	17.7			7.7	4	6
化学	24				24	
生物学	39		39			

指标	项目人员折合全时工作量	基础研究	应用研究	试验发展	试制与工程化	技术咨询与技术服务
医学科学领域	50.3		12.6	27.4		10.3
中医学与中药学	50.3		12.6	27.4		10.3
工程科学与技术领域	1818.6	102.1	238.8	1379.1	61.6	37
工程与技术科学基础学科	155.4	2	8.2	144.2		1
信息与系统科学相关工程与技术	69.1			69.1		
材料科学	203.3		16	174.4	12.9	
冶金工程技术	0.5			0.5		
机械工程	119.5			118.5	1	
动力与电气工程	17.8			6.8		11
能源科学技术	113.7			91.1	22.6	
电子与通信技术	397.8			397.8		
计算机科学技术	129.1		93.3	35.8		
化学工程	321	96.1	71.2	132.6	21.1	
产品应用相关工程与技术	37			37		
纺织科学技术	25			19	4	2
食品科学技术	18	4	8	5		1
土木建筑工程	63			63		
环境科学技术及资源科学技术	138.4		42.1	74.3		22
安全科学技术	10			10		
按课题的社会经济目标分布						
环境保护、生态建设及污染防治	187.8		53.3	112.5		22
环境一般问题	21		6	15		
环境与资源评估	7.9		7.9			
环境监测	48.5		18.7	24.2		5.6
生态建设	5.2					5.2
环境污染预防	46.3		11.5	28.8		6
环境治理	58.9		9.2	44.5		5.2
能源生产、分配和合理利用	283.5		14	235.9	22.6	11
能源矿物的开采和加工技术	6			6		

指标	项目人员折合全时工作量	基础研究	应用研究	试验发展	试制与工程化	技术咨询与技术服务
能源转换技术	4.3			4.3		
能源输送、储存与分配技术	30.3			30.3		
可再生能源	32.2		14	18.2		
能源设施和设备建造	139.5			139.5		
能源安全生产管理和技术	22.6				22.6	
节约能源的技术	21.6			10.6		11
能源生产、输送、分配、储存、利用过程中污染的防治与处理	27			27		
卫生事业发展	62.8		37.2	15.3		10.3
诊断与治疗	32.8		7.2	15.3		10.3
卫生医疗其他研究	30		30			
基础设施以及城市和农村规划	57.5			57.5		
交通运输	41.5			41.5		
广播与电视	16			16		
基础社会发展和社会服务	18.4		18.4			
科技发展	18.4		18.4			
民用空间探测及开发	3.9			3.3	0.6	
飞行器和运载工具研制	3.9			3.3	0.6	
农林牧渔业发展	19.5		10.4	6.1	2	1
农作物种植及培育	12.2		9.4	2.8		
农林牧渔业体系支撑	6.3			3.3	2	1
农林牧渔业生产中污染的防治与处理	1		1			
工商业发展	1227.7	96.1	118.1	944.1	61.4	8
食品、饮料和烟草制品业	9.3			9.3		
纺织业、服装及皮革制品业	13			9	4	
化学工业	339.2	96.1	42.2	151.7	49.2	
非金属与金属制品业	5.4			3.9	1.5	
机械制造业（不包括电子设备、仪器仪表及办公机械	166.2		1	163.4	1.8	
电子设备、仪器仪表及办公机械	407.3			401.3	4	2

指标	项目人员折合全时工作量	基础研究	应用研究	试验发展	试制与工程化	技术咨询与技术服务
其他制造业	33.8			33.8		
建筑业	49			49		
信息与通信技术（ICT）服务业	4.9			4	0.9	
技术服务业	182.6		74.9	101.7		6
工商业活动中的环境保护、污染防治与处理	17			17		
非定向研究	4	2	1			1
工程与技术科学领域的非定向研究	4	2	1			1
其他民用目标	90.5	4	44	39.5	3	
按课题服务的国民经济行业分布						
农、林、牧、渔业	23.5		10.4	2.8		10.3
农业	23.5		10.4	2.8		10.3
采矿业	8.6			8.6		
煤炭开采和洗选业	7.3			7.3		
有色金属矿采选业	1.3			1.3		
制造业	1161.8	96.1	127	875.9	60.8	2
农副食品加工业	6			4	2	
食品制造业	9.3			9.3		
纺织业	20			16	4	
纺织服装、服饰业	2					2
造纸和纸制品业	33		2	20	11	
文教、工美、体育和娱乐用品制造业	0.7			0.7		
石油、煤炭及其他燃料加工业	1			1		
化学原料和化学制品制造业	333.2	85.1	64.9	145.1	38.1	
医药制造业	67.3	4.4	36.2	26.6	0.1	
化学纤维制造业	19.8		14	5.8		
橡胶和塑料制品业	2			2		
非金属矿物制品业	10.2			10.2		
有色金属冶炼和压延加工业	6			6		

指标	项目人员折合全时工作量	基础研究	应用研究	试验发展	试制与工程化	技术咨询与技术服务
金属制品业	14.6		4.6	10		
通用设备制造业	70.7		1	68.7	1	
专用设备制造业	99.8			99.8		
汽车制造业	4.8		3.3	1.5		
铁路、船舶、航空航天和其他运输设备制造业	4.9			4.3	0.6	
电气机械和器材制造业	30.2	6.6		23.6		
计算机、通信和其他电子设备制造业	403.8			403.8		
仪器仪表制造业	18			14	4	
废弃资源综合利用业	4.5			4.5		
电力、热力、燃气及水生产和供应业	275.7		1	241.1	22.6	11
电力、热力生产和供应业	236.3			202.7	22.6	11
燃气生产和供应业	3		1	2		
水的生产和供应业	36.4			36.4		
建筑业	51.4			51.4		
房屋建筑业	39			39		
土木工程建筑业	12.4			12.4		
交通运输、仓储和邮政业	11.2			11.2		
道路运输业	11.2			11.2		
信息传输、软件和信息技术服务业	104.2		99.3	4	0.9	
软件和信息技术服务业	104.2		99.3	4	0.9	
科学研究和技术服务业	190.4	6	22.8	145.2	5.3	11.1
专业技术服务业	172.4	2	14.8	140.2	5.3	10.1
科技推广和应用服务业	18	4	8	5		1
水利、环境和公共设施管理业	126.1		33.9	73.3		18.9
水利管理业	10			10		
生态保护和环境治理业	116.1		33.9	63.3		18.9
卫生和社会工作	2.7		2	0.7		
卫生	2.7		2	0.7		

2-27 转制为企业的研究机构R&D人员（2022）

指标名称	R&D人员（人）	#女性	#高中级职称	按工作量分		按学历分				R&D人员折合全时工作量（人年）	研究人员
				R&D全时人员	R&D非全时人员	博士毕业	硕士毕业	本科毕业	其他		
总计	2657	647	1399	1495	1162	111	898	1374	274	1968	1612
按机构所属地域分布											
杭州市	2374	586	1316	1252	1122	111	860	1132	271	1712	1431
宁波市	153	19	25	153			22	131		153	153
温州市	10	2	10		10		2	8		3	3
绍兴市	6	1	1	6				6		6	6
金华市	6		1	6			1	4	1	6	1
台州市	108	39	46	78	30		13	93	2	88	18
按机构所属隶属关系分布											
中央属	225	60	122	138	87	3	47	154	21	149	132
地方属	671	208	371	369	302	19	162	404	86	482	332
其他	1761	379	906	988	773	89	689	816	167	1337	1148
按机构从事的国民经济行业分布											
制造业	1249	286	447	1017	232	43	348	670	188	1129	967
纺织业	32	10	14	25	7		7	19	6	30	20
化学原料和化学制品制造业	426	117	229	283	143	29	153	126	118	360	290
医药制造业	49	30	17	46	3	3	16	16	14	47	15
有色金属冶炼和压延加工业	45	8	34	20	25	5	22	15	3	38	18
通用设备制造业	22	1	14	4	18	1	4	12	5	15	8
专用设备制造业	129	21	41	102	27		21	92	16	102	102
计算机、通信和其他电子设备制造业	24	5	13	16	8			11	13	16	12
仪器仪表制造业	522	94	85	521	1	5	125	379	13	521	502
电力、热力、燃气及水生产和供应业	554	108	425	40	514	48	338	139	29	255	255
电力、热力生产和供应业	554	108	425	40	514	48	338	139	29	255	255
建筑业	138	37	130	24	114	8	40	80	10	63	50
房屋建筑业	138	37	130	24	114	8	40	80	10	63	50
信息传输、软件和信息技术服务业	164	50	27	140	24		7	133	24	147	125
软件和信息技术服务业	164	50	27	140	24		7	133	24	147	125

指标名称	R&D 人员（人）	#女性	#高中级职称	按工作量分		按学历分				R&D人员折合全时工作量（人年）	研究人员
				R&D全时人员	R&D非全时人员	博士毕业	硕士毕业	本科毕业	其他		
科学研究和技术服务业	506	161	330	241	265	11	139	333	23	340	188
研究和试验发展	158	64	78	105	53	3	29	121	5	128	29
专业技术服务业	306	88	232	94	212	8	95	187	16	170	117
科技推广和应用服务业	42	9	20	42			15	25	2	42	42
水利、环境和公共设施管理业	46	5	40	33	13	1	26	19		34	27
生态保护和环境治理业	46	5	40	33	13	1	26	19		34	27
按机构所属学科分布											
自然科学领域	153	55	58	115	38	8	36	65	44	118	59
化学	104	25	41	69	35	5	20	49	30	71	44
生物学	49	30	17	46	3	3	16	16	14	47	15
医学科学领域	50	25	32	27	23	3	16	28	3	40	11
中医学与中药学	50	25	32	27	23	3	16	28	3	40	11
工程科学与技术领域	2454	567	1309	1353	1101	100	846	1281	227	1810	1542
工程与技术科学基础学科	6	1	1	6				6		6	6
材料科学	100	37	80	33	67	3	27	65	5	47	28
冶金工程技术	45	8	34	20	25	5	22	15	3	38	18
机械工程	361	76	213	170	191	6	94	227	34	243	201
能源科学技术	554	108	425	40	514	48	338	139	29	255	255
电子与通信技术	544	100	99	530	14	5	125	388	26	532	509
计算机科学技术	156	45	19	138	18		6	128	22	143	122
化学工程	344	97	208	236	108	24	140	92	88	311	268
纺织科学技术	32	10	14	25	7		7	19	6	30	20
食品科学技术	20	4		20			8	10	2	20	20
土木建筑工程	138	37	130	24	114	8	40	80	10	63	50
环境科学技术及资源科学技术	154	44	86	111	43	1	39	112	2	122	45
按机构登记注册类型分布											
国有	711	191	429	416	295	31	203	373	104	546	430
有限责任公司	1458	359	830	633	825	72	561	697	128	950	750
股份有限公司	455	92	112	424	31	7	125	281	42	443	406
私营	33	5	28	22	11	1	9	23		29	26

2-28 转制为企业的研究机构 R&D 经费支出（2022）

单位：万元

指标名称	R&D 经费内部支出	政府资金	企业资金	R&D 经费外部支出	#对境内研究机构支出	对境内高等学校支出	对境内企业支出	对境内其他单位支出
总计	**74400**	**7448**	**66952**	**3204**	**907**	**1235**	**990**	**72**
按机构所属地域分布								
杭州市	68901	7401	61500	2966	907	1231	757	72
宁波市	2850		2850					
温州市	47	47						
绍兴市	48		48					
金华市	112		112					
台州市	2442		2442	238		5	233	
按机构所属隶属关系分布								
中央属	2859	207	2652	613		38	576	
地方属	14618	2920	11698	1327	795	390	70	72
其他	56923	4321	52602	1264	112	808	344	
按机构从事的国民经济行业分布								
制造业	45009	2565	42444	81	34	38	9	
纺织业	561	170	391					
化学原料和化学制品制造业	17138	860	16278	37		28	9	
医药制造业	1382	340	1042					
有色金属冶炼和压延加工业	4274	385	3889	34	34			

单位：万元

指标名称	R&D经费内部支出	政府资金	企业资金	R&D经费外部支出	#对境内研究机构支出	对境内高等学校支出	对境内企业支出	对境内其他单位支出
通用设备制造业	254		254					
专用设备制造业	1562	70	1491					
计算机、通信和其他电子设备制造业	352	77	275	10		10		
仪器仪表制造业	19488	663	18825					
电力、热力、燃气及水生产和供应业	11071	2301	8770	955	78	775	101	
电力、热力生产和供应业	11071	2301	8770	955	78	775	101	
建筑业	877	482	394					
房屋建筑业	877	482	394					
信息传输、软件和信息技术服务业	2210	15	2195					
软件和信息技术服务业	2210	15	2195					
科学研究和技术服务业	13648	2057	11591	2168	795	423	879	72
研究和试验发展	3941	612	3329	1555	795	385	304	72
专业技术服务业	9082	1315	7768	613		38	576	
科技推广和应用服务业	625	130	494					
水利、环境和公共设施管理业	1585	27	1558					
生态保护和环境治理业	1585	27	1558					
按机构所属学科分布								
自然科学领域	4280	459	3821	9		9		
化学	2898	119	2779	9		9		
生物学	1382	340	1042					

单位：万元

指标名称	R&D经费内部支出	政府资金	企业资金	R&D经费外部支出	#对境内研究机构支出	对境内高等学校支出	对境内企业支出	对境内其他单位支出
医学科学领域	1499	612	887	1317	795	380	70	72
中医学与中药学	1499	612	887	1317	795	380	70	72
工程科学与技术领域	68622	6377	62245	1878	112	855	910	
工程与技术科学基础学科	48		48					
材料科学	1458	222	1236	613		38	576	
冶金工程技术	4274	385	3889	34	34			
机械工程	9478	1163	8315					
能源科学技术	11071	2301	8770	955	78	775	101	
电子与通信技术	19855	740	19115	10		10		
计算机科学技术	2108	15	2093					
化学工程	14730	741	13989	28		28		
纺织科学技术	561	170	391					
食品科学技术	134	130	4					
土木建筑工程	877	482	394					
环境科学技术及资源科学技术	4028	27	4000	238		5	233	
按机构登记注册类型分布								
国有	16218	1331	14887	238		5	233	
有限责任公司	36261	5377	30885	2928	907	1193	757	72
股份有限公司	21297	740	20557	38		38		
私营	623		623					

2-29 转制为企业的研究机构R&D经费内部支出按经费类型分（2022）

单位：万元

指标	R&D经费内部支出	R&D日常性支出				R&D资产性支出	土建与建筑物支出	仪器与设备支出	资本化的计算机软件支出	非基建的科学仪器与设备支出
			人员人工费	直接投入费用	其他费用					
总计	**74400**	**68348**	**41243**	**22860**	**4245**	**6052**	**760**	**5076**	**41**	**176**
按机构所属地域分布										
杭州市	68901	62891	36389	22630	3872	6010	760	5042	41	168
宁波市	2850	2850	2673	50	128					
温州市	47	47	20	22	6					
绍兴市	48	39	15	22	2	9				9
金华市	112	112	112							
台州市	2442	2409	2035	137	238	34		34		
按机构所属隶属关系分布										
中央属	2859	2843	2031	688	124	17		17		
地方属	14618	13724	7475	5299	950	894		853	41	
其他	56923	51781	31738	16874	3170	5142	760	4206		176
按机构从事的国民经济行业分布										
制造业	45009	41614	25084	13913	2617	3395	760	2468		167
纺织业	561	555	302	227	26	5		5		
化学原料和化学制品制造业	17138	15303	8741	5014	1548	1835	760	908		167
医药制造业	1382	1232	980	62	190	150		150		
有色金属冶炼和压延加工业	4274	3881	1364	2374	143	393		393		

指标	R&D 经费内部支出	R&D 日常性支出	人员人工费	直接投入费用	其他费用	R&D 资产性支出	土建与建筑物支出	仪器与设备支出	资本化的计算机软件支出	非基建的科学仪器与设备支出
通用设备制造业	254	254	190	62	2					
专用设备制造业	1562	1562	1442	42	78					
计算机、通信和其他电子设备制造业	352	302	267	19	16	49		49		
仪器仪表制造业	19488	18525	11799	6112	614	962		962		
电力、热力、燃气及水生产和供应业	11071	9152	7078	1489	585	1919		1919		
电力、热力生产和供应业	11071	9152	7078	1489	585	1919		1919		
建筑业	877	529	222	252	55	348		307	41	
房屋建筑业	877	529	222	252	55	348		307	41	
信息传输、软件和信息技术服务业	2210	2210	2173	6	32					
软件和信息技术服务业	2210	2210	2173	6	32					
科学研究和技术服务业	13648	13257	6397	5947	914	390		381		9
研究和试验发展	3941	3733	3142	293	298	208		208		
专业技术服务业	9082	8929	2869	5565	495	154		145		9
科技推广和应用服务业	625	596	386	89	121	28		28		
水利、环境和公共设施管理业	1585	1585	289	1254	42					
生态保护和环境治理业	1585	1585	289	1254	42					
按机构所属学科分布										
自然科学领域	4280	4030	2272	1448	310	250	14	234		2
化学	2898	2798	1292	1386	119	100	14	84		2
生物学	1382	1232	980	62	190	150		150		

指标	R&D经费内部支出	R&D日常性支出				R&D资产性支出	土建与建筑物支出	仪器与设备支出	资本化的计算机软件支出	非基建的科学仪器与设备支出
			人员人工费	直接投入费用	其他费用					
医学科学领域	1499	1324	1107	157	60	175		175		
中医学与中药学	1499	1324	1107	157	60	175		175		
工程科学与技术领域	68622	62994	37864	21255	3875	5628	746	4667	41	174
工程与技术科学基础学科	48	39	15	22	2	9				9
材料科学	1458	1452	640	768	44	6		6		1
冶金工程技术	4274	3881	1364	2374	143	393		393		
机械工程	9478	9322	3902	4888	533	155		155		
能源科学技术	11071	9152	7078	1489	585	1919		1919		
电子与通信技术	19855	18860	12105	6123	632	995		995		
计算机科学技术	2108	2108	2077	5	26					
化学工程	14730	12996	7769	3676	1550	1735	746	824		165
纺织科学技术	561	555	302	227	26	5		5		
食品科学技术	134	106	66	40		28		28		
土木建筑工程	877	529	222	252	55	348		307	41	
环境科学技术及资源科学技术	4028	3994	2324	1391	280	34		34		
按机构登记注册类型分布										
国有	16218	14102	10541	1792	1769	2117	746	1165	41	165
有限责任公司	36261	33343	19498	12140	1705	2918	14	2894		11
股份有限公司	21297	20280	10773	8858	649	1017		1017		
私营	623	623	431	71	121					

2-30 转制为企业的研究机构R&D经费内部支出按活动类型分（2022）

单位：万元

指标	R&D经费内部支出	基础研究	应用研究	试验发展
总计	**74400**	**4003**	**8998**	**61400**
按机构所属地域分布				
杭州市	68901	3989	7416	57496
宁波市	2850			2850
温州市	47			47
绍兴市	48	14	7	27
金华市	112		112	
台州市	2442		1462	980
按机构所属隶属关系分布				
中央属	2859			2859
地方属	14618	5	4126	10487
其他	56923	3998	4871	48054
按机构从事的国民经济行业分布				
制造业	45009	3985	4784	36241
纺织业	561			561
化学原料和化学制品制造业	17138	3985	3402	9752
医药制造业	1382		1382	
有色金属冶炼和压延加工业	4274			4274

单位：万元

指标	R&D 经费内部支出	基础研究	应用研究	试验发展
通用设备制造业	254			254
专用设备制造业	1562			1562
计算机、通信和其他电子设备制造业	352			352
仪器仪表制造业	19488			19488
电力、热力、燃气及水生产和供应业	11071			11071
电力、热力生产和供应业	11071			11071
建筑业	877			877
房屋建筑业	877			877
信息传输、软件和信息技术服务业	2210		2108	102
软件和信息技术服务业	2210		2108	102
科学研究和技术服务业	13648	18	2106	11524
研究和试验发展	3941		2072	1869
专业技术服务业	9082	14	7	9062
科技推广和应用服务业	625	5	26	594
水利、环境和公共设施管理业	1585			1585
生态保护和环境治理业	1585			1585
按机构所属学科分布				
自然科学领域	4280		2412	1868
化学	2898		1030	1868
生物学	1382		1382	

指标	R&D经费内部支出	基础研究	应用研究	试验发展
医学科学领域	1499		610	889
中医学与中药学	1499		610	889
工程科学与技术领域	68622	4003	5976	58643
工程与技术科学基础学科	48	14	7	27
材料科学	1458			1458
冶金工程技术	4274			4274
机械工程	9478			9478
能源科学技术	11071			11071
电子与通信技术	19855			19855
计算机科学技术	2108		2108	
化学工程	14730	3985	2372	8373
纺织科学技术	561			561
食品科学技术	134	5	26	104
土木建筑工程	877			877
环境科学技术及资源科学技术	4028		1462	2565
按机构登记注册类型分布				
国有	16218	3985	2407	9827
有限责任公司	36261	18	5163	31080
股份有限公司	21297		1428	19869
私营	623			623

2–31 转制为企业的研究机构专利（2022）

指标	专利申请受理数（件）	#发明专利	专利授权数（件）	#发明专利	国外授权	有效发明专利数（件）	专利所有权转让及许可数（件）	专利所有权转让及许可收入（万元）
总计	878	542	625	228	11	1308	16	2101
按机构所属地域分布								
杭州市	857	537	608	228	11	1279	16	2101
宁波市	11	4	1			22		
温州市	2		2			6		
绍兴市	5		5					
台州市	3	1	9			1		
按机构所属隶属关系分布								
中央属	38	34	26	9		97		
地方属	93	39	83	20	1	253	16	2101
其他	747	469	516	199	10	958		
按机构从事的国民经济行业分布								
制造业	233	185	145	78	10	596	16	1
纺织业	2	2	2	2		23	16	1
化学原料和化学制品制造业	101	89	79	60	10	396		
医药制造业	5	5				7		
有色金属冶炼和压延加工业	72	63	18	13		50		
通用设备制造业	12	6	4			14		

指标	专利申请受理数（件）	#发明专利	专利授权数（件）	#发明专利	国外授权	有效发明专利数（件）	专利所有权转让及许可数（件）	专利所有权转让及许可收入（万元）
专用设备制造业	15	15	5	3		16		
计算机、通信和其他电子设备制造业	5		6			54		
仪器仪表制造业	21	5	31			36		
电力、热力、燃气及水生产和供应业	509	288	353	114		407		
电力、热力生产和供应业	509	288	353	114		407		
建筑业	25	4	22	4		61		
房屋建筑业	25	4	22	4		61		
信息传输、软件和信息技术服务业						8		
软件和信息技术服务业						8		
科学研究和技术服务业	91	55	86	24	1	183		2100
研究和试验发展	5	3	11	2		13		2100
专业技术服务业	79	48	70	20		153		
科技推广和应用服务业	7	4	5	2	1	17		
水利、环境和公共设施管理业	20	10	19	8		53		
生态保护和环境治理业	20	10	19	8		53		
按机构所属学科分布								
自然科学领域	12	11	13	11		45		
化学	7	6	13	11		38		
生物学	5	5				7		

指标	专利申请受理数（件）	#发明专利	专利授权数（件）	#发明专利	国外授权	有效发明专利数（件）	专利所有权转让及许可数（件）	专利所有权转让及许可收入（万元）
医学科学领域	2	2	2	2		12		2100
中医学与中药学	2	2	2	2		12		2100
工程科学与技术领域	864	529	610	215	11	1251	16	1
工程与技术科学基础学科	5		5					
材料科学	25	19	18	6		82		
冶金工程技术	72	63	18	13		50		
机械工程	80	52	62	17		105		
能源科学技术	509	288	353	114		407		
电子与通信技术	22	3	31			91		
计算机科学技术						3		
化学工程	96	84	67	49	10	373		
纺织科学技术	2	2	2	2		23	16	1
食品科学技术	5	3	4	2	1	2		
土木建筑工程	25	4	22	4		61		
环境科学技术及资源科学技术	23	11	28	8		54		
按机构登记注册类型分布								
国有	141	109	107	58	10	395		
有限责任公司	693	416	476	168	1	753	16	2101
股份有限公司	31	11	38	2		137		
私营	13	6	4			23		

2-32 转制为企业的研究机构论文、著作及其他科技产出（2022）

指标名称	科技论文（篇）	#国外发表	科技著作（种）	形成国家或行业标准（项）	集成电路布图设计登记数（件）	软件著作权数（件）
总计	427	46	13	49	1	101
按机构所属地域分布						
杭州市	393	43	13	49	1	98
宁波市	8					
温州市	1					
金华市						1
台州市	25	3				2
按机构所属隶属关系分布						
中央属	8			4		1
地方属	98	11	4	3		61
其他	321	35	9	42	1	39
按机构从事的国民经济行业分布						
制造业	92	6	1	21	1	12
纺织业	1			1		
化学原料和化学制品制造业	52	4	1	7		
医药制造业	3	2				7
有色金属冶炼和压延加工业	10			10		
通用设备制造业	12					

指标名称	科技论文（篇）	#国外发表	科技著作（种）	形成国家或行业标准（项）	集成电路布图设计登记数（件）	软件著作权数（件）
专用设备制造业	1			1		1
计算机、通信和其他电子设备制造业						3
仪器仪表制造业	13			2	1	1
电力、热力、燃气及水生产和供应业	192	24	7	6		36
电力、热力生产和供应业	192	24	7	6		36
建筑业	28		3			13
房屋建筑业	28		3			13
信息传输、软件和信息技术服务业	1					8
软件和信息技术服务业	1					8
科学研究和技术服务业	87	12	1	22		32
研究和试验发展	34	3	1	1		2
专业技术服务业	48	9		20		27
科技推广和应用服务业	5			1		3
水利、环境和公共设施管理业	27	4	1			
生态保护和环境治理业	27	4	1			
按机构所属学科分布						
自然科学领域	4	2	1			7
化学	1		1			
生物学	3	2				7

指标名称	科技论文（篇）	#国外发表	科技著作（种）	形成国家或行业标准（项）	集成电路布图设计登记数（件）	软件著作权数（件）
医学科学领域	9		1	1		
中医学与中药学	9		1	1		
工程科学与技术领域	414	44	11	48	1	94
材料科学	3			1		
冶金工程技术	10			10		
机械工程	63	9		22		28
能源科学技术	192	24	7	6		36
电子与通信技术	9				1	4
计算机科学技术						8
化学工程	51	4		7		
纺织科学技术	1			1		
食品科学技术	5			1		3
土木建筑工程	28		3			13
环境科学技术及资源科学技术	52	7	1			2
按机构登记注册类型分布						
国有	93	4	3	25		16
有限责任公司	299	39	10	20		81
股份有限公司	23	3		4	1	4
私营	12					

三、规模以上
工业企业

3-1 规模以上工业企业研发活动情况（2020—2022）

指标名称	单位	2020	2021	2022
有 R&D 活动的企业数	个	23846	26189	24871
企业有研发机构	个	17924	20752	25401
从业人员年平均人数	万人	681	739	755
研发活动人员	万人	61.68	64.50	67.30
参加项目人员	万人	57.83	60.49	63.82
企业内部的日常研发经费支出	亿元	2009.70	2642.60	3066.21
人工费用	亿元	777.73	1024.00	1218.56
直接投入费用	亿元	914.87	1246.43	1420.27
委托外单位开发经费支出	亿元	89.85	126.02	162.97
折合全时 R&D 人员	万人年	48.05	48.21	51.92
R&D 经费支出	亿元	1395.90	1591.66	1768.06
新产品开发经费支出	亿元	1765.30	2325.07	2711.07
新产品销售收入	亿元	28302.50	36890.10	41281.82
出口	亿元	5720.43	7740.85	8663.58
专利申请数	项	138589	159920	171872
发明专利	项	35319	41292	44941
拥有发明专利数	项	93159	120873	146012
技术改造经费支出	亿元	236.03	242.35	297.86
引进境外技术经费支出	亿元	14.69	12.20	15.88
引进境外技术的消化吸收经费支出	亿元	0.51	0.44	0.27
购买境内技术经费支出	亿元	16.88	18.10	23.52

3-2 规模以上工业企业基本情况（2022）

指标名称	单位数（个）	#有R&D活动	#有研发机构	#享受研究开发费用加计扣除	#有新产品销售	#有专利申请
总计	56250	24871	24744	21567	29254	18525
按企业规模分组						
大型	656	580	533	532	594	535
中型	3852	3148	2953	2832	3239	2596
小型	47267	20586	20601	17669	24500	15027
微型	4475	557	657	534	921	367
按登记注册类型分组						
内资企业	51993	22818	22482	19754	26894	16947
国有企业	48	13	12	10	15	12
集体企业	17	1	5	3	4	1
股份合作企业	321	110	85	81	139	55
有限责任公司	3172	1517	1408	1252	1554	1261
国有独资公司	167	31	30	21	26	34
其他有限责任公司	3005	1486	1378	1231	1528	1227
股份有限公司	925	720	700	670	749	680
私营企业	47502	20456	20271	17738	24433	14937
私营独资企业	967	136	109	25	192	30
私营合伙企业	194	37	33	1	41	6
私营有限责任公司	42135	17916	17318	15653	21301	13085
私营股份有限公司	4206	2367	2811	2059	2899	1816
其他企业	3					
港、澳、台商投资企业	1816	948	1037	790	1055	697
合资经营企业（港或澳、台资）	785	439	446	357	467	314
合作经营企业（港或澳、台资）	14	7	7	4	7	5
港、澳、台商独资经营企业	898	407	489	346	484	295
港、澳、台商投资股份有限公司	110	89	88	78	93	78
其他港澳台投资企业	9	6	7	5	4	5
外商投资企业	2441	1105	1225	1023	1305	881

指标名称	单位数（个）	#有 R&D 活动	#有研发机构	#享受研究开发费用加计扣除	#有新产品销售	#有专利申请
中外合资经营企业	954	490	505	441	558	407
中外合作经营企业	18	10	9	9	8	6
外资企业	1368	528	638	506	651	394
外商投资股份有限公司	94	73	69	64	83	69
其他外商投资企业	7	4	4	3	5	5
按国民经济行业大类分组						
采矿业	151	24	22	24	24	14
煤炭开采和洗选业	1					
黑色金属矿采选业	3					
有色金属矿采选业	9	1	2		1	
非金属矿采选业	138	23	20	24	23	14
制造业	55288	24686	24593	21399	29186	18380
农副食品加工业	746	209	220	170	254	104
食品制造业	443	158	190	154	209	135
酒、饮料和精制茶制造业	214	49	58	62	97	42
烟草制品业	1	1	1		1	1
纺织业	5194	1572	2113	1302	2473	968
纺织服装、服饰业	2519	770	744	394	936	306
皮革、毛皮、羽毛及其制品和制鞋业	1763	784	581	445	1093	309
木材加工和木、竹、藤、棕、草制品业	667	218	190	184	238	146
家具制造业	1145	449	392	391	556	374
造纸和纸制品业	1073	361	426	355	486	310
印刷和记录媒介复制业	891	404	362	297	405	234
文教、工美、体育和娱乐用品制造业	1693	510	581	591	843	502
石油、煤炭及其他燃料加工业	82	19	24	24	27	18
化学原料和化学制品制造业	1883	862	951	925	1051	755
医药制造业	607	442	408	392	405	343
化学纤维制造业	732	297	301	212	337	148
橡胶和塑料制品业	3821	1717	1638	1400	1878	1141
非金属矿物制品业	2505	823	921	764	940	654

指标名称	单位数（个）	#有 R&D 活动	#有研发机构	#享受研究开发费用加计扣除	#有新产品销售	#有专利申请
黑色金属冶炼和压延加工业	659	229	227	209	281	170
有色金属冶炼和压延加工业	795	225	216	212	291	147
金属制品业	4503	1910	1787	1628	2103	1330
通用设备制造业	6842	3604	3362	3267	4100	2823
专用设备制造业	2981	1726	1612	1542	1874	1406
汽车制造业	2760	1569	1491	1445	1715	1166
铁路、船舶、航空航天和其他运输设备制造业	839	441	368	369	448	323
电气机械和器材制造业	5788	2952	3032	2635	3480	2466
计算机、通信和其他电子设备制造业	2446	1481	1529	1242	1656	1291
仪器仪表制造业	973	620	611	605	704	591
其他制造业	472	200	182	118	237	129
废弃资源综合利用业	188	66	62	51	63	39
金属制品、机械和设备修理业	63	18	13	14	5	9
电力、热力、燃气及水生产和供应业	811	161	129	144	44	131
电力、热力生产和供应业	464	108	84	101	26	95
燃气生产和供应业	135	25	22	18	3	10
水的生产和供应业	212	28	23	25	15	26
按地区分组						
杭州市	6798	2942	2933	3022	3552	2980
宁波市	10340	4206	4751	4006	4789	3238
温州市	8648	3621	3922	3061	5125	2824
嘉兴市	6595	2688	4876	1967	4026	2020
湖州市	4032	1640	1613	1465	1857	1315
绍兴市	5259	2855	1902	1798	2841	1491
金华市	5611	2394	1938	2330	2748	1894
衢州市	1365	704	585	652	650	498
舟山市	464	178	194	115	121	113
台州市	5546	2888	1515	2438	2646	1520
丽水市	1590	754	514	712	898	630

指标名称	从业人员期末人数（人）	从业人员平均人数（人）	资产总计（亿元）	营业收入（亿元）	主营业务收入（亿元）	利润总额（亿元）	工业总产值（亿元）
总计	7444453	7547060	128242.86	109162.18	104367.57	6024.88	102648.46
按企业规模分组							
大型	1442281	1446563	41425.63	34459.91	32668.75	2147.80	31589.64
中型	1925817	1952472	35489.77	28121.97	26667.97	1768.22	26289.08
小型	4025350	4080434	46582.55	42716.77	41515.82	1875.99	41162.22
微型	51005	67591	4744.92	3863.54	3515.03	232.87	3607.52
按登记注册类型分组							
内资企业	6296031	6363091	102593.94	87811.16	84047.44	4483.96	82855.70
国有企业	11055	11287	453.79	325.04	316.74	9.85	313.06
集体企业	2206	2237	581.94	27.06	26.13	5.37	26.64
股份合作企业	24210	24711	164.27	183.15	180.25	8.77	185.31
有限责任公司	681709	669141	29571.92	24189.24	22592.60	873.95	21453.23
国有独资公司	63061	62306	5618.92	5276.09	4894.72	130.20	4865.27
其他有限责任公司	618648	606835	23953.01	18913.15	17697.89	743.75	16587.96
股份有限公司	538241	543524	18950.61	11098.63	10506.79	1123.25	10268.53
私营企业	5037921	5111520	52848.04	51977.65	50414.58	2462.38	50598.47
私营独资企业	55172	55767	305.64	376.06	371.17	8.65	382.37
私营合伙企业	10225	10280	52.82	68.00	67.11	1.49	69.48
私营有限责任公司	4297030	4354761	42533.42	44149.07	42916.33	1888.95	43035.19
私营股份有限公司	675494	690712	9956.17	7384.52	7059.97	563.30	7111.43
其他企业	208	208	3.62	4.17	4.17	0.36	4.33
港、澳、台商投资企业	508109	529216	11370.63	8596.05	8278.10	573.56	8102.38
合资经营企业（港或澳、台资）	190148	200119	4178.56	3916.87	3809.93	140.64	3772.13
合作经营企业（港或澳、台资）	3012	3212	91.51	116.16	113.72	3.31	113.74
港、澳、台商独资经营企业	217718	230248	3952.97	3326.33	3204.46	246.94	3071.00
港、澳、台商投资股份有限公司	94301	92812	3118.11	1208.47	1122.70	178.80	1112.45
其他港澳台投资企业	2930	2825	29.48	28.22	27.29	3.87	33.06
外商投资企业	640313	654753	14278.29	12754.96	12042.03	967.36	11690.37
中外合资经营企业	241102	246190	5092.80	4541.90	4353.42	355.38	4281.93

指标名称	从业人员期末人数（人）	从业人员平均人数（人）	资产总计（亿元）	营业收入（亿元）	主营业务收入（亿元）	利润总额（亿元）	工业总产值（亿元）
中外合作经营企业	2528	2535	30.49	35.76	35.41	-1.90	35.60
外资企业	333848	344390	6553.94	6771.71	6505.30	467.07	6326.69
外商投资股份有限公司	61434	60256	2567.37	1366.39	1109.45	147.53	1016.38
其他外商投资企业	1401	1382	33.70	39.20	38.45	-0.71	29.77
按国民经济行业大类分组							
采矿业	8869	9002	875.79	216.61	213.51	38.42	218.44
煤炭开采和洗选业	27	28	0.43	0.42	0.42	0.02	0.53
黑色金属矿采选业	156	141	1.73	0.78	0.78	0.02	1.40
有色金属矿采选业	704	745	9.86	5.18	5.17	-0.21	5.17
非金属矿采选业	7982	8088	863.77	210.23	207.13	38.59	211.34
制造业	7311076	7414490	113768.32	100987.74	96307.18	5711.85	94714.64
农副食品加工业	72115	70516	1053.47	1255.17	1222.78	31.33	1143.08
食品制造业	73835	70229	933.18	740.97	719.83	50.79	684.66
酒、饮料和精制茶制造业	33687	33717	653.14	540.98	503.69	59.53	473.32
烟草制品业	3421	3445	492.76	974.48	617.97	76.53	619.64
纺织业	558480	570955	5280.65	4631.23	4481.08	185.31	4621.40
纺织服装、服饰业	366850	375862	2706.12	2315.60	2257.36	83.64	2318.34
皮革、毛皮、羽毛及其制品和制鞋业	216188	217305	1032.48	1006.22	989.32	31.22	1048.10
木材加工和木、竹、藤、棕、草制品业	63145	65960	590.78	499.21	476.01	23.75	463.00
家具制造业	183490	194529	1383.09	1183.26	1147.49	70.92	1085.19
造纸和纸制品业	110635	111688	2035.32	1666.43	1591.12	62.94	1603.89
印刷和记录媒介复制业	89372	90901	859.40	726.40	707.44	34.33	705.74
文教、工美、体育和娱乐用品制造业	210119	222257	1553.40	1543.38	1520.04	80.04	1537.57
石油、煤炭及其他燃料加工业	11066	10827	993.93	2222.32	2170.67	60.33	2224.22
化学原料和化学制品制造业	229364	226539	12690.16	11196.31	10758.94	617.43	10668.28
医药制造业	177145	174306	4382.66	2431.88	2377.50	467.29	2534.35
化学纤维制造业	123329	129218	4311.51	4106.79	3833.24	59.44	3255.15
橡胶和塑料制品业	383485	389123	3900.14	3853.87	3678.73	198.75	3623.95
非金属矿物制品业	225059	226338	5245.60	4028.26	3918.08	273.29	3942.72

指标名称	从业人员期末人数（人）	从业人员平均人数（人）	资产总计（亿元）	营业收入（亿元）	主营业务收入（亿元）	利润总额（亿元）	工业总产值（亿元）
黑色金属冶炼和压延加工业	62064	62290	1641.69	2306.73	2237.96	69.24	2193.35
有色金属冶炼和压延加工业	70001	70483	1771.96	4129.14	3715.61	32.47	3470.21
金属制品业	494966	505069	4371.05	4647.93	4531.43	236.48	4497.60
通用设备制造业	801534	812614	9191.69	7578.91	7388.91	580.63	7280.33
专用设备制造业	357516	359576	4677.13	3174.13	3082.40	294.74	3166.86
汽车制造业	509277	505516	10383.98	7405.87	7104.27	393.86	7008.61
铁路、船舶、航空航天和其他运输设备制造业	111274	114715	1585.38	1211.53	1174.64	42.62	1202.74
电气机械和器材制造业	877084	895103	13605.50	13242.17	12137.45	660.33	11644.31
计算机、通信和其他电子设备制造业	632920	643700	12759.43	9531.94	9191.24	670.40	8930.56
仪器仪表制造业	171925	169235	2607.25	1652.53	1615.09	211.21	1629.00
其他制造业	56767	58448	382.49	349.12	344.22	12.99	345.42
废弃资源综合利用业	15524	15555	448.94	689.06	669.80	27.56	651.87
金属制品、机械和设备修理业	19439	18471	244.04	145.95	142.88	12.49	141.17
电力、热力、燃气及水生产和供应业	124508	123568	13598.75	7957.82	7846.88	274.62	7715.38
电力、热力生产和供应业	82549	82338	10692.65	6396.31	6351.24	222.31	6270.86
燃气生产和供应业	12250	12176	752.58	1206.65	1171.95	35.58	1142.87
水的生产和供应业	29709	29054	2153.52	354.86	323.69	16.73	301.65
按地区分组							
杭州市	1080093	1082228	26940.64	20279.97	19445.12	1494.69	17589.54
宁波市	1606298	1649585	25491.07	24494.85	23596.43	1388.49	23575.08
温州市	849005	852030	8756.75	7147.46	6998.78	363.01	7418.71
嘉兴市	914720	932537	16989.21	14749.24	14148.07	696.54	13784.58
湖州市	451034	457995	7688.22	7401.96	6607.97	357.53	6475.71
绍兴市	662655	665361	11106.66	8315.12	7798.68	547.14	8586.87
金华市	654886	673222	7362.57	7034.16	6855.34	271.69	6530.40
衢州市	177055	174907	3580.05	3041.06	2885.88	165.10	2762.92
舟山市	81616	79584	4871.63	3406.21	3368.35	101.86	3321.11
台州市	750835	763209	9372.44	6908.12	6702.30	403.92	6580.01
丽水市	177173	177510	2193.15	2081.27	2018.40	120.87	2087.50

3–3　规模以上工业企业 R&D 人员情况（2022）

指标名称	R&D 人员合计（人）	#参加项目人员	管理和服务人员	#女性	#研究人员	#全时人员	非全时人员
总计	**672916**	**638218**	**34698**	**150637**	**138297**	**449308**	**223608**
按企业规模分组							
大型	168001	161305	6696	38970	49362	113675	54326
中型	197472	188526	8946	44910	38767	133401	64071
小型	304145	285275	18870	66039	49445	200488	103657
微型	3298	3112	186	718	723	1744	1554
按登记注册类型分组							
内资企业	561401	531557	29844	124095	106742	374668	186733
国有企业	641	607	34	95	171	416	225
集体企业	12	12		4			12
股份合作企业	1455	1384	71	262	213	943	512
有限责任公司	63734	60542	3192	12637	16876	40567	23167
国有独资公司	982	887	95	163	290	493	489
其他有限责任公司	62752	59655	3097	12474	16586	40074	22678
股份有限公司	75890	72340	3550	17240	23206	55121	20769
私营企业	419668	396671	22997	93857	66276	277620	142048
私营独资企业	1082	1017	65	298	164	534	548
私营合伙企业	195	177	18	38	34	97	98
私营有限责任公司	343477	324257	19220	77502	52529	228021	115456
私营股份有限公司	74914	71220	3694	16019	13549	48968	25946
港、澳、台商投资企业	55062	53094	1968	12603	14582	39628	15434
合资经营企业（港或澳、台资）	16695	15985	710	4194	3121	11024	5671
合作经营企业（港或澳、台资）	334	320	14	79	92	273	61
港、澳、台商独资经营企业	20733	19869	864	4886	4660	14633	6100
港、澳、台商投资股份有限公司	16972	16608	364	3380	6634	13436	3536
其他港澳台投资企业	328	312	16	64	75	262	66
外商投资企业	56453	53567	2886	13939	16973	35012	21441

指标名称	R&D 人员合计（人）	#参加项目人员	管理和服务人员	#女性	#研究人员	#全时人员	非全时人员
中外合资经营企业	23539	22499	1040	5914	6548	15806	7733
中外合作经营企业	295	283	12	73	53	155	140
外资企业	25309	23928	1381	6138	7951	13819	11490
外商投资股份有限公司	7162	6719	443	1754	2354	5100	2062
其他外商投资企业	148	138	10	60	67	132	16
按国民经济行业大类分组							
采矿业	519	473	46	46	94	219	300
有色金属矿采选业	7	7		1	1	6	1
非金属矿采选业	512	466	46	45	93	213	299
制造业	669155	634738	34417	150306	137463	447689	221466
农副食品加工业	2561	2343	218	836	447	1599	962
食品制造业	3536	3335	201	1369	688	1758	1778
酒、饮料和精制茶制造业	1068	994	74	301	197	461	607
烟草制品业	80	76	4	23	40	28	52
纺织业	39772	37427	2345	13629	5129	24381	15391
纺织服装、服饰业	14747	13944	803	7560	1935	10030	4717
皮革、毛皮、羽毛及其制品和制鞋业	13825	12972	853	5068	1149	8714	5111
木材加工和木、竹、藤、棕、草制品业	4762	4483	279	1163	678	2858	1904
家具制造业	13944	13048	896	3536	1595	9362	4582
造纸和纸制品业	7853	7328	525	1406	841	5326	2527
印刷和记录媒介复制业	6372	6003	369	1688	758	4066	2306
文教、工美、体育和娱乐用品制造业	11976	11349	627	3764	1651	7917	4059
石油、煤炭及其他燃料加工业	267	255	12	40	82	120	147
化学原料和化学制品制造业	23600	22381	1219	5454	6349	15993	7607
医药制造业	22620	21428	1192	10241	8462	15980	6640
化学纤维制造业	13133	12574	559	3648	1371	7422	5711
橡胶和塑料制品业	30101	28333	1768	6816	4033	19561	10540
非金属矿物制品业	16972	15821	1151	2767	2668	10210	6762

指标名称	R&D人员合计（人）	#参加项目人员	管理和服务人员	#女性	#研究人员	#全时人员	非全时人员
黑色金属冶炼和压延加工业	5423	5188	235	529	778	3375	2048
有色金属冶炼和压延加工业	6694	6307	387	1103	1128	3937	2757
金属制品业	37424	35309	2115	6887	4556	24182	13242
通用设备制造业	80504	76281	4223	12915	15544	54681	25823
专用设备制造业	37803	36011	1792	5495	9046	27044	10759
汽车制造业	54175	51717	2458	8557	11286	37042	17133
铁路、船舶、航空航天和其他运输设备制造业	11951	11275	676	1911	1955	8055	3896
电气机械和器材制造业	89081	84556	4525	18487	16583	60563	28518
计算机、通信和其他电子设备制造业	88481	84951	3530	19460	29324	62085	26396
仪器仪表制造业	25099	24088	1011	4473	8497	17665	7434
其他制造业	3568	3338	230	970	463	2267	1301
废弃资源综合利用业	1250	1137	113	197	178	747	503
金属制品、机械和设备修理业	513	486	27	13	52	260	253
电力、热力、燃气及水生产和供应业	3242	3007	235	285	740	1400	1842
电力、热力生产和供应业	2384	2229	155	173	510	997	1387
燃气生产和供应业	516	459	57	56	128	174	342
水的生产和供应业	342	319	23	56	102	229	113
按地区分组							
杭州市	121852	115691	6161	27856	40670	88961	32891
宁波市	134225	130924	3301	27472	28865	94117	40108
温州市	70404	66559	3845	14795	10670	51209	19195
嘉兴市	73946	70028	3918	17949	11813	45618	28328
湖州市	41368	39253	2115	9217	7553	29368	12000
绍兴市	64041	59148	4893	15114	13970	40345	23696
金华市	60092	56395	3697	15423	8421	36094	23998
衢州市	15313	14345	968	3331	2450	8638	6675
舟山市	4692	4404	288	718	833	2477	2215
台州市	71931	67167	4764	15647	11087	43777	28154
丽水市	14972	14228	744	3092	1925	8676	6296

指标名称	R&D 人员折合全时当量合计（人年）	#研究人员	按活动类型分组		
			基础研究人员	应用研究人员	试验发展人员
总计	**519168**	**108388**	**419**	**5439**	**513311**
按企业规模分组					
大型	128150	39060	269	2325	125556
中型	154002	30442	7	1321	152674
小型	234737	38344	144	1768	232825
微型	2280	542		24	2256
按登记注册类型分组					
内资企业	432050	83263	209	4673	427168
国有企业	444	128			444
集体企业	8				8
股份合作企业	1111	165		7	1105
有限责任公司	46666	12677	22	659	45985
国有独资公司	622	204		9	613
其他有限责任公司	46044	12473	22	650	45372
股份有限公司	59281	18629	65	862	58353
私营企业	324540	51664	122	3146	321273
私营独资企业	785	116	1		784
私营合伙企业	149	28			149
私营有限责任公司	266486	41037	121	2777	263588
私营股份有限公司	57121	10484		368	56752
港、澳、台商投资企业	43417	11513		230	43187
合资经营企业（港或澳、台资）	13080	2545		53	13028
合作经营企业（港或澳、台资）	281	78			281
港、澳、台商独资经营企业	16905	3836		70	16835
港、澳、台商投资股份有限公司	12947	5010		78	12869
其他港澳台投资企业	204	45		30	174
外商投资企业	43702	13611	210	536	42956
中外合资经营企业	18093	5230	179	229	17685

指标名称	R&D人员折合全时当量合计（人年）	#研究人员	按活动类型分组		
			基础研究人员	应用研究人员	试验发展人员
中外合作经营企业	214	40			214
外资企业	19858	6521	32	9	19818
外商投资股份有限公司	5424	1769		298	5126
其他外商投资企业	113	51			113
按国民经济行业大类分组					
采矿业	330	58		2	327
有色金属矿采选业	6	1			6
非金属矿采选业	323	57		2	321
制造业	516963	107923	419	5402	511142
农副食品加工业	1887	340	14	23	1849
食品制造业	2260	488		24	2236
酒、饮料和精制茶制造业	734	136		32	703
烟草制品业	36	18		7	30
纺织业	30379	3905		242	30137
纺织服装、服饰业	11631	1508	9	10	11613
皮革、毛皮、羽毛及其制品和制鞋业	10499	903	4	37	10458
木材加工和木、竹、藤、棕、草制品业	3669	532		89	3580
家具制造业	10765	1254		337	10428
造纸和纸制品业	6044	662		75	5969
印刷和记录媒介复制业	4976	595		139	4837
文教、工美、体育和娱乐用品制造业	9294	1250	11	41	9243
石油、煤炭及其他燃料加工业	202	60		10	192
化学原料和化学制品制造业	18435	5011	1	309	18126
医药制造业	17515	6602	28	334	17153
化学纤维制造业	9411	1059	8	17	9386
橡胶和塑料制品业	23394	3134	3	124	23266
非金属矿物制品业	12739	2101	16	171	12552
黑色金属冶炼和压延加工业	4250	602		73	4177

指标名称	R&D 人员折合全时当量合计（人年）	# 研究人员	按活动类型分组		
			基础研究人员	应用研究人员	试验发展人员
有色金属冶炼和压延加工业	4789	807		50	4740
金属制品业	28776	3530		188	28588
通用设备制造业	62771	12173	7	549	62216
专用设备制造业	29985	7120	6	157	29821
汽车制造业	41499	8868		284	41215
铁路、船舶、航空航天和其他运输设备制造业	9022	1488		92	8930
电气机械和器材制造业	68769	12840	42	445	68282
计算机、通信和其他电子设备制造业	69726	23726	212	957	68557
仪器仪表制造业	19522	6681	59	548	18916
其他制造业	2713	361		14	2699
废弃资源综合利用业	908	127		24	884
金属制品、机械和设备修理业	362	40		1	361
电力、热力、燃气及水生产和供应业	1876	407		35	1841
电力、热力生产和供应业	1353	260		27	1327
燃气生产和供应业	268	68			268
水的生产和供应业	255	79		8	247
按地区分组					
杭州市	96427	32729	105	2282	94040
宁波市	108380	23164		163	108217
温州市	56551	8629		197	56354
嘉兴市	54250	8897	12	595	53643
湖州市	32846	6066	11	328	32508
绍兴市	46959	10334	239	387	46333
金华市	45281	6457	33	425	44824
衢州市	10342	1704	1	306	10035
舟山市	3267	577		55	3211
台州市	53951	8383	3	556	53392
丽水市	10879	1431	16	138	10724

3-4 规模以上工业企业 R&D 经费情况（2022）

单位：亿元

指标名称	R&D经费内部支出合计	按活动类型分组		
		基础研究支出	应用研究支出	试验发展支出
总计	**1768.06**	**9.50**	**19.45**	**1739.10**
按企业规模分组				
大型	591.54	9.15	11.55	570.84
中型	511.47	0.01	3.65	507.81
小型	657.40	0.34	4.10	652.95
微型	7.65		0.15	7.50
按登记注册类型分组				
内资企业	1408.25	4.83	16.63	1386.79
国有企业	2.49			2.49
集体企业	0.01			0.01
股份合作企业	2.85		0.01	2.84
有限责任公司	226.09	0.09	4.49	221.50
国有独资公司	2.21		0.19	2.02
其他有限责任公司	223.88	0.09	4.30	219.48
股份有限公司	248.84	2.57	2.99	243.28
私营企业	927.96	2.17	9.14	916.66
私营独资企业	1.76	0.01		1.75
私营合伙企业	0.31			0.31
私营有限责任公司	754.86	2.02	8.28	744.57
私营股份有限公司	171.02	0.14	0.86	170.03
港、澳、台商投资企业	175.62		0.89	174.74
合资经营企业（港或澳、台资）	45.09		0.09	45.00
合作经营企业（港或澳、台资）	0.83			0.83
港、澳、台商独资经营企业	57.35		0.09	57.26
港、澳、台商投资股份有限公司	71.40		0.58	70.82
其他港澳台投资企业	0.95		0.12	0.83

单位：亿元

指标名称	R&D经费内部支出合计	按活动类型分组		
		基础研究支出	应用研究支出	试验发展支出
外商投资企业	184.18	4.67	1.94	177.57
中外合资经营企业	73.76	1.17	0.94	71.65
中外合作经营企业	0.57			0.57
外资企业	86.42	3.50	0.05	82.87
外商投资股份有限公司	22.25		0.95	21.29
其他外商投资企业	1.19			1.19
按国民经济行业大类分组				
采矿业	1.33		0.02	1.31
有色金属矿采选业	0.02			0.02
非金属矿采选业	1.31		0.02	1.28
制造业	1755.82	9.50	19.25	1727.07
农副食品加工业	6.02	0.02	0.09	5.91
食品制造业	6.16		0.03	6.13
酒、饮料和精制茶制造业	1.71		0.08	1.63
烟草制品业	0.53		0.17	0.35
纺织业	68.73		0.59	68.13
纺织服装、服饰业	23.44	0.02	0.02	23.41
皮革、毛皮、羽毛及其制品和制鞋业	17.29	0.02	0.05	17.22
木材加工和木、竹、藤、棕、草制品业	9.96		0.16	9.80
家具制造业	22.44		0.96	21.48
造纸和纸制品业	19.30		0.26	19.03
印刷和记录媒介复制业	12.85		0.30	12.55
文教、工美、体育和娱乐用品制造业	17.57	0.02	0.13	17.41
石油、煤炭及其他燃料加工业	0.83		0.02	0.81
化学原料和化学制品制造业	103.67	0.02	3.35	100.30
医药制造业	83.25	0.57	2.15	80.53
化学纤维制造业	51.76	0.02	0.10	51.64
橡胶和塑料制品业	75.08		0.30	74.78
非金属矿物制品业	38.00	0.02	0.43	37.55

单位：亿元

指标名称	R&D经费内部支出合计	按活动类型分组		
		基础研究支出	应用研究支出	试验发展支出
黑色金属冶炼和压延加工业	22.19		0.20	21.99
有色金属冶炼和压延加工业	18.27		0.05	18.22
金属制品业	81.62		0.35	81.27
通用设备制造业	187.92	0.01	1.55	186.36
专用设备制造业	97.34	0.12	0.46	96.76
汽车制造业	134.15		0.69	133.45
铁路、船舶、航空航天和其他运输设备制造业	30.96		0.42	30.54
电气机械和器材制造业	256.78	0.38	1.62	254.78
计算机、通信和其他电子设备制造业	298.95	8.02	2.63	288.30
仪器仪表制造业	57.52	0.26	1.99	55.27
其他制造业	5.28		0.03	5.25
废弃资源综合利用业	5.43		0.04	5.39
金属制品、机械和设备修理业	0.82		0.02	0.79
电力、热力、燃气及水生产和供应业	10.91		0.18	10.73
电力、热力生产和供应业	9.20		0.14	9.06
燃气生产和供应业	0.96			0.96
水的生产和供应业	0.76		0.04	0.72
按地区分组				
杭州市	369.68	7.98	8.53	353.17
宁波市	364.73		0.31	364.41
温州市	158.35		0.59	157.76
嘉兴市	212.02	0.05	1.39	210.58
湖州市	115.11	0.02	0.70	114.38
绍兴市	194.71	1.31	0.91	192.49
金华市	117.01	0.10	1.34	115.57
衢州市	34.73	0.02	0.89	33.83
舟山市	32.44		2.93	29.51
台州市	137.97	0.01	1.53	136.43
丽水市	31.32	0.02	0.17	31.13

单位：亿元

指标名称	R&D经费内部支出合计				
	按支出用途分组				
	经常费支出	#人员劳务费	资产性支出	#土地和建筑物	仪器和设备
总计	**1658.92**	**601.50**	**109.14**	**2.70**	**106.44**
按企业规模分组					
大型	558.72	219.04	32.83	0.81	32.01
中型	476.60	173.91	34.87	0.84	34.04
小型	616.37	207.14	41.03	1.05	39.98
微型	7.24	1.41	0.41		0.41
按登记注册类型分组					
内资企业	1318.12	450.04	90.14	2.11	88.02
国有企业	2.47	0.77	0.03		0.03
集体企业	0.01	0.01			
股份合作企业	2.75	1.00	0.10	0.01	0.09
有限责任公司	210.73	61.01	15.36	0.61	14.75
国有独资公司	2.18	1.05	0.03		0.03
其他有限责任公司	208.55	59.97	15.33	0.61	14.72
股份有限公司	208.55	85.14	14.39	0.26	14.13
私营企业	867.71	302.10	60.25	1.23	59.02
私营独资企业	1.67	0.48	0.09		0.09
私营合伙企业	0.31	0.10	0.01		0.01
私营有限责任公司	706.28	242.03	48.58	1.01	47.57
私营股份有限公司	159.46	59.49	11.56	0.22	11.35
港、澳、台商投资企业	164.24	73.32	11.39	0.19	11.20
合资经营企业（港或澳、台资）	42.73	15.04	2.36	0.05	2.31
合作经营企业（港或澳、台资）	0.77	0.38	0.06		0.06
港、澳、台商独资经营企业	53.86	22.33	3.49	0.05	3.44
港、澳、台商投资股份有限公司	65.94	35.21	5.46	0.07	5.38
其他港澳台投资企业	0.94	0.37	0.01	0.01	
外商投资企业	176.57	78.14	7.62	0.40	7.22
中外合资经营企业	70.84	25.77	2.92	0.04	2.88

指标名称	R&D经费内部支出合计				
	按支出用途分组				
	经常费支出	#人员劳务费	资产性支出	#土地和建筑物	仪器和设备
中外合作经营企业	0.54	0.25	0.03		0.03
外资企业	82.96	43.63	3.45	0.22	3.23
外商投资股份有限公司	21.03	8.39	1.22	0.14	1.08
其他外商投资企业	1.19	0.10			
按国民经济行业大类分组					
采矿业	1.27	0.36	0.06		0.06
有色金属矿采选业	0.02	0.01			
非金属矿采选业	1.25	0.35	0.06		0.06
制造业	1647.79	598.58	108.02	2.66	105.37
农副食品加工业	5.80	1.23	0.22		0.22
食品制造业	5.59	2.52	0.57	0.05	0.52
酒、饮料和精制茶制造业	1.66	0.73	0.05		0.05
烟草制品业	0.52	0.37			
纺织业	62.33	24.06	6.39	0.10	6.29
纺织服装、服饰业	22.98	8.70	0.46	0.01	0.45
皮革、毛皮、羽毛及其制品和制鞋业	16.81	6.40	0.48	0.01	0.47
木材加工和木、竹、藤、棕、草制品业	9.62	2.84	0.34	0.01	0.33
家具制造业	21.58	8.68	0.86	0.02	0.84
造纸和纸制品业	18.26	5.26	1.04	0.01	1.03
印刷和记录媒介复制业	11.65	3.82	1.20	0.03	1.17
文教、工美、体育和娱乐用品制造业	16.90	7.98	0.67	0.03	0.64
石油、煤炭及其他燃料加工业	0.79	0.40	0.04		0.04
化学原料和化学制品制造业	96.84	25.79	6.83	0.26	6.57
医药制造业	75.67	25.27	7.58	0.09	7.49
化学纤维制造业	49.63	7.20	2.14	0.03	2.10
橡胶和塑料制品业	70.07	19.19	5.01	0.13	4.88
非金属矿物制品业	36.08	11.31	1.92	0.04	1.87
黑色金属冶炼和压延加工业	21.01	4.46	1.18	0.02	1.16

指标名称	R&D 经费内部支出合计				
	按支出用途分组				
	经常费支出	# 人员劳务费	资产性支出	# 土地和建筑物	仪器和设备
有色金属冶炼和压延加工业	17.03	3.99	1.25	0.01	1.24
金属制品业	76.32	23.02	5.30	0.06	5.24
通用设备制造业	177.28	66.90	10.64	0.24	10.40
专用设备制造业	91.69	38.67	5.66	0.09	5.56
汽车制造业	124.79	54.47	9.35	0.23	9.13
铁路、船舶、航空航天和其他运输设备制造业	29.54	8.77	1.42	0.05	1.37
电气机械和器材制造业	245.19	72.33	11.59	0.40	11.19
计算机、通信和其他电子设备制造业	278.18	132.64	20.77	0.62	20.15
仪器仪表制造业	52.93	28.39	4.58	0.08	4.50
其他制造业	5.23	2.09	0.06		0.05
废弃资源综合利用业	5.01	0.77	0.42	0.01	0.41
金属制品、机械和设备修理业	0.81	0.32			
电力、热力、燃气及水生产和供应业	9.85	2.56	1.06	0.04	1.01
电力、热力生产和供应业	8.20	1.99	1.00	0.04	0.96
燃气生产和供应业	0.95	0.30			
水的生产和供应业	0.70	0.28	0.06		0.06
按地区分组					
杭州市	348.80	171.61	20.88	0.50	20.38
宁波市	339.89	138.23	24.83	0.50	24.34
温州市	148.57	51.42	9.78	0.22	9.56
嘉兴市	203.00	54.98	9.01	0.57	8.44
湖州市	107.14	32.12	7.97	0.14	7.83
绍兴市	182.37	45.60	12.34	0.26	12.08
金华市	108.99	35.09	8.02	0.16	7.86
衢州市	30.45	9.67	4.28	0.14	4.15
舟山市	32.20	3.86	0.24	0.01	0.23
台州市	128.02	49.10	9.95	0.18	9.77
丽水市	29.49	9.45	1.82	0.02	1.80

单位：亿元

| 指标名称 | R&D 经费内部支出合计 | | | |
| | 按资金来源分组 | | | |
	政府资金	企业资金	境外资金	其他资金
总计	**20.01**	**1747.07**	**0.58**	**0.39**
按企业规模分组				
大型	5.05	586.28	0.18	0.03
中型	5.29	505.67	0.33	0.18
小型	9.50	647.64	0.07	0.17
微型	0.17	7.47		0.01
按登记注册类型分组				
内资企业	15.91	1391.89	0.10	0.35
国有企业		2.49		
集体企业		0.01		
股份合作企业	0.07	2.77		
有限责任公司	2.34	223.74		0.01
国有独资公司	0.06	2.15		
其他有限责任公司	2.28	221.58		0.01
股份有限公司	3.78	245.05		0.01
私营企业	9.71	917.82	0.10	0.33
私营独资企业	0.01	1.75		
私营合伙企业		0.31		
私营有限责任公司	7.73	746.83	0.10	0.20
私营股份有限公司	1.97	168.93		0.13
港、澳、台商投资企业	1.36	174.13	0.12	0.01
合资经营企业(港或澳、台资)	0.53	44.44	0.12	
合作经营企业(港或澳、台资)		0.83		
港、澳、台商独资经营企业	0.35	57.00		
港、澳、台商投资股份有限公司	0.48	70.92		
其他港澳台投资企业		0.95		
外商投资企业	2.74	181.05	0.36	0.04
中外合资经营企业	1.31	72.28	0.17	0.01

指标名称	R&D经费内部支出合计			
	按资金来源分组			
	政府资金	企业资金	境外资金	其他资金
中外合作经营企业		0.57		
外资企业	0.87	85.32	0.19	0.03
外商投资股份有限公司	0.56	21.69		
其他外商投资企业		1.19		
按国民经济行业大类分组				
采矿业	0.01	1.31		
有色金属矿采选业		0.02		
非金属矿采选业	0.01	1.29		
制造业	19.77	1735.07	0.58	0.39
农副食品加工业	0.16	5.87		
食品制造业	0.12	6.04		
酒、饮料和精制茶制造业	0.04	1.68		
烟草制品业		0.53		
纺织业	0.29	68.39		0.04
纺织服装、服饰业	0.30	23.13		0.01
皮革、毛皮、羽毛及其制品和制鞋业	0.03	17.25		
木材加工和木、竹、藤、棕、草制品业	0.09	9.87		
家具制造业	0.08	22.36		
造纸和纸制品业	0.20	19.09		
印刷和记录媒介复制业	0.10	12.75		
文教、工美、体育和娱乐用品制造业	0.16	17.41		
石油、煤炭及其他燃料加工业		0.83		
化学原料和化学制品制造业	1.21	102.46		
医药制造业	1.73	81.32	0.17	0.03
化学纤维制造业	0.37	51.38		0.01
橡胶和塑料制品业	0.59	74.43		0.06
非金属矿物制品业	0.33	37.66		
黑色金属冶炼和压延加工业	0.22	21.97		

指标名称	R&D 经费内部支出合计			
	按资金来源分组			
	政府资金	企业资金	境外资金	其他资金
有色金属冶炼和压延加工工业	0.60	17.67		
金属制品业	0.62	80.94	0.05	0.01
通用设备制造业	2.49	185.13	0.15	0.15
专用设备制造业	2.49	94.84		0.01
汽车制造业	0.62	133.49	0.03	
铁路、船舶、航空航天和其他运输设备制造业	0.30	30.66		
电气机械和器材制造业	1.83	254.92		0.03
计算机、通信和其他电子设备制造业	3.19	295.56	0.18	0.01
仪器仪表制造业	1.50	56.01		0.01
其他制造业	0.04	5.24		
废弃资源综合利用业	0.04	5.38		
金属制品、机械和设备修理业		0.82		
电力、热力、燃气及水生产和供应业	0.22	10.69		
电力、热力生产和供应业	0.20	9.00		
燃气生产和供应业		0.96		
水的生产和供应业	0.03	0.73		
按地区分组				
杭州市	5.16	364.28	0.21	0.03
宁波市	2.69	361.98	0.01	0.05
温州市	1.07	157.28		
嘉兴市	1.93	209.84	0.20	0.06
湖州市	0.87	114.23		
绍兴市	1.48	192.99	0.03	0.21
金华市	2.61	114.40		0.01
衢州市	1.25	33.48		
舟山市	0.15	32.29		
台州市	1.84	135.95	0.14	0.04
丽水市	0.96	30.36		0.01

指标名称	R&D 经费外部支出合计	对境内研究机构支出	对境内高等学校支出	对境内企业支出	对境外支出
总计	**121.68**	**19.58**	**7.18**	**83.42**	**11.49**
按企业规模分组					
大型	82.23	15.55	2.28	56.27	8.13
中型	20.72	1.98	2.02	14.62	2.10
小型	18.36	1.86	2.82	12.44	1.23
微型	0.37	0.19	0.05	0.09	0.04
按登记注册类型分组					
内资企业	73.61	18.70	6.10	43.81	4.99
国有企业	0.01		0.01		
集体企业					
股份合作企业	0.20		0.02	0.18	
有限责任公司	15.94	3.02	1.36	11.36	0.21
国有独资公司	0.10	0.04	0.04	0.01	
其他有限责任公司	15.84	2.98	1.31	11.34	0.21
股份有限公司	21.65	2.16	1.21	14.99	3.30
私营企业	35.80	13.52	3.51	17.29	1.49
私营独资企业	0.02		0.01	0.01	
私营合伙企业					
私营有限责任公司	30.43	12.90	2.40	14.59	0.55
私营股份有限公司	5.35	0.62	1.10	2.70	0.94
港、澳、台商投资企业	4.97	0.25	0.51	3.03	1.17
合资经营企业（港或澳、台资）	1.63	0.21	0.28	1.05	0.10
合作经营企业（港或澳、台资）	0.23		0.01	0.01	0.21
港、澳、台商独资经营企业	1.09	0.01	0.11	0.41	0.56
港、澳、台商投资股份有限公司	2.01	0.03	0.12	1.55	0.30
其他港澳台投资企业	0.01		0.01		
外商投资企业	43.10	0.63	0.57	36.58	5.33
中外合资经营企业	22.90	0.33	0.17	22.32	0.09

单位：亿元

指标名称	R&D经费外部支出合计	对境内研究机构支出	对境内高等学校支出	对境内企业支出	对境外支出
中外合作经营企业	0.11			0.11	
外资企业	14.57	0.19	0.29	11.93	2.17
外商投资股份有限公司	4.88	0.11	0.11	1.59	3.07
其他外商投资企业	0.63			0.63	
按国民经济行业大类分组					
采矿业	0.06		0.02	0.04	
有色金属矿采选业					
非金属矿采选业	0.06		0.02	0.04	
制造业	119.65	19.37	7.06	81.73	11.49
农副食品加工业	0.06		0.03	0.02	
食品制造业	0.48	0.12	0.08	0.22	0.06
酒、饮料和精制茶制造业	0.23		0.02	0.21	
烟草制品业	0.08	0.03	0.04	0.01	
纺织业	1.00	0.02	0.13	0.77	0.08
纺织服装、服饰业	0.16	0.03	0.06	0.06	0.01
皮革、毛皮、羽毛及其制品和制鞋业	0.05			0.05	
木材加工和木、竹、藤、棕、草制品业	0.04	0.01	0.01	0.02	
家具制造业	0.14		0.07	0.07	
造纸和纸制品业	0.26	0.15	0.10	0.01	
印刷和记录媒介复制业	0.14		0.03		0.11
文教、工美、体育和娱乐用品制造业	0.46		0.05	0.37	0.04
石油、煤炭及其他燃料加工业	0.21	0.03	0.05	0.01	0.13
化学原料和化学制品制造业	4.96	0.37	1.43	3.14	0.01
医药制造业	14.04	2.13	1.02	8.13	2.77
化学纤维制造业	0.33		0.16	0.16	
橡胶和塑料制品业	0.73	0.10	0.27	0.34	0.02
非金属矿物制品业	0.69	0.07	0.16	0.45	0.01
黑色金属冶炼和压延加工业	0.17	0.07	0.02	0.08	

指标名称	R&D经费外部支出合计	对境内研究机构支出	对境内高等学校支出	对境内企业支出	对境外支出
有色金属冶炼和压延加工业	0.06	0.02	0.04	0.01	
金属制品业	0.43	0.07	0.13	0.20	0.03
通用设备制造业	3.20	0.29	0.75	2.05	0.12
专用设备制造业	2.37	0.24	0.54	1.21	0.38
汽车制造业	53.27	13.97	0.23	37.62	1.45
铁路、船舶、航空航天和其他运输设备制造业	0.88	0.01	0.03	0.53	0.31
电气机械和器材制造业	11.90	0.38	0.58	7.84	3.10
计算机、通信和其他电子设备制造业	21.39	1.13	0.67	16.75	2.85
仪器仪表制造业	1.86	0.11	0.34	1.39	0.02
其他制造业	0.02		0.01		
废弃资源综合利用业	0.04		0.02	0.02	
金属制品、机械和设备修理业					
电力、热力、燃气及水生产和供应业	1.97	0.21	0.10	1.65	
电力、热力生产和供应业	1.89	0.21	0.09	1.59	
燃气生产和供应业	0.05			0.05	
水的生产和供应业	0.03	0.01	0.02	0.01	
按地区分组					
杭州市	25.75	1.33	1.52	19.52	3.38
宁波市	37.80	3.00	2.13	28.63	4.04
温州市	6.04	0.09	0.27	5.64	0.03
嘉兴市	8.99	0.94	0.39	7.10	0.56
湖州市	16.13	11.24	0.45	1.81	2.63
绍兴市	6.67	0.38	0.78	5.40	0.10
金华市	3.61	0.40	0.48	2.50	0.23
衢州市	1.42	0.18	0.30	0.94	
舟山市	0.13	0.01	0.03	0.10	
台州市	14.32	1.94	0.70	11.27	0.42
丽水市	0.74	0.05	0.08	0.51	0.10

3-5 规模以上工业企业办研发机构情况（2022）

指标名称	机构数（个）	企业在境外设立的研究开发机构数（个）	机构人员数（人）	#博士	#硕士	机构经费支出（亿元）	仪器和设备原价（亿元）
总计	**25401**	**521**	**744408**	**5198**	**41689**	**2627.18**	**1485.71**
按企业规模分组							
大型	726	56	178082	1754	21151	953.72	373.61
中型	3203	78	211112	1319	9847	738.91	452.32
小型	20815	257	351083	2069	10549	924.45	651.93
微型	657	130	4131	56	142	10.10	7.84
按登记注册类型分组							
内资企业	23025	465	616374	3757	28229	2034.52	1195.66
国有企业	12		690		15	3.61	2.76
集体企业	5		78	5	18	0.06	0.04
股份合作企业	85	3	1508	2	32	3.91	3.33
有限责任公司	1495	27	69538	527	5914	386.52	181.00
国有独资公司	31		1260	22	147	6.27	13.34
其他有限责任公司	1464	27	68278	505	5767	380.25	167.66
股份有限公司	886	50	83133	985	9496	357.61	196.60
私营企业	20541	385	461416	2238	12754	1282.73	811.87
私营独资企业	109	2	790	6	18	1.75	1.79
私营合伙企业	33	2	173		5	0.25	0.21
私营有限责任公司	17503	346	374997	1658	9796	1033.16	650.71
私营股份有限公司	2896	35	85456	574	2935	247.57	159.16
其他企业							
港、澳、台商投资企业	1074	25	64625	447	7000	284.20	161.62
合资经营企业（港或澳、台资）	457	4	19531	96	859	76.94	60.51
合作经营企业（港或澳、台资）	7		359	2	14	1.38	0.61
港、澳、台商独资经营企业	499	11	23716	87	1185	83.85	50.94
港、澳、台商投资股份有限公司	104	10	20661	256	4904	120.91	48.44
其他港澳台投资企业	7		358	6	38	1.13	1.13

指标名称	机构数（个）	企业在境外设立的研究开发机构数（个）	机构人员数（人）	#博士	#硕士	机构经费支出（亿元）	仪器和设备原价（亿元）
外商投资企业	1302	31	63409	994	6460	308.45	128.43
中外合资经营企业	535	9	26411	701	1903	129.42	49.18
中外合作经营企业	9		303	1	7	0.77	0.72
外资企业	670	7	29423	154	3776	144.69	60.63
外商投资股份有限公司	84	15	7094	123	736	32.95	17.83
其他外商投资企业	4		178	15	38	0.61	0.06
按国民经济行业大类分组							
采矿业	23		347	7	17	2.00	1.63
有色金属矿采选业	2		13			0.04	
非金属矿采选业	21		334	7	17	1.96	1.63
制造业	25246	521	740811	5181	41576	2610.91	1457.54
农副食品加工业	223	1	3707	41	217	9.50	6.23
食品制造业	198	2	4638	85	324	12.41	11.45
酒、饮料和精制茶制造业	60		1424	14	101	3.42	2.46
烟草制品业	1		210	13	69	2.55	4.03
纺织业	2131	16	42420	88	734	101.24	85.01
纺织服装、服饰业	754	9	17926	37	262	35.15	12.69
皮革、毛皮、羽毛及其制品和制鞋业	583	6	12945	27	77	19.61	8.22
木材加工和木、竹、藤、棕、草制品业	193	5	4524	64	92	10.35	6.31
家具制造业	399	7	11620	44	131	23.44	10.54
造纸和纸制品业	432	5	10983	43	171	42.70	38.48
印刷和记录媒介复制业	362	6	7474	25	99	17.19	18.01
文教、工美、体育和娱乐用品制造业	588	5	15225	47	193	29.56	13.74
石油、煤炭及其他燃料加工业	24		257	6	12	2.04	1.34
化学原料和化学制品制造业	998	25	29769	512	2450	234.50	117.23
医药制造业	471	13	24998	593	3774	117.68	75.57
化学纤维制造业	319	5	15577	67	207	62.66	41.93
橡胶和塑料制品业	1646	21	33378	138	617	93.72	66.37
非金属矿物制品业	944	8	19367	137	607	69.02	52.28

指标名称	机构数（个）	企业在境外设立的研究开发机构数（个）	机构人员数（人）	#博士	#硕士	机构经费支出（亿元）	仪器和设备原价（亿元）
黑色金属冶炼和压延加工业	231	2	5708	36	148	46.48	20.20
有色金属冶炼和压延加工业	237	3	5431	58	261	26.98	34.19
金属制品业	1809	139	40575	99	524	101.11	63.15
通用设备制造业	3447	51	85354	450	3994	243.07	150.21
专用设备制造业	1658	32	42891	303	2436	123.17	80.58
汽车制造业	1508	27	53995	655	1527	245.95	122.68
铁路、船舶、航空航天和其他运输设备制造业	375	3	12279	41	335	39.27	16.25
电气机械和器材制造业	3148	71	98427	455	3320	341.73	155.84
计算机、通信和其他电子设备制造业	1603	39	105092	873	15943	458.05	187.39
仪器仪表制造业	647	19	29379	207	2867	84.70	43.90
其他制造业	182	1	3304	13	36	5.76	2.72
废弃资源综合利用业	62		1409	9	43	6.75	7.07
金属制品、机械和设备修理业	13		525	1	5	1.18	1.49
电力、热力、燃气及水生产和供应业	132		3250	10	96	14.27	26.54
电力、热力生产和供应业	85		2278	6	62	12.28	20.48
燃气生产和供应业	22		547		7	0.93	4.31
水的生产和供应业	25		425	4	27	1.06	1.75
按地区分组							
杭州市	3147	65	141311	1358	21685	608.14	277.70
宁波市	4781	99	161758	1278	6393	578.27	342.85
温州市	3958	66	82675	251	1516	193.40	114.75
嘉兴市	4930	54	122271	568	3497	415.66	275.81
湖州市	1680	141	40551	417	1623	153.13	88.57
绍兴市	1985	44	50495	473	3146	187.95	99.38
金华市	1984	8	55346	231	1286	172.21	97.37
衢州市	624	7	15451	157	596	59.08	45.84
舟山市	194	3	6716	29	189	75.60	19.46
台州市	1588	33	54056	338	1475	138.45	98.23
丽水市	529	1	13568	85	214	42.73	21.73

3-6 规模以上工业企业自主知识产权保护情况（2022）

指标名称	专利 申请数（件）	发明专利	有效发明专利数 （件）	已被实施
总计	**171872**	**44941**	**146012**	**97481**
按企业规模分组				
大型	38112	15319	39528	25654
中型	35252	10649	35040	26595
小型	96630	18635	69888	44478
微型	1878	338	1556	754
按登记注册类型分组				
内资企业	148764	36982	117164	76781
国有企业	146	53	97	63
集体企业	5	1	5	1
股份合作企业	339	44	307	211
有限责任公司	15604	5882	13503	9087
国有独资公司	545	286	980	631
其他有限责任公司	15059	5596	12523	8456
股份有限公司	21559	9310	22931	16664
私营企业	111099	21692	80312	50755
私营独资企业	116	19	87	51
私营合伙企业	21		11	6
私营有限责任公司	92859	17340	62914	38792
私营股份有限公司	18103	4333	17300	11906
港、澳、台商投资企业	10366	3827	10043	7643
合资经营企业（港或澳、台资）	3091	1003	2962	2205
合作经营企业（港或澳、台资）	116	16	42	41
港、澳、台商独资经营企业	3699	1065	3122	2402
港、澳、台商投资股份有限公司	3407	1711	3829	2950
其他港澳台投资企业	53	32	88	45
外商投资企业	12742	4132	18805	13057

指标名称	专利申请数（件）	发明专利	有效发明专利数（件）	已被实施
中外合资经营企业	4549	1546	4976	3353
中外合作经营企业	35	4	64	16
外资企业	4294	1609	10545	7879
外商投资股份有限公司	3837	965	3197	1794
其他外商投资企业	27	8	23	15
按国民经济行业大类分组				
采矿业	88	20	113	76
有色金属矿采选业			3	3
非金属矿采选业	88	20	110	73
制造业	170617	44487	145072	96961
农副食品加工业	532	127	553	380
食品制造业	814	293	943	707
酒、饮料和精制茶制造业	212	52	333	195
烟草制品业	271	146	502	358
纺织业	6007	1094	4506	2710
纺织服装、服饰业	1927	360	1173	699
皮革、毛皮、羽毛及其制品和制鞋业	2163	201	814	399
木材加工和木、竹、藤、棕、草制品业	1034	261	809	426
家具制造业	4387	547	1909	1091
造纸和纸制品业	1785	377	1565	986
印刷和记录媒介复制业	1361	242	876	459
文教、工美、体育和娱乐用品制造业	4560	390	1860	1326
石油、煤炭及其他燃料加工业	139	70	223	164
化学原料和化学制品制造业	4820	2170	8322	5614
医药制造业	2888	1368	6270	3956
化学纤维制造业	1203	362	1032	628
橡胶和塑料制品业	7865	1402	5124	3279
非金属矿物制品业	4393	1005	3765	2479
黑色金属冶炼和压延加工业	1049	224	714	450

指标名称	专利 申请数（件）	发明专利	有效发明专利数 （件）	已被实施
有色金属冶炼和压延加工业	1362	406	975	702
金属制品业	10055	1424	5532	3580
通用设备制造业	23582	5793	17166	11428
专用设备制造业	12074	3169	11561	7977
汽车制造业	11162	2964	7534	5341
铁路、船舶、航空航天和其他运输设备 制造业	3555	660	1462	1091
电气机械和器材制造业	29191	6086	18873	11596
计算机、通信和其他电子设备制造业	23625	10346	32567	22784
仪器仪表制造业	7187	2725	7065	5361
其他制造业	1080	115	713	528
废弃资源综合利用业	295	104	279	221
金属制品、机械和设备修理业	39	4	52	46
电力、热力、燃气及水生产和供应业	1167	434	827	444
电力、热力生产和供应业	935	363	689	369
燃气生产和供应业	54	6	16	3
水的生产和供应业	178	65	122	72
按地区分组				
杭州市	38428	15053	44781	33173
宁波市	34390	8987	27975	17775
温州市	20756	2898	11607	5890
嘉兴市	18126	4569	15870	9445
湖州市	10798	2755	10543	7184
绍兴市	13893	3481	10699	7027
金华市	14306	2506	8101	5859
衢州市	3260	987	2679	2043
舟山市	682	168	555	425
台州市	12457	2665	10739	6956
丽水市	4478	705	1808	1346

指标名称	专利所有权转让及许可数（件）	专利所有权转让及许可收入（亿元）	拥有注册商标（件）	发表科技论文（篇）	形成国家或行业标准（项）
总计	**83199**	**28.14**	**179579**	**4666**	**5770**
按企业规模分组					
大型	490	2.95	45692	2114	1306
中型	1170	3.23	52300	1270	1987
小型	81417	19.90	80633	1264	2461
微型	122	2.05	954	18	16
按登记注册类型分组					
内资企业	82181	27.22	157030	4018	4969
国有企业			6	15	34
集体企业			26		
股份合作企业	17		93	14	13
有限责任公司	360	18.21	11448	1006	589
国有独资公司	2		353	115	14
其他有限责任公司	358	18.21	11095	891	575
股份有限公司	504	2.40	35398	1503	1263
私营企业	81300	6.61	110059	1480	3070
私营独资企业	4		115		
私营合伙企业			17		
私营有限责任公司	80914	6.43	85182	937	2274
私营股份有限公司	382	0.19	24745	543	796
港、澳、台商投资企业	656	0.61	11651	304	478
合资经营企业（港或澳、台资）	139		3919	119	148
合作经营企业（港或澳、台资）			76		4
港、澳、台商独资经营企业	479	0.29	3095	60	134
港、澳、台商投资股份有限公司	37	0.32	4489	119	185
其他港澳台投资企业	1		72	6	7
外商投资企业	362	0.31	10898	344	323
中外合资经营企业	119	0.11	3575	249	103

指标名称	专利所有权转让及许可数（件）	专利所有权转让及许可收入（亿元）	拥有注册商标（件）	发表科技论文（篇）	形成国家或行业标准（项）
中外合作经营企业			10		
外资企业	75	0.20	3762	46	90
外商投资股份有限公司	72		3525	47	128
其他外商投资企业	96		26	2	2
按国民经济行业大类分组					
采矿业	2		17	4	1
有色金属矿采选业					
非金属矿采选业	2		17	4	1
制造业	83150	27.94	179519	4434	5766
农副食品加工业	90		2911	38	47
食品制造业	20		6153	44	42
酒、饮料和精制茶制造业	1		1794	24	9
烟草制品业			268	56	
纺织业	82	0.19	4317	44	119
纺织服装、服饰业	74		9513	12	57
皮革、毛皮、羽毛及其制品和制鞋业	8	0.03	5086		61
木材加工和木、竹、藤、棕、草制品业	40	0.02	2572	43	101
家具制造业	191	0.20	5447	28	57
造纸和纸制品业	97		1699	72	76
印刷和记录媒介复制业	74		750	7	43
文教、工美、体育和娱乐用品制造业	107	0.04	9419	40	97
石油、煤炭及其他燃料加工业		0.40	125	318	1
化学原料和化学制品制造业	232	2.82	14896	403	537
医药制造业	109	4.63	12071	374	213
化学纤维制造业	2		703	40	64
橡胶和塑料制品业	232	1.39	5783	116	239
非金属矿物制品业	172	0.19	3687	144	89
黑色金属冶炼和压延加工业	11		250	81	30

指标名称	专利所有权转让及许可数（件）	专利所有权转让及许可收入（亿元）	拥有注册商标（件）	发表科技论文（篇）	形成国家或行业标准（项）
有色金属冶炼和压延加工业	15	0.20	939	30	102
金属制品业	340	0.43	9063	100	308
通用设备制造业	993	12.51	18724	638	951
专用设备制造业	643	0.01	8947	220	394
汽车制造业	77946	0.69	5863	273	148
铁路、船舶、航空航天和其他运输设备制造业	61		3411	49	28
电气机械和器材制造业	873	0.84	20540	562	828
计算机、通信和其他电子设备制造业	356	2.80	18383	292	524
仪器仪表制造业	303	0.49	4359	362	528
其他制造业	63	0.03	1765	13	64
废弃资源综合利用业	15		79	11	8
金属制品、机械和设备修理业			2		1
电力、热力、燃气及水生产和供应业	47	0.20	43	228	3
电力、热力生产和供应业	43	0.20	30	225	
燃气生产和供应业					
水的生产和供应业	4		13	3	3
按地区分组					
杭州市	1053	17.44	39456	1604	1568
宁波市	1076	2.64	28216	929	884
温州市	78505	2.18	21368	307	701
嘉兴市	335	1.66	17153	314	221
湖州市	699	1.07	10965	352	574
绍兴市	304	0.87	11029	294	537
金华市	337	0.87	22001	190	368
衢州市	106	0.41	2656	137	197
舟山市	9		460	83	35
台州市	675	1.00	20233	312	569
丽水市	100	0.01	5774	77	116

3-7 规模以上工业企业新产品开发、生产及销售情况（2022）

指标名称	新产品开发项目数（项）	新产品开发经费支出（亿元）	新产品销售收入（亿元）	#出口
总计	**188833**	**2711.07**	**41281.82**	**8663.58**
按企业规模分组				
大型	13366	817.85	15924.88	4045.49
中型	33707	753.02	12087.89	2394.64
小型	137992	1119.11	12711.60	2207.97
微型	3768	21.09	557.45	15.49
按登记注册类型分组				
内资企业	169371	2165.71	32520.17	6322.58
国有企业	92	2.47	93.42	3.39
集体企业	14	0.07	0.62	
股份合作企业	617	4.82	57.28	10.30
有限责任公司	13995	346.90	7377.49	1032.31
国有独资公司	245	4.29	85.75	2.90
其他有限责任公司	13750	342.60	7291.73	1029.41
股份有限公司	10960	360.40	5450.70	1154.19
私营企业	143681	1450.99	19540.68	4122.38
私营独资企业	466	3.81	34.45	5.14
私营合伙企业	107	0.64	4.68	1.11
私营有限责任公司	122438	1183.32	15834.61	3304.54
私营股份有限公司	20670	263.23	3666.93	811.59
港、澳、台商投资企业	8706	279.73	3544.51	785.16
合资经营企业(港或澳、台资)	3468	75.19	1360.79	270.03
合作经营企业(港或澳、台资)	42	1.02	19.61	7.32
港、澳、台商独资经营企业	3676	79.85	1434.42	378.92
港、澳、台商投资股份有限公司	1476	122.28	723.64	128.04
其他港澳台投资企业	44	1.39	6.05	0.84
外商投资企业	10756	265.64	5217.14	1555.84

指标名称	新产品开发项目数（项）	新产品开发经费支出（亿元）	新产品销售收入（亿元）	# 出口
中外合资经营企业	4515	109.31	1808.43	256.70
中外合作经营企业	87	1.17	3.04	0.10
外资企业	4977	124.11	2775.89	1121.03
外商投资股份有限公司	1135	29.75	613.35	176.89
其他外商投资企业	42	1.30	16.43	1.12
按国民经济行业大类分组				
采矿业	82	0.85	22.64	
有色金属矿采选业	1	0.01	0.29	
非金属矿采选业	81	0.84	22.35	
制造业	187916	2697.36	41142.23	8663.58
农副食品加工业	1233	12.10	119.83	10.69
食品制造业	1408	13.09	154.29	33.42
酒、饮料和精制茶制造业	436	4.41	66.24	5.16
烟草制品业	33	0.83	32.46	0.01
纺织业	10930	124.49	1698.47	331.91
纺织服装、服饰业	3910	40.79	781.34	259.68
皮革、毛皮、羽毛及其制品和制鞋业	3416	27.25	395.69	135.98
木材加工和木、竹、藤、棕、草制品业	1248	11.86	197.13	77.77
家具制造业	3467	35.58	467.00	248.08
造纸和纸制品业	3061	43.11	649.93	63.35
印刷和记录媒介复制业	2274	20.51	229.87	31.18
文教、工美、体育和娱乐用品制造业	4641	38.05	564.31	195.04
石油、煤炭及其他燃料加工业	209	2.42	63.30	0.65
化学原料和化学制品制造业	7999	162.82	4938.35	581.74
医药制造业	5801	103.02	1085.87	373.04
化学纤维制造业	2310	68.96	1569.68	92.51
橡胶和塑料制品业	11550	114.66	1317.27	255.87
非金属矿物制品业	5827	71.44	1169.43	84.52
黑色金属冶炼和压延加工业	1796	50.24	580.85	20.82

指标名称	新产品开发项目数（项）	新产品开发经费支出（亿元）	新产品销售收入（亿元）	#出口
有色金属冶炼和压延加工业	1812	35.25	1167.60	82.54
金属制品业	12491	121.74	1571.15	445.42
通用设备制造业	27206	283.81	3432.98	725.58
专用设备制造业	13488	144.14	1537.20	287.46
汽车制造业	12780	191.05	3160.61	530.25
铁路、船舶、航空航天和其他运输设备制造业	3406	44.33	515.24	193.66
电气机械和器材制造业	24210	371.23	6929.58	1601.15
计算机、通信和其他电子设备制造业	13895	451.43	5691.93	1811.59
仪器仪表制造业	5570	93.96	826.72	149.04
其他制造业	1099	8.12	91.52	28.53
废弃资源综合利用业	298	5.61	130.81	3.45
金属制品、机械和设备修理业	112	1.05	5.56	3.50
电力、热力、燃气及水生产和供应业	835	12.86	116.95	
电力、热力生产和供应业	629	11.32	71.29	
燃气生产和供应业	80	0.66	34.50	
水的生产和供应业	126	0.89	11.16	
按地区分组				
杭州市	28455	680.59	7867.50	1251.98
宁波市	38716	521.33	7620.81	1623.81
温州市	24399	218.43	2747.05	448.19
嘉兴市	23879	361.26	7230.95	1950.49
湖州市	11912	156.83	3056.00	532.31
绍兴市	13349	239.09	3314.61	503.66
金华市	17679	193.98	2964.60	946.42
衢州市	4865	68.80	1099.61	127.43
舟山市	1159	29.81	2116.53	333.84
台州市	18972	185.31	2467.33	838.40
丽水市	5415	54.78	764.37	107.04

3-8 规模以上工业企业政府相关政策落实情况（2022）

单位：亿元

指标名称	使用来自政府部门的研发资金	研究开发费用加计扣除减免税	高新技术企业减免税
总计	**2517.39**	**341.05**	**272.24**
按企业规模分组			
大型	734.32	106.24	98.10
中型	733.49	102.24	99.21
小型	1030.55	130.04	74.20
微型	19.04	2.53	0.72
按登记注册类型分组			
内资企业	2038.23	266.47	207.53
国有企业	3.41	0.28	0.21
集体企业	0.05	0.01	
股份合作企业	4.08	0.63	0.24
有限责任公司	352.05	42.88	35.93
国有独资公司	4.07	0.39	0.23
其他有限责任公司	347.98	42.49	35.71
股份有限公司	351.29	47.65	51.84
私营企业	1327.24	175.01	119.29
私营独资企业	1.29	0.11	
私营合伙企业	0.14		
私营有限责任公司	1083.12	139.27	88.36
私营股份有限公司	242.69	35.64	30.93
其他企业			
港、澳、台商投资企业	240.00	34.99	26.11
合资经营企业（港或澳、台资）	67.54	8.86	9.52
合作经营企业（港或澳、台资）	1.38	0.04	0.17
港、澳、台商独资经营企业	71.26	10.54	10.48
港、澳、台商投资股份有限公司	98.85	15.44	5.86

指标名称	使用来自政府部门的研发资金	研究开发费用加计扣除减免税	高新技术企业减免税
其他港澳台投资企业	0.96	0.11	0.08
外商投资企业	239.17	39.59	38.60
中外合资经营企业	96.58	19.02	13.18
中外合作经营企业	1.00	0.13	0.06
外资企业	104.66	16.09	18.97
外商投资股份有限公司	35.64	4.21	6.37
其他外商投资企业	1.28	0.15	0.01
按国民经济行业大类分组			
采矿业	2.10	0.33	1.10
有色金属矿采选业	0.04		
非金属矿采选业	2.06	0.33	1.10
制造业	2497.09	337.88	267.71
农副食品加工业	9.76	1.11	0.57
食品制造业	13.07	1.84	2.34
酒、饮料和精制茶制造业	4.50	0.74	0.30
纺织业	120.83	14.96	7.45
纺织服装、服饰业	29.36	4.19	1.84
皮革、毛皮、羽毛及其制品和制鞋业	20.64	2.67	0.93
木材加工和木、竹、藤、棕、草制品业	12.29	1.72	1.59
家具制造业	32.17	4.83	2.75
造纸和纸制品业	38.63	5.33	5.53
印刷和记录媒介复制业	18.63	2.52	1.66
文教、工美、体育和娱乐用品制造业	34.98	4.52	2.81
石油、煤炭及其他燃料加工业	1.73	0.30	0.05
化学原料和化学制品制造业	230.79	27.93	29.20
医药制造业	109.35	20.79	26.18
化学纤维制造业	44.62	6.57	5.38
橡胶和塑料制品业	103.40	12.09	7.63
非金属矿物制品业	70.58	9.28	14.09

单位：亿元

指标名称	使用来自政府部门的研发资金	研究开发费用加计扣除减免税	高新技术企业减免税
黑色金属冶炼和压延加工业	36.39	4.38	1.87
有色金属冶炼和压延加工业	35.52	4.10	1.13
金属制品业	107.42	13.71	7.78
通用设备制造业	257.64	37.29	29.25
专用设备制造业	130.67	17.66	19.37
汽车制造业	172.56	22.94	23.58
铁路、船舶、航空航天和其他运输设备制造业	39.18	4.91	2.27
电气机械和器材制造业	332.09	44.74	34.26
计算机、通信和其他电子设备制造业	389.84	52.39	26.07
仪器仪表制造业	86.44	12.55	10.59
其他制造业	7.20	0.84	0.46
废弃资源综合利用业	5.28	0.77	0.77
金属制品、机械和设备修理业	1.52	0.21	0.05
电力、热力、燃气及水生产和供应业	18.21	2.84	3.42
电力、热力生产和供应业	15.49	2.25	2.27
燃气生产和供应业	1.12	0.45	1.01
水的生产和供应业	1.59	0.14	0.14
按地区分组			
杭州市	612.98	91.01	63.80
宁波市	456.95	64.24	63.38
温州市	192.59	26.70	18.81
嘉兴市	282.21	34.41	36.51
湖州市	145.41	22.19	22.89
绍兴市	247.70	29.88	25.27
金华市	192.81	23.77	11.80
衢州市	64.60	7.86	7.96
舟山市	76.43	6.63	1.64
台州市	188.77	27.49	17.34
丽水市	56.76	6.84	2.83

3-9 规模以上工业企业技术获取和技术改造情况（2022）

单位：亿元

指标名称	技术改造经费支出	购买境内技术经费支出	引进境外技术经费支出	引进境外技术的消化吸收经费支出
总计	297.86	23.52	15.88	0.27
按企业规模分组				
大型	116.04	9.95	7.37	
中型	109.61	6.66	7.34	0.17
小型	71.49	6.91	1.04	0.10
微型	0.73		0.12	
按登记注册类型分组				
内资企业	257.36	16.47	9.23	0.16
国有企业	0.01			
股份合作企业	0.50			
有限责任公司	63.61	2.72	0.56	0.01
国有独资公司	5.61	0.01		
其他有限责任公司	58.00	2.71	0.56	0.01
股份有限公司	60.30	3.48	0.67	0.14
私营企业	132.94	10.28	8.01	
私营独资企业	0.11			
私营有限责任公司	98.59	8.20	7.74	
私营股份有限公司	34.23	2.07	0.27	
港、澳、台商投资企业	24.29	3.25	0.48	
合资经营企业（港或澳、台资）	4.26	0.82	0.26	
港、澳、台商独资经营企业	14.16	1.57		
港、澳、台商投资股份有限公司	5.88	0.73	0.22	
其他港澳台投资企业		0.12		
外商投资企业	16.21	3.80	6.16	0.11

单位：亿元

指标名称	技术改造经费支出	购买境内技术经费支出	引进境外技术经费支出	引进境外技术的消化吸收经费支出
中外合资经营企业	5.02	0.56	0.29	0.03
外资企业	9.43	2.65	4.99	0.08
外商投资股份有限公司	1.76	0.59	0.88	
按国民经济行业大类分组				
采矿业	0.15			
非金属矿采选业	0.15			
制造业	289.79	23.45	15.88	0.27
农副食品加工业	0.31	0.03		
食品制造业	4.80	0.08	0.01	
酒、饮料和精制茶制造业	0.03	0.01		
烟草制品业	5.39			
纺织业	6.56	0.23	0.12	0.03
纺织服装、服饰业	0.94	0.04		
皮革、毛皮、羽毛及其制品和制鞋业	0.85	0.02		
木材加工和木、竹、藤、棕、草制品业	0.43		0.06	
家具制造业	1.26			
造纸和纸制品业	2.86	0.06		
印刷和记录媒介复制业	1.79	0.14		
文教、工美、体育和娱乐用品制造业	2.94	0.29		
石油、煤炭及其他燃料加工业	0.40			
化学原料和化学制品制造业	51.08	0.22	3.46	
医药制造业	28.02	3.44	6.98	
化学纤维制造业	7.56	0.01	0.04	
橡胶和塑料制品业	9.12	0.40	0.13	0.01
非金属矿物制品业	6.76	0.59		
黑色金属冶炼和压延加工业	6.58	0.21		
有色金属冶炼和压延加工业	3.06	0.63	0.10	

指标名称	技术改造经费支出	购买境内技术经费支出	引进境外技术经费支出	引进境外技术的消化吸收经费支出
金属制品业	9.09	0.62	0.59	0.15
通用设备制造业	36.28	2.72	0.62	
专用设备制造业	10.22	0.51	0.24	
汽车制造业	25.97	7.78	1.28	0.01
铁路、船舶、航空航天和其他运输设备制造业	2.34	1.42		
电气机械和器材制造业	28.12	0.69	1.88	
计算机、通信和其他电子设备制造业	24.84	1.47	0.27	0.07
仪器仪表制造业	11.34	1.81	0.11	
其他制造业	0.15	0.01		
废弃资源综合利用业	0.69			
电力、热力、燃气及水生产和供应业	7.93	0.07		
电力、热力生产和供应业	7.89			
燃气生产和供应业		0.07		
水的生产和供应业	0.04			
按地区分组				
杭州市	43.66	3.69	8.19	
宁波市	84.52	11.06	4.98	0.08
温州市	23.61	1.03		
嘉兴市	16.52	0.46	2.40	0.19
湖州市	5.70	0.49	0.01	
绍兴市	15.97	0.99	0.12	
金华市	24.73	1.38		
衢州市	37.54	0.16	0.01	
舟山市	2.47	1.33		
台州市	27.91	2.66	0.16	
丽水市	9.85	0.28		

四、大中型
工业企业

4-1　大中型工业企业研发活动情况（2020—2022）

指标名称	单位	2020	2021	2022
企业数	个	4426	4599	4508
有 R&D 活动的企业数	个	3450	3719	3728
企业有研发机构	个	3452	3696	3929
从业人员年平均人数	万人	314.87	337.60	339.90
研发活动人员	万人	31.10	32.40	36.55
参加项目人员	万人	29.48	30.75	34.98
企业内部的日常研发经费支出	亿元	1187.33	1533.90	1795.01
人工费用	亿元	466.65	603.12	715.21
直接投入费用	亿元	513.18	694.80	797.12
委托外单位开发经费支出	亿元	67.45	100.69	129.08
折合全时 R&D 人员	万人年	24.74	24.47	28.22
R&D 经费支出	亿元	858.25	967.58	1103.01
新产品开发经费支出	亿元	1038.37	1337.32	1570.87
新产品销售收入	亿元	19568.68	25585.80	28012.77
出口	亿元	4156.84	5536.03	6440.12
专利申请数	项	63418	70114	73364
发明专利	项	20197	23809	25968
拥有发明专利数	项	49505	62667	74568
技术改造经费支出	亿元	191.42	185.64	225.64
引进境外技术经费支出	亿元	13.61	11.06	14.72
引进境外技术的消化吸收经费支出	亿元	0.36	0.24	0.17
购买境内技术经费支出	亿元	12.78	12.75	16.61

4-2 大中型工业企业基本情况（2022）

指标名称	单位数（个）	#有R&D活动	#有研发机构	#享受研究开发费用加计扣除	#有新产品销售	#有专利申请
总计	**4508**	**3728**	**3486**	**3364**	**3833**	**3131**
按企业规模分组						
大型	656	580	533	532	594	535
中型	3852	3148	2953	2832	3239	2596
按登记注册类型分组						
内资企业	3640	3067	2842	2770	3140	2607
国有企业	10	3	3	1	5	4
集体企业	2		1			
股份合作企业	6	6	6	5	6	3
有限责任公司	527	398	351	338	384	344
国有独资公司	26	10	11	8	12	15
其他有限责任公司	501	388	340	330	372	329
股份有限公司	424	399	369	374	401	391
私营企业	2671	2261	2112	2052	2344	1865
私营独资企业	8	4	3	1	6	3
私营有限责任公司	2155	1781	1660	1610	1850	1437
私营股份有限公司	508	476	449	441	488	425
港、澳、台商投资企业	393	326	319	282	330	257
合资经营企业（港或澳、台资）	167	140	131	118	144	107
合作经营企业（港或澳、台资）	3	3	3	1	3	2
港、澳、台商独资经营企业	156	119	121	106	122	92
港、澳、台商投资股份有限公司	63	60	60	53	59	54
其他港澳台投资企业	4	4	4	4	2	2
外商投资企业	475	335	325	312	363	267
中外合资经营企业	174	125	120	122	136	119

指标名称	单位数（个）	#有R&D活动	#有研发机构	#享受研究开发费用加计扣除	#有新产品销售	#有专利申请
中外合作经营企业	2	2	2	1	1	1
外资企业	252	164	166	146	180	104
外商投资股份有限公司	45	42	35	41	44	41
其他外商投资企业	2	2	2	2	2	2
按国民经济行业大类分组						
采矿业	2	1	1	1	1	1
非金属矿采选业	2	1	1	1	1	1
制造业	4444	3708	3477	3347	3829	3108
农副食品加工业	35	25	25	21	27	17
食品制造业	65	36	36	36	36	28
酒、饮料和精制茶制造业	21	12	10	13	21	6
烟草制品业	1	1	1		1	1
纺织业	372	300	256	244	311	193
纺织服装、服饰业	210	121	129	80	138	71
皮革、毛皮、羽毛及其制品和制鞋业	107	79	71	65	89	50
木材加工和木、竹、藤、棕、草制品业	28	26	24	26	27	24
家具制造业	114	91	70	87	101	81
造纸和纸制品业	58	48	50	43	52	43
印刷和记录媒介复制业	52	45	43	41	46	34
文教、工美、体育和娱乐用品制造业	103	82	84	77	91	75
石油、煤炭及其他燃料加工业	3	1	3	1	2	3
化学原料和化学制品制造业	161	144	132	126	139	126
医药制造业	168	153	143	137	138	128
化学纤维制造业	80	65	66	55	70	44
橡胶和塑料制品业	174	143	127	135	146	110
非金属矿物制品业	81	66	65	57	64	50
黑色金属冶炼和压延加工业	32	27	23	24	28	25
有色金属冶炼和压延加工业	35	32	26	24	30	28

指标名称	单位数（个）	#有R&D活动	#有研发机构	#享受研究开发费用加计扣除	#有新产品销售	#有专利申请
金属制品业	284	235	223	217	236	193
通用设备制造业	434	392	358	375	402	349
专用设备制造业	209	183	176	178	182	180
汽车制造业	372	319	301	301	333	266
铁路、船舶、航空航天和其他运输设备制造业	74	64	62	57	64	60
电气机械和器材制造业	574	508	484	464	526	446
计算机、通信和其他电子设备制造业	418	361	351	323	383	340
仪器仪表制造业	120	111	99	106	110	102
其他制造业	29	23	23	20	25	22
废弃资源综合利用业	12	8	9	7	9	9
金属制品、机械和设备修理业	18	7	7	7	2	4
电力、热力、燃气及水生产和供应业	62	19	8	16	3	22
电力、热力生产和供应业	37	16	7	15	2	20
燃气生产和供应业	3	1				
水的生产和供应业	22	2	1	1	1	2
按地区分组						
杭州市	730	567	502	535	597	521
宁波市	1010	805	824	761	822	674
温州市	414	355	357	328	385	309
嘉兴市	579	446	524	363	516	336
湖州市	282	242	211	222	244	217
绍兴市	447	394	299	312	375	310
金华市	360	316	288	297	318	265
衢州市	115	96	84	83	93	83
舟山市	53	37	35	29	26	31
台州市	422	395	297	361	368	321
丽水市	94	74	64	72	88	62

指标名称	从业人员期末人数(人)	从业人员平均人数(人)	资产总计(亿元)	业务收入(亿元)	主营业务收入(亿元)	利润总额(亿元)	工业总产值(亿元)
总计	3368098	3399035	76915.40	62581.87	59336.72	3916.02	57878.72
按企业规模分组							
大型	1442281	1446563	41425.63	34459.91	32668.75	2147.80	31589.64
中型	1925817	1952472	35489.77	28121.97	26667.97	1768.22	26289.08
按登记注册类型分组							
内资企业	2580334	2591947	58280.92	47287.21	44749.04	2785.79	43620.59
国有企业	8140	8283	211.85	203.47	200.48	3.30	202.72
集体企业	861	891	11.32	17.13	17.09	0.24	17.09
股份合作企业	2973	2972	37.93	41.22	40.01	2.72	40.44
有限责任公司	439550	425940	20477.03	17637.42	16267.98	547.51	15432.96
国有独资公司	52255	51604	4458.66	4627.98	4268.67	114.58	4239.77
其他有限责任公司	387295	374336	16018.37	13009.44	11999.31	432.93	11193.19
股份有限公司	475146	479164	16640.66	10028.93	9488.74	1016.62	9296.16
私营企业	1653664	1674697	20902.13	19359.04	18734.73	1215.40	18631.22
私营独资企业	3720	3555	16.00	25.29	24.30	1.07	25.20
私营有限责任公司	1298408	1309592	14697.13	15295.54	14864.33	817.68	14726.15
私营股份有限公司	351536	361550	6189.00	4038.21	3846.10	396.66	3879.87
港、澳、台商投资企业	359434	372788	8516.82	6490.12	6285.05	473.13	6169.74
合资经营企业(港或澳、台资)	124700	130783	2916.55	2928.60	2875.63	93.13	2858.96
合作经营企业(港或澳、台资)	1736	1941	23.06	17.94	17.84	0.62	16.21
港、澳、台商独资经营企业	142730	151598	2729.68	2437.88	2366.71	201.83	2261.95
港、澳、台商投资股份有限公司	87836	86165	2822.47	1081.20	1001.27	173.51	1003.18
其他港澳台投资企业	2432	2301	25.05	24.49	23.60	4.05	29.44
外商投资企业	428330	434300	10117.66	8804.54	8302.64	657.10	8088.38
中外合资经营企业	157148	158725	3289.57	2667.46	2544.55	167.38	2541.79
中外合作经营企业	1042	1015	3.14	4.06	4.02	0.26	3.94
外资企业	214418	220189	4399.19	4850.39	4726.20	344.48	4607.19

指标名称	从业人员期末人数(人)	从业人员平均人数(人)	资产总计（亿元）	业务收入（亿元）	主营业务收入（亿元）	利润总额（亿元）	工业总产值（亿元）
外商投资股份有限公司	54735	53450	2398.96	1264.32	1009.79	145.18	918.10
其他外商投资企业	987	921	26.79	18.30	18.07	— 0.19	17.36
按国民经济行业大类分组							
采矿业	681	677	41.82	24.22	24.20	5.53	24.22
非金属矿采选业	681	677	41.82	24.22	24.20	5.53	24.22
制造业	3294718	3326331	68543.27	57149.20	53931.08	3883.49	52503.31
农副食品加工业	19260	18623	277.12	206.71	203.54	8.35	183.04
食品制造业	40920	35997	478.23	401.62	390.87	34.00	367.67
酒、饮料和精制茶制造业	17160	16972	303.65	268.35	253.12	35.93	221.94
烟草制品业	3421	3445	492.76	974.48	617.97	76.53	619.64
纺织业	241544	245657	2127.55	1664.51	1619.65	127.18	1705.97
纺织服装、服饰业	162459	169160	1565.23	1200.94	1165.51	67.00	1217.65
皮革、毛皮、羽毛及其制品和制鞋业	68303	67455	369.49	276.23	270.48	12.71	289.53
木材加工和木、竹、藤、棕、草制品业	21206	23290	287.67	185.41	169.97	16.10	149.54
家具制造业	92261	98472	803.86	639.42	616.31	56.33	554.36
造纸和纸制品业	35348	35608	1289.44	789.81	749.76	53.19	748.08
印刷和记录媒介复制业	24195	24922	313.57	222.70	212.61	18.48	215.28
文教、工美、体育和娱乐用品制造业	75268	80649	753.44	762.28	754.60	52.87	752.36
石油、煤炭及其他燃料加工业	8020	7764	837.13	2040.27	1990.35	48.59	2076.05
化学原料和化学制品制造业	110166	107236	9611.91	7889.88	7633.01	441.25	7567.87
医药制造业	129471	126212	3571.63	1855.97	1817.93	367.20	1954.75
化学纤维制造业	86958	91928	3472.36	3362.16	3125.42	50.07	2537.30
橡胶和塑料制品业	114744	116495	1588.74	1477.54	1398.80	107.32	1313.78
非金属矿物制品业	52368	51688	1551.29	882.02	820.84	129.21	828.62
黑色金属冶炼和压延加工业	27322	27493	1155.50	1404.91	1356.97	49.74	1331.52
有色金属冶炼和压延加工业	28684	28951	1010.98	2009.93	1680.27	10.88	1692.15
金属制品业	170587	174033	1888.46	1750.30	1697.80	147.63	1687.06

指标名称	从业人员期末人数(人)	从业人员平均人数(人)	资产总计(亿元)	业务收入(亿元)	主营业务收入(亿元)	利润总额(亿元)	工业总产值(亿元)
通用设备制造业	290228	295112	4548.75	3351.13	3250.64	332.12	3087.39
专用设备制造业	127094	128249	2167.42	1327.90	1287.83	171.41	1336.66
汽车制造业	276446	269667	5998.09	4123.42	3939.64	170.02	3855.33
铁路、船舶、航空航天和其他运输设备制造业	45967	47152	862.69	613.76	596.99	24.11	602.32
电气机械和器材制造业	451439	458750	8978.27	8702.94	7831.67	500.07	7366.44
计算机、通信和其他电子设备制造业	441538	446403	9997.27	7363.86	7109.59	593.88	6870.64
仪器仪表制造业	93759	90330	1713.54	979.85	954.93	150.04	968.40
其他制造业	20481	21348	154.90	121.21	118.68	9.89	112.07
废弃资源综合利用业	5006	5016	166.06	183.89	182.14	9.76	177.84
金属制品、机械和设备修理业	13095	12254	206.28	115.79	113.22	11.66	112.05
电力、热力、燃气及水生产和供应业	72699	72027	8330.30	5408.45	5381.44	27.01	5351.20
电力、热力生产和供应业	57251	57108	7302.71	5144.19	5125.37	28.27	5127.42
燃气生产和供应业	1945	1960	110.38	123.58	121.27	0.35	110.37
水的生产和供应业	13503	12959	917.20	140.68	134.81	—1.62	113.40
按地区分组							
杭州市	599797	594870	18020.80	12945.41	12464.20	1117.49	11117.39
宁波市	764828	781279	15454.22	14922.74	14333.57	887.97	14228.28
温州市	279029	282333	4017.91	2494.17	2411.63	188.16	2616.58
嘉兴市	431389	439281	9366.36	8114.74	7763.41	386.66	7566.73
湖州市	189519	194779	3846.21	3622.83	2948.50	206.05	2874.53
绍兴市	332109	328746	6554.25	4150.26	3813.38	364.62	4214.31
金华市	247659	256818	3732.20	3555.52	3459.60	167.80	3240.14
衢州市	81924	80061	2037.44	1715.08	1609.64	98.14	1557.16
舟山市	45123	42783	3842.46	2830.72	2804.44	74.26	2816.75
台州市	297847	299434	5141.20	3145.27	3046.88	254.55	2948.93
丽水市	59791	59759	1011.87	782.38	739.24	56.27	761.89

4-3 大中型工业企业 R&D 人员情况（2022）

指标名称	R&D 人员合计（人）	#参加项目人员	管理和服务人员	#女性	#研究人员	#全时人员	非全时人员
总计	**365473**	**349831**	**15642**	**83880**	**88129**	**247076**	**118397**
按企业规模分组							
大型	168001	161305	6696	38970	49362	113675	54326
中型	197472	188526	8946	44910	38767	133401	64071
按登记注册类型分组							
内资企业	280474	268237	12237	63609	62256	190225	90249
国有企业	323	313	10	44	108	250	73
股份合作企业	355	346	9	41	56	252	103
有限责任公司	40752	39083	1669	8486	11283	25771	14981
国有独资公司	498	451	47	98	132	270	228
其他有限责任公司	40254	38632	1622	8388	11151	25501	14753
股份有限公司	68366	65241	3125	15656	21157	49549	18817
私营企业	170678	163254	7424	39382	29652	114403	56275
私营独资企业	229	220	9	86	21	147	82
私营有限责任公司	125721	120150	5571	30057	20554	84218	41503
私营股份有限公司	44728	42884	1844	9239	9077	30038	14690
港、澳、台商投资企业	43546	42192	1354	9947	12419	31755	11791
合资经营企业（港或澳、台资）	11129	10733	396	2855	2132	7269	3860
合作经营企业（港或澳、台资）	213	203	10	46	59	185	28
港、澳、台商独资经营企业	15932	15311	621	3829	3825	11336	4596
港、澳、台商投资股份有限公司	16012	15698	314	3173	6350	12763	3249
其他港澳台投资企业	260	247	13	44	53	202	58
外商投资企业	41453	39402	2051	10324	13454	25096	16357
中外合资经营企业	16276	15619	657	4137	4831	11096	5180
中外合作经营企业	160	156	4	56	4	53	107

指标名称	R&D人员合计（人）	#参加项目人员	管理和服务人员	#女性	#研究人员	#全时人员	非全时人员
外资企业	18594	17606	988	4587	6459	9358	9236
外商投资股份有限公司	6307	5912	395	1492	2102	4484	1823
其他外商投资企业	116	109	7	52	58	105	11
按国民经济行业大类分组							
采矿业	109	104	5	7	6	32	77
非金属矿采选业	109	104	5	7	6	32	77
制造业	364610	349031	15579	83795	87822	246810	117800
农副食品加工业	719	676	43	251	118	437	282
食品制造业	1815	1724	91	689	255	704	1111
酒、饮料和精制茶制造业	578	547	31	139	104	202	376
烟草制品业	80	76	4	23	40	28	52
纺织业	22789	21611	1178	7626	2896	13703	9086
纺织服装、服饰业	6936	6651	285	3819	948	4987	1949
皮革、毛皮、羽毛及其制品和制鞋业	5941	5620	321	2479	324	3798	2143
木材加工和木、竹、藤、棕、草制品业	2323	2236	87	654	376	1441	882
家具制造业	8632	8100	532	2259	1083	5867	2765
造纸和纸制品业	3154	2946	208	555	364	2200	954
印刷和记录媒介复制业	2682	2517	165	805	326	1744	938
文教、工美、体育和娱乐用品制造业	6265	6010	255	2005	897	4099	2166
石油、煤炭及其他燃料加工业	121	118	3	11	50	23	98
化学原料和化学制品制造业	11850	11313	537	2618	3646	7997	3853
医药制造业	17310	16440	870	8016	6908	12429	4881
化学纤维制造业	10096	9731	365	2843	995	5464	4632
橡胶和塑料制品业	10336	9831	505	2264	1685	6963	3373
非金属矿物制品业	5215	4946	269	858	1099	3262	1953
黑色金属冶炼和压延加工业	2368	2284	84	151	444	1500	868
有色金属冶炼和压延加工业	3719	3570	149	647	782	2061	1658

指标名称	R&D 人员合计（人）	#参加项目人员	管理和服务人员	#女性	#研究人员	#全时人员	非全时人员
金属制品业	15575	14930	645	2933	1835	10519	5056
通用设备制造业	34350	32909	1441	5667	8271	24440	9910
专用设备制造业	15974	15343	631	2325	4482	11820	4154
汽车制造业	34619	33301	1318	5369	8343	24031	10588
铁路、船舶、航空航天和其他运输设备制造业	6091	5803	288	968	1053	4314	1777
电气机械和器材制造业	51729	49442	2287	10320	10854	34769	16960
计算机、通信和其他电子设备制造业	65336	63051	2285	14202	23259	45717	19619
仪器仪表制造业	15587	15054	533	2818	6058	10841	4746
其他制造业	1547	1446	101	421	236	1002	545
废弃资源综合利用业	502	449	53	54	65	250	252
金属制品、机械和设备修理业	371	356	15	6	26	198	173
电力、热力、燃气及水生产和供应业	754	696	58	78	301	234	520
电力、热力生产和供应业	668	617	51	59	274	174	494
燃气生产和供应业	4	3	1		2		4
水的生产和供应业	82	76	6	19	25	60	22
按地区分组							
杭州市	77104	73618	3486	17809	29717	56088	21016
宁波市	79881	78662	1219	16347	20182	56750	23131
温州市	30503	29139	1364	6785	5073	22600	7903
嘉兴市	40759	38690	2069	9818	7009	24665	16094
湖州市	20175	19308	867	4894	3771	14069	6106
绍兴市	34413	32238	2175	8009	7866	22496	11917
金华市	29619	28105	1514	8015	4616	17528	12091
衢州市	7580	7225	355	1812	1446	4407	3173
舟山市	2644	2488	156	313	477	1238	1406
台州市	36734	34586	2148	8669	7122	23886	12848
丽水市	5981	5696	285	1386	810	3321	2660

指标名称	R&D人员折合全时当量合计（人年）	#研究人员	按活动类型分组		
			基础研究人员	应用研究人员	试验发展人员
总计	**282151**	**69502**	**275**	**3647**	**278230**
按企业规模分组					
大型	128150	39060	269	2325	125556
中型	154002	30442	7	1321	152674
按登记注册类型分组					
内资企业	215468	48757	65	3099	212304
国有企业	266	89			266
股份合作企业	278	46			278
有限责任公司	29748	8461		520	29227
国有独资公司	331	88		7	324
其他有限责任公司	29417	8374		514	28903
股份有限公司	53487	17055	65	825	52597
私营企业	131689	23106		1754	129935
私营独资企业	185	16			185
私营有限责任公司	97486	16065		1554	95932
私营股份有限公司	34018	7025		201	33818
港、澳、台商投资企业	34440	9808		133	34307
合资经营企业（港或澳、台资）	8860	1780		20	8840
合作经营企业（港或澳、台资）	183	51			183
港、澳、台商独资经营企业	13028	3165		35	12993
港、澳、台商投资股份有限公司	12206	4780		78	12128
其他港澳台投资企业	163	32			163
外商投资企业	32244	10937	210	415	31619
中外合资经营企业	12516	3936	179	121	12216
中外合作经营企业	107	3			107
外资企业	14749	5374	32	9	14709

指标名称	R&D人员折合全时当量合计（人年）	#研究人员	按活动类型分组		
			基础研究人员	应用研究人员	试验发展人员
外商投资股份有限公司	4784	1581		285	4499
其他外商投资企业	88	44			88
按国民经济行业大类分组					
采矿业	53	3			53
非金属矿采选业	53	3			53
制造业	281764	69382	275	3642	277846
农副食品加工业	550	95			550
食品制造业	1000	168			1000
酒、饮料和精制茶制造业	398	71		7	390
烟草制品业	36	18		7	30
纺织业	17337	2205		173	17165
纺织服装、服饰业	5606	751			5606
皮革、毛皮、羽毛及其制品和制鞋业	4302	252		15	4287
木材加工和木、竹、藤、棕、草制品业	1909	313		19	1890
家具制造业	6699	860		280	6419
造纸和纸制品业	2425	290		20	2405
印刷和记录媒介复制业	2066	254		82	1984
文教、工美、体育和娱乐用品制造业	4804	663			4804
石油、煤炭及其他燃料加工业	82	34		10	72
化学原料和化学制品制造业	9282	2888		258	9024
医药制造业	13509	5429		281	13229
化学纤维制造业	7074	763			7074
橡胶和塑料制品业	8185	1323		52	8132
非金属矿物制品业	4044	908		90	3954
黑色金属冶炼和压延加工业	1887	339		51	1836
有色金属冶炼和压延加工业	2565	540		8	2557
金属制品业	12075	1452		96	11979

指标名称	R&D人员折合全时当量合计（人年）	#研究人员	按活动类型分组		
			基础研究人员	应用研究人员	试验发展人员
通用设备制造业	26884	6445	7	321	26557
专用设备制造业	12867	3565		79	12789
汽车制造业	26389	6584		136	26253
铁路、船舶、航空航天和其他运输设备制造业	4581	800		62	4519
电气机械和器材制造业	39432	8304		273	39159
计算机、通信和其他电子设备制造业	51998	19100	210	808	50981
仪器仪表制造业	12029	4727	59	516	11454
其他制造业	1146	183			1146
废弃资源综合利用业	346	39			346
金属制品、机械和设备修理业	256	18		1	255
电力、热力、燃气及水生产和供应业	335	117		4	330
电力、热力生产和供应业	277	98		4	272
燃气生产和供应业	2	1			2
水的生产和供应业	56	18			56
按地区分组					
杭州市	61617	24168	65	1883	59669
宁波市	64473	16196		92	64380
温州市	24263	4092		101	24162
嘉兴市	29643	5295		334	29310
湖州市	16055	3044		144	15911
绍兴市	25240	5854	179	230	24832
金华市	22342	3545	32	291	22019
衢州市	5040	1010		101	4939
舟山市	1733	304		40	1693
台州市	27530	5389		356	27174
丽水市	4179	588		68	4111

4-4 大中型工业企业 R&D 经费情况（2022）

单位：亿元

指标名称	R&D 经费内部支出合计	按活动类型分组		
		基础研究支出	应用研究支出	试验发展支出
总计	**1103.01**	**9.16**	**15.20**	**1078.65**
按企业规模分组				
大型	591.54	9.15	11.55	570.84
中型	511.47	0.01	3.65	507.81
按登记注册类型分组				
内资企业	806.26	4.49	12.88	788.89
国有企业	1.42			1.42
集体企业				
股份合作企业	1.22			1.22
有限责任公司	161.23	0.05	4.13	157.05
国有独资公司	1.24		0.17	1.06
其他有限责任公司	159.99	0.05	3.96	155.99
股份有限公司	228.65	2.57	2.84	223.24
私营企业	413.74	1.87	5.91	405.96
私营独资企业	0.29			0.29
私营有限责任公司	305.49	1.73	5.50	298.25
私营股份有限公司	107.97	0.14	0.41	107.42
港、澳、台商投资企业	149.57		0.71	148.87
合资经营企业（港或澳、台资）	32.63		0.07	32.56
合作经营企业（港或澳、台资）	0.60			0.60
港、澳、台商独资经营企业	47.03		0.06	46.98
港、澳、台商投资股份有限公司	68.50		0.58	67.92
其他港澳台投资企业	0.82			0.82
外商投资企业	147.18	4.67	1.62	140.89
中外合资经营企业	55.96	1.17	0.63	54.16

指标名称	R&D经费内部支出合计	按活动类型分组		
		基础研究支出	应用研究支出	试验发展支出
中外合作经营企业	0.13			0.13
外资企业	69.98	3.50	0.05	66.43
外商投资股份有限公司	19.96		0.94	19.02
其他外商投资企业	1.15			1.15
按国民经济行业大类分组				
采矿业	0.27			0.27
非金属矿采选业	0.27			0.27
制造业	1098.88	9.16	15.14	1074.58
农副食品加工业	1.40			1.40
食品制造业	2.85			2.85
酒、饮料和精制茶制造业	0.95		0.02	0.93
烟草制品业	0.53		0.17	0.35
纺织业	40.42		0.40	40.02
纺织服装、服饰业	11.76			11.76
皮革、毛皮、羽毛及其制品和制鞋业	6.19		0.01	6.18
木材加工和木、竹、藤、棕、草制品业	5.46		0.03	5.43
家具制造业	14.32		0.88	13.44
造纸和纸制品业	10.17		0.14	10.04
印刷和记录媒介复制业	4.83		0.17	4.66
文教、工美、体育和娱乐用品制造业	9.89			9.89
石油、煤炭及其他燃料加工业	0.52		0.02	0.50
化学原料和化学制品制造业	67.36		3.25	64.11
医药制造业	69.76	0.52	2.07	67.17
化学纤维制造业	42.08			42.08
橡胶和塑料制品业	32.08		0.11	31.97
非金属矿物制品业	13.08		0.24	12.84
黑色金属冶炼和压延加工业	14.40		0.17	14.23
有色金属冶炼和压延加工业	11.33		0.01	11.32

指标名称	R&D经费内部支出合计	按活动类型分组		
		基础研究支出	应用研究支出	试验发展支出
金属制品业	38.18		0.14	38.04
通用设备制造业	93.20	0.01	1.04	92.15
专用设备制造业	44.39	0.11	0.23	44.05
汽车制造业	94.97		0.33	94.64
铁路、船舶、航空航天和其他运输设备制造业	18.73		0.35	18.37
电气机械和器材制造业	169.80	0.25	1.23	168.32
计算机、通信和其他电子设备制造业	236.97	8.01	2.23	226.73
仪器仪表制造业	38.21	0.26	1.89	36.06
其他制造业	2.43			2.43
废弃资源综合利用业	2.07			2.07
金属制品、机械和设备修理业	0.57		0.02	0.55
电力、热力、燃气及水生产和供应业	3.87		0.07	3.80
电力、热力生产和供应业	3.72		0.07	3.66
燃气生产和供应业	0.08			0.08
水的生产和供应业	0.07			0.07
按地区分组				
杭州市	268.54	7.90	7.34	253.30
宁波市	241.52		0.18	241.34
温州市	71.71		0.39	71.32
嘉兴市	129.76	0.03	0.76	128.97
湖州市	66.07		0.33	65.73
绍兴市	112.15	1.16	0.46	110.53
金华市	70.65	0.08	1.13	69.44
衢州市	20.45		0.34	20.11
舟山市	30.13		2.87	27.26
台州市	78.79		1.14	77.64
丽水市	13.25		0.07	13.17

指标名称	R&D经费内部支出合计				
	按支出用途分组				
	经常费支出	#人员劳务费	资产性支出	#土地和建筑物	仪器和设备
总计	**1035.31**	**392.95**	**67.70**	**1.65**	**66.05**
按企业规模分组					
大型	558.72	219.04	32.83	0.81	32.01
中型	476.60	173.91	34.87	0.84	34.04
按登记注册类型分组					
内资企业	753.49	262.89	52.77	1.18	51.59
国有企业	1.41	0.52	0.01		0.01
集体企业					
股份合作企业	1.14	0.37	0.07		0.07
有限责任公司	150.13	41.77	11.10	0.43	10.66
国有独资公司	1.23	0.68	0.01		0.01
其他有限责任公司	148.91	41.08	11.09	0.43	10.65
股份有限公司	215.66	77.67	12.99	0.25	12.74
私营企业	385.15	142.57	28.60	0.49	28.10
私营独资企业	0.25	0.12	0.04		0.04
私营有限责任公司	285.46	102.65	20.02	0.35	19.67
私营股份有限公司	99.43	39.79	8.53	0.14	8.39
港、澳、台商投资企业	139.59	64.16	9.98	0.12	9.86
合资经营企业(港或澳、台资)	31.26	11.12	1.37		1.36
合作经营企业(港或澳、台资)	0.54	0.27	0.06		0.05
港、澳、台商独资经营企业	43.83	18.36	3.20	0.04	3.16
港、澳、台商投资股份有限公司	63.15	34.10	5.35	0.07	5.28
其他港澳台投资企业	0.81	0.32	0.01	0.01	
外商投资企业	142.23	65.90	4.95	0.35	4.60
中外合资经营企业	54.60	20.33	1.36	0.02	1.35
中外合作经营企业	0.13	0.09			
外资企业	67.48	37.87	2.50	0.20	2.31

指标名称	R&D经费内部支出合计				
	按支出用途分组				
	经常费支出	#人员劳务费	资产性支出	#土地和建筑物	仪器和设备
外商投资股份有限公司	18.88	7.54	1.08	0.14	0.94
其他外商投资企业	1.15	0.07			
按国民经济行业大类分组					
采矿业	0.27	0.10			
非金属矿采选业	0.27	0.10			
制造业	1031.54	391.99	67.33	1.65	65.68
农副食品加工业	1.28	0.40	0.12		0.12
食品制造业	2.72	1.24	0.13		0.13
酒、饮料和精制茶制造业	0.93	0.42	0.01		0.01
烟草制品业	0.52	0.37			
纺织业	36.97	15.65	3.45	0.04	3.40
纺织服装、服饰业	11.67	5.07	0.09		0.09
皮革、毛皮、羽毛及其制品和制鞋业	5.80	2.72	0.39	0.01	0.38
木材加工和木、竹、藤、棕、草制品业	5.33	1.77	0.13		0.13
家具制造业	13.89	6.04	0.43	0.01	0.42
造纸和纸制品业	9.74	2.41	0.43		0.43
印刷和记录媒介复制业	4.69	1.70	0.14		0.13
文教、工美、体育和娱乐用品制造业	9.45	4.74	0.44	0.01	0.43
石油、煤炭及其他燃料加工业	0.52	0.30			
化学原料和化学制品制造业	62.78	15.58	4.58	0.18	4.39
医药制造业	63.32	20.87	6.44	0.05	6.39
化学纤维制造业	40.19	5.72	1.90	0.03	1.87
橡胶和塑料制品业	29.92	7.90	2.16	0.02	2.14
非金属矿物制品业	12.57	4.27	0.50	0.01	0.49
黑色金属冶炼和压延加工业	13.53	2.64	0.86		0.86
有色金属冶炼和压延加工业	10.35	2.40	0.98		0.98
金属制品业	34.77	10.98	3.42	0.03	3.38

指标名称	R&D经费内部支出合计				
	按支出用途分组				
	经常费支出	#人员劳务费	资产性支出	#土地和建筑物	仪器和设备
通用设备制造业	88.38	34.66	4.82	0.09	4.72
专用设备制造业	41.99	19.67	2.40	0.03	2.37
汽车制造业	88.43	40.63	6.54	0.17	6.37
铁路、船舶、航空航天和其他运输设备制造业	17.97	5.27	0.76	0.04	0.72
电气机械和器材制造业	162.40	46.61	7.41	0.30	7.11
计算机、通信和其他电子设备制造业	221.89	110.38	15.08	0.55	14.54
仪器仪表制造业	34.63	19.91	3.57	0.04	3.53
其他制造业	2.42	1.17	0.01		0.01
废弃资源综合利用业	1.95	0.29	0.13		0.13
金属制品、机械和设备修理业	0.56	0.21			
电力、热力、燃气及水生产和供应业	3.50	0.86	0.37		0.37
电力、热力生产和供应业	3.36	0.81	0.37		0.37
燃气生产和供应业	0.08	0.01			
水的生产和供应业	0.07	0.03			
按地区分组					
杭州市	255.93	130.40	12.61	0.32	12.29
宁波市	224.58	92.45	16.94	0.29	16.65
温州市	66.94	26.20	4.77	0.06	4.71
嘉兴市	124.82	35.01	4.94	0.47	4.47
湖州市	61.27	17.53	4.79	0.07	4.72
绍兴市	104.07	28.91	8.08	0.12	7.96
金华市	65.49	19.65	5.16	0.06	5.10
衢州市	17.46	5.76	2.99	0.11	2.88
舟山市	29.99	2.45	0.14	0.01	0.13
台州市	72.25	29.82	6.54	0.12	6.42
丽水市	12.52	4.38	0.72	0.02	0.71

单位：亿元

指标名称	R&D 经费内部支出合计			
	按资金来源分组			
	政府资金	企业资金	境外资金	其他资金
总计	**10.34**	**1091.96**	**0.51**	**0.21**
按企业规模分组				
大型	5.05	586.28	0.18	0.03
中型	5.29	505.67	0.33	0.18
按登记注册类型分组				
内资企业	7.58	798.45	0.05	0.18
国有企业		1.42		
集体企业				
股份合作企业	0.05	1.17		
有限责任公司	1.17	160.04		0.01
国有独资公司	0.01	1.22		
其他有限责任公司	1.16	158.82		0.01
股份有限公司	3.35	225.30		
私营企业	3.00	410.52	0.05	0.17
私营独资企业		0.29		
私营有限责任公司	2.00	303.39	0.05	0.04
私营股份有限公司	1.00	106.84		0.13
港、澳、台商投资企业	1.17	148.29	0.12	
合资经营企业（港或澳、台资）	0.41	32.10	0.12	
合作经营企业（港或澳、台资）		0.60		
港、澳、台商独资经营企业	0.32	46.72		
港、澳、台商投资股份有限公司	0.44	68.05		
其他港澳台投资企业		0.82		
外商投资企业	1.59	145.22	0.35	0.03
中外合资经营企业	0.81	54.98	0.17	
中外合作经营企业		0.13		
外资企业	0.23	69.55	0.18	0.03

单位：亿元

指标名称	R&D经费内部支出合计			
	按资金来源分组			
	政府资金	企业资金	境外资金	其他资金
外商投资股份有限公司	0.54	19.41		
其他外商投资企业		1.15		
按国民经济行业大类分组				
采矿业		0.27		
非金属矿采选业		0.27		
制造业	10.15	1088.00	0.51	0.21
农副食品加工业	0.08	1.31		
食品制造业	0.07	2.78		
酒、饮料和精制茶制造业	0.02	0.92		
烟草制品业		0.53		
纺织业	0.12	40.26		0.04
纺织服装、服饰业	0.15	11.61		
皮革、毛皮、羽毛及其制品和制鞋业	0.01	6.18		
木材加工和木、竹、藤、棕、草制品业	0.06	5.40		
家具制造业	0.02	14.30		
造纸和纸制品业	0.11	10.06		
印刷和记录媒介复制业	0.04	4.78		
文教、工美、体育和娱乐用品制造业	0.07	9.82		
石油、煤炭及其他燃料加工业		0.52		
化学原料和化学制品制造业	0.69	66.67		
医药制造业	1.50	68.08	0.17	0.01
化学纤维制造业	0.23	41.85		
橡胶和塑料制品业	0.30	31.78		
非金属矿物制品业	0.04	13.03		
黑色金属冶炼和压延加工业	0.16	14.24		
有色金属冶炼和压延加工业	0.51	10.82		
金属制品业	0.30	37.88		

单位：亿元

指标名称	R&D经费内部支出合计			
	按资金来源分组			
	政府资金	企业资金	境外资金	其他资金
通用设备制造业	1.23	91.71	0.13	0.13
专用设备制造业	0.39	43.99		0.01
汽车制造业	0.44	94.50	0.03	
铁路、船舶、航空航天和其他运输设备制造业	0.08	18.65		
电气机械和器材制造业	1.06	168.72		0.03
计算机、通信和其他电子设备制造业	1.47	235.32	0.18	
仪器仪表制造业	0.94	37.26		
其他制造业	0.01	2.42		
废弃资源综合利用业	0.04	2.03		
金属制品、机械和设备修理业		0.57		
电力、热力、燃气及水生产和供应业	0.18	3.69		
电力、热力生产和供应业	0.18	3.54		
燃气生产和供应业		0.08		
水的生产和供应业		0.07		
按地区分组				
杭州市	2.51	265.86	0.17	0.01
宁波市	1.67	239.84		0.01
温州市	0.74	70.97		
嘉兴市	0.64	128.91	0.18	0.03
湖州市	0.57	65.49		
绍兴市	1.15	110.80	0.03	0.16
金华市	1.15	69.50		
衢州市	0.47	19.98		
舟山市	0.08	30.05		
台州市	1.04	77.62	0.13	
丽水市	0.31	12.94		

指标名称	R&D经费外部支出合计	对境内研究机构支出	对境内高等学校支出	对境内企业支出	对境外支出
总计	102.95	17.53	4.31	70.89	10.23
按企业规模分组					
大型	82.23	15.55	2.28	56.27	8.13
中型	20.72	1.98	2.02	14.62	2.10
按登记注册类型分组					
内资企业	61.56	16.99	3.52	36.50	4.54
国有企业	0.01		0.01		
集体企业					
股份合作企业	0.17			0.17	
有限责任公司	13.19	2.51	1.04	9.63	0.01
国有独资公司	0.08	0.03	0.04	0.01	
其他有限责任公司	13.10	2.48	1.00	9.61	0.01
股份有限公司	20.73	1.99	1.05	14.40	3.29
私营企业	27.46	12.49	1.42	12.31	1.25
私营独资企业	0.01		0.01		
私营有限责任公司	23.51	12.02	0.82	10.30	0.36
私营股份有限公司	3.95	0.47	0.59	2.01	0.88
港、澳、台商投资企业	4.24	0.18	0.39	2.65	1.02
合资经营企业（港或澳、台资）	1.31	0.16	0.20	0.85	0.09
合作经营企业（港或澳、台资）	0.23		0.01	0.01	0.21
港、澳、台商独资经营企业	1.06	0.01	0.08	0.41	0.56
港、澳、台商投资股份有限公司	1.64	0.01	0.10	1.38	0.16
其他港澳台投资企业	0.01		0.01		
外商投资企业	37.15	0.36	0.40	31.73	4.66
中外合资经营企业	18.95	0.10	0.10	18.74	0.01
中外合作经营企业					
外资企业	14.22	0.16	0.21	11.86	1.99

指标名称	R&D经费外部支出合计	对境内研究机构支出	对境内高等学校支出	对境内企业支出	对境外支出
外商投资股份有限公司	3.34	0.10	0.08	0.49	2.66
其他外商投资企业	0.63			0.63	
按国民经济行业大类分组					
采矿业	0.01			0.01	
非金属矿采选业	0.01			0.01	
制造业	101.34	17.52	4.28	69.31	10.23
农副食品加工业	0.03		0.01	0.02	
食品制造业	0.09	0.04	0.05		
酒、饮料和精制茶制造业	0.01		0.01		
烟草制品业	0.08	0.03	0.04	0.01	
纺织业	0.82		0.07	0.69	0.07
纺织服装、服饰业	0.08		0.03	0.04	0.01
皮革、毛皮、羽毛及其制品和制鞋业	0.05			0.05	
木材加工和木、竹、藤、棕、草制品业	0.02		0.01		
家具制造业	0.11		0.05	0.06	
造纸和纸制品业	0.21	0.15	0.05		
印刷和记录媒介复制业	0.13		0.02		0.11
文教、工美、体育和娱乐用品制造业	0.35		0.02	0.32	
石油、煤炭及其他燃料加工业	0.20	0.02	0.05		0.13
化学原料和化学制品制造业	3.91	0.09	1.11	2.71	0.01
医药制造业	12.14	1.68	0.81	6.92	2.74
化学纤维制造业	0.23		0.11	0.11	
橡胶和塑料制品业	0.48	0.08	0.11	0.27	0.02
非金属矿物制品业	0.37	0.03	0.06	0.28	
黑色金属冶炼和压延加工业	0.16	0.06	0.02	0.08	
有色金属冶炼和压延加工业	0.01			0.01	
金属制品业	0.14	0.03	0.04	0.05	0.03

指标名称	R&D经费外部支出合计	对境内研究机构支出	对境内高等学校支出	对境内企业支出	对境外支出
通用设备制造业	1.97	0.23	0.31	1.40	0.03
专用设备制造业	1.11	0.14	0.21	0.50	0.27
汽车制造业	52.10	13.77	0.15	36.75	1.43
铁路、船舶、航空航天和其他运输设备制造业	0.66		0.01	0.37	0.28
电气机械和器材制造业	10.52	0.24	0.27	6.97	3.04
计算机、通信和其他电子设备制造业	14.25	0.89	0.45	10.84	2.06
仪器仪表制造业	1.08	0.03	0.17	0.87	0.01
其他制造业	0.02		0.01		
废弃资源综合利用业	0.02		0.02		
金属制品、机械和设备修理业					
电力、热力、燃气及水生产和供应业	1.61	0.02	0.02	1.57	
电力、热力生产和供应业	1.60	0.02	0.02	1.57	
燃气生产和供应业					
水的生产和供应业	0.01				
按地区分组					
杭州市	22.33	0.76	0.88	17.48	3.20
宁波市	33.77	2.59	1.47	26.31	3.40
温州市	5.53	0.04	0.14	5.34	
嘉兴市	7.29	0.65	0.19	6.06	0.39
湖州市	15.32	11.19	0.20	1.31	2.63
绍兴市	1.95	0.11	0.48	1.27	0.09
金华市	2.11	0.25	0.30	1.55	0.01
衢州市	0.84	0.07	0.10	0.67	
舟山市	0.05		0.02	0.03	
台州市	13.15	1.82	0.47	10.46	0.39
丽水市	0.54	0.01	0.02	0.40	0.10

4-5　大中型工业企业办研发机构情况（2022）

指标名称	机构数（个）	企业在境外设立的研究开发机构数（个）	机构人员数（人）	#博士	#硕士	机构经费支出（亿元）	仪器和设备原价（亿元）
总计	**3929**	**134**	**389194**	**3073**	**30998**	**1692.63**	**825.93**
按企业规模分组							
大型	726	56	178082	1754	21151	953.72	373.61
中型	3203	78	211112	1319	9847	738.91	452.32
按登记注册类型分组							
内资企业	3184	101	295565	1903	19226	1206.08	616.65
国有企业	3		386		5	2.10	1.47
集体企业	1		5		1		
股份合作企业	6		327		8	1.60	1.33
有限责任公司	407	15	44117	300	4352	291.07	112.96
国有独资公司	11		814	17	122	4.84	5.29
其他有限责任公司	396	15	43303	283	4230	286.23	107.67
股份有限公司	519	45	72928	805	8639	325.60	176.49
私营企业	2248	41	177802	798	6221	585.71	324.41
私营独资企业	3		80			0.35	0.25
私营有限责任公司	1734	25	130898	467	4191	438.86	234.16
私营股份有限公司	511	16	46824	331	2030	146.51	90.00
港、澳、台商投资企业	353	18	50058	368	6502	241.25	126.18
合资经营企业（港或澳、台资）	141	2	13017	65	660	56.23	42.63
合作经营企业（港或澳、台资）	3		242	2	13	0.99	0.50
港、澳、台商独资经营企业	129	7	16667	60	1009	65.90	35.89
港、澳、台商投资股份有限公司	76	9	19860	236	4815	117.26	46.09
其他港澳台投资企业	4		272	5	5	0.87	1.06
外商投资企业	392	15	43571	802	5270	245.29	83.11
中外合资经营企业	150	2	17543	597	1300	99.50	26.12

指标名称	机构数（个）	企业在境外设立的研究开发机构数（个）	机构人员数（人）	#博士	#硕士	机构经费支出（亿元）	仪器和设备原价（亿元）
中外合作经营企业	2		155			0.13	0.58
外资企业	189	2	19678	93	3279	117.11	40.41
外商投资股份有限公司	49	11	6054	102	655	27.98	15.97
其他外商投资企业	2		141	10	36	0.57	0.03
按国民经济行业大类分组							
采矿业	1		15	1	3	0.51	0.57
非金属矿采选业	1		15	1	3	0.51	0.57
制造业	3919	134	388498	3068	30949	1687.10	820.49
农副食品加工业	25		1009	10	54	2.63	1.68
食品制造业	42		2042	28	172	5.71	5.21
酒、饮料和精制茶制造业	11		547	1	48	1.59	1.10
烟草制品业	1		210	13	69	2.55	4.03
纺织业	267	2	18358	27	282	46.70	33.50
纺织服装、服饰业	137	4	9445	13	193	21.24	6.37
皮革、毛皮、羽毛及其制品和制鞋业	72		5890	16	17	7.94	3.11
木材加工和木、竹、藤、棕、草制品业	27	2	2137	51	65	5.44	3.21
家具制造业	75	1	6367	37	74	13.77	4.39
造纸和纸制品业	54		4665	29	101	26.28	18.16
印刷和记录媒介复制业	43	1	3084	13	54	7.65	4.67
文教、工美、体育和娱乐用品制造业	87	2	7491	23	92	15.85	5.59
石油、煤炭及其他燃料加工业	3		51		3	1.40	0.98
化学原料和化学制品制造业	167	12	14501	269	1518	167.53	81.28
医药制造业	190	11	18963	478	3211	97.90	61.89
化学纤维制造业	82	1	12391	46	128	52.36	30.51
橡胶和塑料制品业	129	3	10670	51	297	39.33	22.26
非金属矿物制品业	77	2	5567	40	222	24.56	15.51
黑色金属冶炼和压延加工业	26		2553	19	97	33.19	9.89

指标名称	机构数（个）	企业在境外设立的研究开发机构数（个）	机构人员数（人）	#博士	#硕士	机构经费支出（亿元）	仪器和设备原价（亿元）
有色金属冶炼和压延加工业	44	1	2547	38	205	13.08	23.26
金属制品业	230	5	16467	40	190	46.67	27.56
通用设备制造业	411	13	35689	203	2715	124.73	66.73
专用设备制造业	202	13	17081	97	1236	55.04	35.29
汽车制造业	313	10	32459	571	1084	193.24	80.09
铁路、船舶、航空航天和其他运输设备制造业	67	1	6573	11	185	25.72	9.13
电气机械和器材制造业	574	21	54328	289	2447	226.31	90.62
计算机、通信和其他电子设备制造业	398	23	77611	527	13974	368.20	139.15
仪器仪表制造业	126	6	17466	122	2182	53.96	28.53
其他制造业	23		1188		12	2.31	0.85
废弃资源综合利用业	9		724	5	17	3.18	4.48
金属制品、机械和设备修理业	7		424	1	5	1.03	1.44
电力、热力、燃气及水生产和供应业	9		681	4	46	5.02	4.88
电力、热力生产和供应业	8		617	4	43	5.00	4.34
水的生产和供应业	1		64		3	0.02	0.54
按地区分组							
杭州市	628	26	87521	867	18130	449.19	168.51
宁波市	839	32	89220	887	4509	391.51	223.27
温州市	372	7	34334	104	804	89.12	42.01
嘉兴市	566	19	56510	229	2115	233.67	129.20
湖州市	254	12	18679	189	680	92.56	37.63
绍兴市	361	20	27503	258	2035	111.94	57.25
金华市	325	2	26478	134	815	108.73	53.14
衢州市	115	1	7756	95	402	35.37	27.28
舟山市	35		4038	12	130	68.98	14.71
台州市	362	14	31199	257	1233	88.09	61.20
丽水市	71	1	5746	28	76	20.90	7.70

4-6 大中型工业企业新产品开发、生产及销售情况（2022）

指标名称	新产品开发项目数（项）	新产品开发经费支出（万元）	新产品销售收入（万元）	#出口
总计	47073	1570.87	28012.77	6440.12
按企业规模分组				
大型	13366	817.85	15924.88	4045.49
中型	33707	753.02	12087.89	2394.64
按登记注册类型分组				
内资企业	38286	1134.24	20950.30	4484.11
国有企业	30	1.28	63.66	2.20
集体企业	1			
股份合作企业	89	1.61	28.47	5.71
有限责任公司	5366	237.64	5922.68	930.26
国有独资公司	107	2.95	59.84	2.21
其他有限责任公司	5259	234.68	5862.84	928.04
股份有限公司	8023	326.35	4989.72	1084.42
私营企业	24777	567.37	9945.77	2461.52
私营独资企业	15	0.51	4.65	0.05
私营有限责任公司	18123	413.67	7592.66	1891.74
私营股份有限公司	6639	153.19	2348.47	569.73
港、澳、台商投资企业	4195	234.61	3035.88	665.59
合资经营企业（港或澳、台资）	1487	53.58	1095.88	225.42
合作经营企业（港或澳、台资）	26	0.69	14.99	6.34
港、澳、台商独资经营企业	1484	61.26	1232.32	317.06
港、澳、台商投资股份有限公司	1175	118.09	687.03	115.92
其他港澳台投资企业	23	1.00	5.67	0.84
外商投资企业	4592	202.02	4026.59	1290.43
中外合资经营企业	1821	79.26	1124.56	166.08
中外合作经营企业	9	0.13	0.13	

指标名称	新产品开发项目数 （项）	新产品开发经费支出 （万元）	新产品销售收入 （万元）	# 出口
外资企业	1854	95.32	2335.52	952.49
外商投资股份有限公司	877	26.06	550.54	171.08
其他外商投资企业	31	1.24	15.84	0.78
按国民经济行业大类分组				
采矿业	15	0.19	0.03	
非金属矿采选业	15	0.19	0.03	
制造业	46829	1564.23	27998.52	6440.12
农副食品加工业	204	3.30	31.15	5.53
食品制造业	370	5.08	71.18	18.71
酒、饮料和精制茶制造业	127	1.73	33.93	
烟草制品业	33	0.83	32.46	0.01
纺织业	1992	51.42	858.36	162.50
纺织服装、服饰业	945	21.16	545.14	176.68
皮革、毛皮、羽毛及其制品和制鞋业	602	9.72	139.43	59.39
木材加工和木、竹、藤、棕、草制品业	244	5.36	126.59	57.97
家具制造业	985	20.55	316.03	179.29
造纸和纸制品业	580	21.51	406.25	50.73
印刷和记录媒介复制业	409	6.72	110.64	16.78
文教、工美、体育和娱乐用品制造业	1036	16.67	360.54	114.80
石油、煤炭及其他燃料加工业	63	1.41	30.34	0.65
化学原料和化学制品制造业	1872	93.52	3980.73	478.47
医药制造业	3282	82.00	845.59	284.36
化学纤维制造业	1142	54.95	1322.52	81.19
橡胶和塑料制品业	1656	45.00	596.33	130.49
非金属矿物制品业	668	20.59	460.40	59.78
黑色金属冶炼和压延加工业	467	33.88	337.26	14.98
有色金属冶炼和压延加工业	501	18.67	849.03	73.04

指标名称	新产品开发项目数（项）	新产品开发经费支出（万元）	新产品销售收入（万元）	
				#出口
金属制品业	2338	51.99	814.29	265.06
通用设备制造业	5446	131.99	1843.25	421.36
专用设备制造业	2519	60.28	780.93	162.49
汽车制造业	4119	129.84	2072.60	411.03
铁路、船舶、航空航天和其他运输设备制造业	960	24.45	315.19	136.96
电气机械和器材制造业	7230	236.09	5248.94	1289.34
计算机、通信和其他电子设备制造业	5159	349.97	4835.25	1682.96
仪器仪表制造业	1572	59.08	521.33	87.58
其他制造业	209	3.26	49.46	13.02
废弃资源综合利用业	48	2.55	58.03	1.48
金属制品、机械和设备修理业	51	0.65	5.35	3.50
电力、热力、燃气及水生产和供应业	229	6.45	14.22	
电力、热力生产和供应业	213	6.29	11.28	
燃气生产和供应业	8	0.09		
水的生产和供应业	8	0.07	2.94	
按地区分组				
杭州市	8529	470.07	5811.45	930.75
宁波市	11803	326.60	5387.44	1200.30
温州市	3909	85.55	1343.94	257.78
嘉兴市	4906	197.04	4855.97	1567.59
湖州市	3245	87.86	1838.86	394.48
绍兴市	3677	124.84	2018.69	338.33
金华市	3478	101.69	2056.47	670.41
衢州市	1132	37.01	742.60	93.12
舟山市	365	22.59	2057.77	321.08
台州市	5066	95.61	1512.39	611.28
丽水市	930	21.17	354.73	55.00

4-7 大中型工业企业自主知识产权保护情况（2022）

指标名称	专利申请数（件）	发明专利	有效发明专利数（件）	已被实施
总计	**73364**	**25968**	**74568**	**52249**
按企业规模分组				
大型	38112	15319	39528	25654
中型	35252	10649	35040	26595
按登记注册类型分组				
内资企业	57580	19765	52076	35945
国有企业	88	35	41	38
股份合作企业	24	4	63	57
有限责任公司	8156	3638	7739	5121
国有独资公司	415	225	827	505
其他有限责任公司	7741	3413	6912	4616
股份有限公司	18874	8353	18931	13691
私营企业	30438	7735	25302	17038
私营独资企业	13	3	5	5
私营有限责任公司	21584	5196	17040	10561
私营股份有限公司	8841	2536	8257	6472
港、澳、台商投资企业	7300	3119	7250	5641
合资经营企业（港或澳、台资）	1547	624	1637	1285
合作经营企业（港或澳、台资）	89	13	32	32
港、澳、台商独资经营企业	2434	835	2086	1692
港、澳、台商投资股份有限公司	3192	1625	3411	2590
其他港澳台投资企业	38	22	84	42
外商投资企业	8484	3084	15242	10663
中外合资经营企业	2517	997	3312	2288
中外合作经营企业	5		2	2

指标名称	专利申请数（件）	发明专利	有效发明专利数（件）	已被实施
外资企业	2366	1225	9050	6817
外商投资股份有限公司	3579	858	2865	1543
其他外商投资企业	17	4	13	13
按国民经济行业大类分组				
采矿业	15	4	13	13
非金属矿采选业	15	4	13	13
制造业	72903	25709	74131	52030
农副食品加工业	103	39	111	83
食品制造业	226	91	205	170
酒、饮料和精制茶制造业	19	7	74	63
烟草制品业	271	146	502	358
纺织业	1359	303	1425	1008
纺织服装、服饰业	736	135	496	360
皮革、毛皮、羽毛及其制品和制鞋业	492	64	232	125
木材加工和木、竹、藤、棕、草制品业	387	129	427	200
家具制造业	2293	309	850	539
造纸和纸制品业	362	136	629	507
印刷和记录媒介复制业	323	57	255	156
文教、工美、体育和娱乐用品制造业	1711	167	637	553
石油、煤炭及其他燃料加工业	60	41	141	114
化学原料和化学制品制造业	1405	903	3702	2200
医药制造业	1772	1004	4281	2618
化学纤维制造业	527	198	524	419
橡胶和塑料制品业	1820	517	1192	916
非金属矿物制品业	646	289	983	861
黑色金属冶炼和压延加工业	231	92	249	234
有色金属冶炼和压延加工业	550	239	449	307

指标名称	专利 申请数（件）	有效发明专利数 （件）		
		发明专利		已被实施
金属制品业	3117	506	1705	1292
通用设备制造业	8209	2942	6934	4754
专用设备制造业	3675	1252	4167	2878
汽车制造业	5503	2050	4187	3134
铁路、船舶、航空航天和其他运输设备制造业	1777	426	517	409
电气机械和器材制造业	15217	3843	9317	6287
计算机、通信和其他电子设备制造业	15918	8004	25664	17972
仪器仪表制造业	3718	1739	3777	3097
其他制造业	383	55	391	311
废弃资源综合利用业	77	24	70	67
金属制品、机械和设备修理业	16	2	38	38
电力、热力、燃气及水生产和供应业	446	255	424	206
电力、热力生产和供应业	441	254	422	206
水的生产和供应业	5	1	2	
按地区分组				
杭州市	20316	10150	27302	20986
宁波市	17583	5556	16563	9499
温州市	5634	1225	3722	2330
嘉兴市	6740	2230	5756	4183
湖州市	3610	1099	4202	2871
绍兴市	6545	1887	5463	3834
金华市	4764	1231	3487	2785
衢州市	855	406	847	719
舟山市	327	93	246	226
台州市	5572	1692	5825	4041
丽水市	1120	232	500	417

指标名称	专利所有权转让及许可数（件）	专利所有权转让及许可收入（亿元）	拥有注册商标（件）	发表科技论文（篇）	形成国家或行业标准（项）
总计	**1660**	**6.19**	**97992**	**3384**	**3293**
按企业规模分组					
大型	490	2.95	45692	2114	1306
中型	1170	3.23	52300	1270	1987
按登记注册类型分组					
内资企业	1098	5.37	82168	2878	2699
国有企业				7	14
股份合作企业			11	14	5
有限责任公司	133	2.92	6531	745	397
国有独资公司	2		318	75	4
其他有限责任公司	131	2.92	6213	670	393
股份有限公司	378	2.31	30535	1359	1063
私营企业	587	0.14	45091	753	1220
私营独资企业			2		
私营有限责任公司	447	0.13	30428	376	744
私营股份有限公司	140		14661	377	476
港、澳、台商投资企业	357	0.60	8056	221	374
合资经营企业（港或澳、台资）	64		1580	89	84
合作经营企业（港或澳、台资）			45		3
港、澳、台商独资经营企业	267	0.28	2103	10	110
港、澳、台商投资股份有限公司	25	0.32	4287	116	171
其他港澳台投资企业	1		41	6	6
外商投资企业	205	0.22	7768	285	220
中外合资经营企业	28	0.02	2082	213	69
中外合作经营企业					
外资企业	17	0.20	2728	32	54

指标名称	专利所有权转让及许可数（件）	专利所有权转让及许可收入（亿元）	拥有注册商标（件）	发表科技论文（篇）	形成国家或行业标准（项）
外商投资股份有限公司	64		2958	40	97
其他外商投资企业	96				
按国民经济行业大类分组					
采矿业					
非金属矿采选业					
制造业	1617	5.99	97985	3203	3291
农副食品加工业	84		1312	2	20
食品制造业	8		2437	18	13
酒、饮料和精制茶制造业			550	19	
烟草制品业			268	56	
纺织业	10	0.19	1947	28	58
纺织服装、服饰业	18		7151	12	38
皮革、毛皮、羽毛及其制品和制鞋业	3		3584		50
木材加工和木、竹、藤、棕、草制品业	11	0.02	1877	34	84
家具制造业	70		3477	14	42
造纸和纸制品业	40		1067	69	56
印刷和记录媒介复制业			354	6	31
文教、工美、体育和娱乐用品制造业	63	0.02	6196	35	45
石油、煤炭及其他燃料加工业		0.40		317	
化学原料和化学制品制造业	79		7296	243	240
医药制造业	38	3.19	7589	304	114
化学纤维制造业			335	28	54
橡胶和塑料制品业	10		1878	96	116
非金属矿物制品业	3		2098	55	24
黑色金属冶炼和压延加工业	5		55	80	26
有色金属冶炼和压延加工业	5	0.20	558	19	68

指标名称	专利所有权转让及许可数（件）	专利所有权转让及许可收入（亿元）	拥有注册商标（件）	发表科技论文（篇）	形成国家或行业标准（项）
金属制品业	12		4393	80	114
通用设备制造业	282		8417	452	543
专用设备制造业	171		3672	56	148
汽车制造业	39	0.09	3281	245	66
铁路、船舶、航空航天和其他运输设备制造业	9		1696	21	8
电气机械和器材制造业	350	0.45	11223	448	604
计算机、通信和其他电子设备制造业	170	1.30	12298	213	379
仪器仪表制造业	98	0.11	2127	231	289
其他制造业	30		790	11	55
废弃资源综合利用业	9		59	11	5
金属制品、机械和设备修理业					1
电力、热力、燃气及水生产和供应业	43	0.20	7	181	2
电力、热力生产和供应业	43	0.20	5	179	
水的生产和供应业			2	2	2
按地区分组					
杭州市	218	2.04	23135	1132	902
宁波市	402	0.72	16496	774	494
温州市	283	0.02	11360	264	445
嘉兴市	62	0.39	10507	174	134
湖州市	238	0.02	6090	252	324
绍兴市	145	0.84	6612	159	315
金华市	35	0.75	8750	126	148
衢州市	3	0.40	757	83	129
舟山市	2		145	75	25
台州市	267	0.99	10896	250	333
丽水市	5		2976	28	44

4-8 大中型工业企业政府相关政策落实情况（2022）

单位：亿元

指标名称	使用来自政府部门的研发资金	研究开发费用加计扣除减免税	高新技术企业减免税
总计	**1467.81**	**208.49**	**197.31**
按企业规模分组			
大型	734.32	106.24	98.10
中型	733.49	102.24	99.21
按登记注册类型分组			
内资企业	1093.85	148.17	142.71
国有企业	1.82	0.04	0.10
集体企业			
股份合作企业	1.63	0.22	0.17
有限责任公司	240.30	29.45	27.93
国有独资公司	2.42	0.22	0.02
其他有限责任公司	237.88	29.23	27.91
股份有限公司	315.55	43.29	47.16
私营企业	534.55	75.18	67.36
私营独资企业	0.18	0.02	
私营有限责任公司	389.98	52.74	46.15
私营股份有限公司	144.39	22.42	21.20
港、澳、台商投资企业	197.64	29.57	22.52
合资经营企业（港或澳、台资）	47.09	6.17	8.00
合作经营企业（港或澳、台资）	0.98	0.02	
港、澳、台商独资经营企业	54.53	8.33	9.13
港、澳、台商投资股份有限公司	94.56	14.95	5.31
其他港澳台投资企业	0.49	0.09	0.08
外商投资企业	176.31	30.75	32.08

指标名称	使用来自政府部门的研发资金	研究开发费用加计扣除减免税	高新技术企业减免税
中外合资经营企业	65.21	14.73	9.53
中外合作经营企业	0.09	0.02	
外资企业	78.10	12.07	16.29
外商投资股份有限公司	31.68	3.79	6.24
其他外商投资企业	1.23	0.14	0.01
按国民经济行业大类分组			
采矿业	0.51	0.08	
非金属矿采选业	0.51	0.08	
制造业	1463.31	207.84	196.96
农副食品加工业	2.49	0.38	0.27
食品制造业	5.93	0.87	1.35
酒、饮料和精制茶制造业	1.70	0.31	0.18
纺织业	63.18	8.42	5.19
纺织服装、服饰业	16.87	2.68	1.31
皮革、毛皮、羽毛及其制品和制鞋业	8.58	1.35	0.63
木材加工和木、竹、藤、棕、草制品业	6.28	0.98	1.38
家具制造业	18.91	2.99	1.96
造纸和纸制品业	19.39	3.00	4.82
印刷和记录媒介复制业	8.02	1.15	1.17
文教、工美、体育和娱乐用品制造业	15.55	2.15	2.26
石油、煤炭及其他燃料加工业	0.92	0.21	
化学原料和化学制品制造业	157.24	18.04	18.94
医药制造业	85.28	17.60	21.72
化学纤维制造业	32.43	5.16	4.99
橡胶和塑料制品业	43.19	5.16	4.68
非金属矿物制品业	20.00	2.66	10.30
黑色金属冶炼和压延加工业	20.57	2.75	1.25

单位：亿元

指标名称	使用来自政府部门的研发资金	研究开发费用加计扣除减免税	高新技术企业减免税
有色金属冶炼和压延加工业	20.59	2.35	0.74
金属制品业	46.01	6.05	5.23
通用设备制造业	119.72	19.07	19.23
专用设备制造业	52.95	7.69	12.88
汽车制造业	113.96	15.06	19.75
铁路、船舶、航空航天和其他运输设备制造业	20.78	2.69	1.39
电气机械和器材制造业	209.79	28.53	26.84
计算机、通信和其他电子设备制造业	293.38	41.54	20.92
仪器仪表制造业	53.03	7.94	6.97
其他制造业	3.29	0.46	0.34
废弃资源综合利用业	2.25	0.45	0.24
金属制品、机械和设备修理业	1.04	0.15	
电力、热力、燃气及水生产和供应业	3.99	0.56	0.35
电力、热力生产和供应业	3.74	0.56	0.35
水的生产和供应业	0.25		
按地区分组			
杭州市	409.80	64.73	45.53
宁波市	275.61	39.70	50.18
温州市	86.85	14.47	12.81
嘉兴市	145.87	18.04	27.54
湖州市	77.63	12.23	16.04
绍兴市	139.24	18.03	18.49
金华市	104.04	12.66	7.70
衢州市	32.51	4.06	4.75
舟山市	69.29	5.57	0.46
台州市	104.74	15.79	12.29
丽水市	22.04	3.18	1.53

4-9　大中型工业企业技术获取和技术改造情况（2022）

单位：亿元

指标名称	技术改造经费支出	购买境内技术经费支出	引进境外技术经费支出	引进境外技术的消化吸收经费支出
总计	**225.64**	**16.61**	**14.72**	**0.17**
按企业规模分组				
大型	116.04	9.95	7.37	
中型	109.61	6.66	7.34	0.17
按登记注册类型分组				
内资企业	189.92	9.86	8.63	0.14
股份合作企业	0.31			
有限责任公司	49.54	1.07	0.52	
国有独资公司	5.61	0.01		
其他有限责任公司	43.93	1.06	0.52	
股份有限公司	56.96	2.82	0.67	0.14
私营企业	83.11	5.97	7.44	
私营有限责任公司	59.24	4.10	7.18	
私营股份有限公司	23.86	1.87	0.27	
港、澳、台商投资企业	22.57	3.08	0.32	
合资经营企业（港或澳、台资）	3.48	0.82	0.10	
港、澳、台商独资经营企业	13.22	1.53		
港、澳、台商投资股份有限公司	5.88	0.73	0.22	
外商投资企业	13.15	3.67	5.77	0.03
中外合资经营企业	3.38	0.52	0.10	0.03
外资企业	8.06	2.56	4.78	
外商投资股份有限公司	1.71	0.59	0.88	
按国民经济行业大类分组				
制造业	218.09	16.54	14.72	0.17
农副食品加工业	0.01	0.03		
食品制造业	3.82	0.07	0.01	
酒、饮料和精制茶制造业	0.01			
烟草制品业	5.39			
纺织业	4.60	0.11	0.04	0.03
纺织服装、服饰业	0.70			
皮革、毛皮、羽毛及其制品和制鞋业	0.41			
木材加工和木、竹、藤、棕、草制品业	0.04		0.04	
家具制造业	1.10			
造纸和纸制品业	1.38			

指标名称	技术改造经费支出	购买境内技术经费支出	引进境外技术经费支出	引进境外技术的消化吸收经费支出
印刷和记录媒介复制业	0.55	0.02		
文教、工美、体育和娱乐用品制造业	2.10	0.09		
石油、煤炭及其他燃料加工业	0.34			
化学原料和化学制品制造业	46.94	0.01	3.26	
医药制造业	25.10	2.75	6.92	
化学纤维制造业	4.84	0.01	0.03	
橡胶和塑料制品业	3.33	0.16	0.13	
非金属矿物制品业	0.35			
黑色金属冶炼和压延加工业	5.59	0.15		
有色金属冶炼和压延加工业	2.54	0.63	0.10	
金属制品业	5.30	0.57	0.58	0.15
通用设备制造业	25.17	0.68	0.27	
专用设备制造业	7.80	0.09	0.04	
汽车制造业	19.67	7.16	1.20	
铁路、船舶、航空航天和其他运输设备制造业	1.73	1.41		
电气机械和器材制造业	21.31	0.23	1.87	
计算机、通信和其他电子设备制造业	20.17	0.70	0.17	
仪器仪表制造业	7.63	1.65	0.04	
其他制造业	0.01			
废弃资源综合利用业	0.16			
电力、热力、燃气及水生产和供应业	7.55	0.07		
电力、热力生产和供应业	7.55			
燃气生产和供应业		0.07		
按地区分组				
杭州市	32.47	1.93	7.72	
宁波市	64.28	8.87	4.52	
温州市	14.41	0.59		
嘉兴市	13.04	0.18	2.23	0.17
湖州市	4.02	0.38		
绍兴市	10.40	0.04	0.12	
金华市	17.88	1.23		
衢州市	34.22	0.08	0.01	
舟山市	2.13	1.29		
台州市	22.28	1.79	0.11	
丽水市	5.14	0.22		

五、高等院校

5-1　高等学校基本情况（1978—2022）

年份	学校数（所）	招生数（人）		在校学生数（人）		毕业生数（人）		教职员工数（人）	#专任教师
		本专科	研究生	本专科	研究生	本专科	研究生		
1978	20	14241		24223		3743		11961	5389
1979	20	9498		32227		1013		13889	6275
1980	22	9387		37815		3710		15619	6886
1981	22	9208		41020		5852		16365	6933
1982	22	10162		36088		14968		18181	7701
1983	24	12750		39008		10411		19274	8219
1984	27	15030		44883		9002		20431	8690
1985	35	19026		52688		11044		22497	9908
1986	37	17877		57352		13027		24723	10804
1987	37	18190		60072		15017		25620	11223
1988	37	19364		60419		18712		26472	11578
1989	37	18270		61045		17323		26772	11574
1990	37	18264		60327		18417		26787	11578
1991	36	18651		59822		18175		27004	11208
1992	35	21217		62226		18267		27821	11105
1993	36	27716		73586		15971		27898	11148
1994	37	30482		87428		17895		28212	11345
1995	37	28094		92857		22443		28194	11491
1996	36	30541		96480		27133		28107	11530
1997	35	33145		102302		26386		28123	11595
1998	32	36668	2155	113543	5991	24296		28327	11816
1999	36	59300	3216	151318	7460	30561	1578	30532	13140
2000	35	93516	4130	212375	9895	32477	1600	40037	18981
2001	38	120195	5577	293078	13237	37230	1882	44347	22168
2002	60	152470	6111	393145	16297	48431	2645	48481	25993
2003	64	173519	6863	484639	19269	78685	3514	48691	29945
2004	68	195617	8029	572759	22062	103123	4858	60833	35766
2005	67	215362	9577	651307	25637	133051	5558	58924	38402
2006	68	237157	10996	719869	27125	162531	8731	69730	42143
2007	77	249749	12326	777982	31409	183863	7387	73704	45622
2008	77	265696	13691	832224	35812	203203	8944	75986	47795
2009	78	261361	16184	866496	43381	218226	7941	77852	49516
2010	80	260111	16575	884867	47991	233741	11156	79785	50969
2011	104	271285	17565	907482	51846	238448	13046	81384	52296
2012	105	280824	18748	932292	54369	247537	15112	83843	54154
2013	106	283353	19535	959629	57801	244860	15592	85381	56000
2014	108	284285	20164	978216	60511	253708	16535	87375	58076
2015	108	287809	21496	991149	63528	263981	17117	88744	59472
2016	108	288798	22246	996143	67232	273342	17801	90214	60477
2017	108	293745	27368	1002346	74404	276580	18717	92654	62357
2018	109	309687	29760	1019449	82547	280634	20676	94462	63433
2019	109	350371	31771	1074688	92368	283396	20875	99551	66734
2020	110	369410	43064	1148737	110093	286558	23743	104059	70445
2021	109	375933	47505	1210296	129860	300419	25512	109481	74227
2022	109	402464	51477	1253265	151207	346264	27470	113909	78392

注：2011 年起包含独立学院。2017 年起研究生含全日制和非全日制。

5-2 普通高等教育分类情况（2022）

分类	学校数（所）	本、专科学生（人）			教职员工数（人）	
		毕业生数	招生数	在校学生数		# 专任教师
总计	109	346264	402464	1253265	113909	78392
普通本科	58	171415	202277	705515	82111	54820
# 民办本科（含中外合作办学）	22	55161	56734	196890	14524	10387
# 独立学院	15	37615	36699	126486	7869	6153
高职（高专）院校	51	174849	200187	547750	31798	23572
# 民办	11	33938	50021	132351	6416	5020

5-3 高等学校科技活动情况（1986—2022）

年份	科技活动机构数（个）	科技活动人员（人）	经费拨入总额（万元）	#政府拨款	经费支出总额（万元）	#仪器设备费
1986	31	16086	2760	2061	2191	943
1987	32	15363	2954	1836	2557	823
1988	45	19874	3167	1789	2757	639
1989	44	20166	4514	2039	3926	884
1990	45	20267	5320	2773	4068	881
1991	43	20251	6442	3234	5505	1101
1992	58	20597	11083	5250	9996	2128
1993	234	20940	26974	9129	26563	4917
1994	262	20933	25766	8965	24830	3449
1995	259	21098	28731	7522	24805	3067
1996	259	22111	32341	7404	29516	3417
1997	295	22247	38327	10791	34538	4497
1998	433	23092	45677	11598	45008	4592
1999	365	23869	58749	13654	51850	3035
2000	430	28555	81153	23554	74714	8225
2001	534	34716	108576	37059	90486	11448
2002	405	19659	150651	61506	112630	17339
2003	421	21763	178362	67396	136090	19425
2004	203	29031	209249	90951	178960	27796
2005	191	25077	271011	136055	203204	37122
2006	160	25436	314684	170843	257099	53033
2007	161	26496	350014	178132	261104	41679
2008	169	28594	398755	225555	297278	51504
2009	575	53160	449992	242782	391720	72279
2010	471	56822	596839	348846	539237	61563
2011	494	60216	660167	376049	635506	108295
2012	524	62209	718381	410322	686972	98605
2013	595	64507	722863	406115	675602	96108
2014	601	65855	750889	433034	725606	88192
2015	634	74942	847205	498600	751587	86076
2016	717	87309	972426	580644	873965	94396
2017	823	89458	1091217	627515	994536	122007
2018	846	92824	1301272	724200	1208697	153233
2019	973	96977	1720699	855391	1454735	190943
2020	1027	100816	1817161	910371	1631637	205451
2021	1196	105887	1993279	1052764	1835122	207894
2022	1276	112873	1982946	1097839	2054611	216449

5-4 高等院校自然科学领域科技人力资源情况（一）（2022）

单位：人

	合计	#女性	教 师					
			小计	教授	副教授	讲师	助教	其他
合　计	70818	35972	31625	6385	9198	11732	1910	2400
按学科分								
自然科学	8711	3394	6430	1500	1954	2330	209	437
工程与技术	24385	8664	18363	3262	5486	7184	1265	1166
医药科学	32535	21184	4344	1166	1175	1293	184	526
农业科学	2456	1070	1848	406	472	640	99	231
其　　他	2731	1660	640	51	111	285	153	40
按学历分								
博士研究生	26143	9076	19298	5021	5645	6454	45	2133
硕士研究生	22196	11959	7953	637	1873	3612	1611	220
大学本科	21911	14623	4342	725	1671	1655	244	47
大学专科	465	273	28	1	7	10	10	
中专及以下	103	41	4	1	2	1		
按年龄分								
29 岁及以下	9627	6544	2201		42	685	890	584
30~34 岁	16577	9517	6185	78	602	3638	671	1196
35~39 岁	13033	6671	5636	374	1791	2767	248	456
40~44 岁	12571	6255	6720	1253	2671	2589	75	132
45~49 岁	7895	3329	4476	1306	1823	1306	19	22
50~54 岁	5681	2438	2948	1206	1218	509	7	8
55~59 岁	4563	1065	2982	1698	1044	238		2
60 岁及以上	691	153	477	470	7			

5-5　高等院校自然科学领域科技人力资源情况（二）（2022）

单位：人

指标名称	小计	其他技术职务系列人员				辅助人员
		高级	中级	初级	其他	
合　计	**39178**	**2377**	**5897**	**14547**	**12364**	**3993**
按学科分组						
自然科学	2281	134	422	937	250	538
工程与技术	6017	329	1240	2640	910	898
医药科学	28186	1825	3822	9914	10628	1997
农业科学	605	43	132	273	82	75
其　他	2089	46	281	783	494	485
按学历分组						
博士研究生	6845	1012	1640	2537	823	833
硕士研究生	14243	566	1900	5543	4216	2018
大学本科	17569	789	2309	6280	7049	1142
大学专科	426	10	45	168	203	
中专及以下	95		3	19	73	
按年龄分组						
29 岁及以下	7421	2	14	406	4755	2244
30~34 岁	10390	12	204	3834	5250	1090
35~39 岁	7397	49	898	4584	1476	390
40~44 岁	6029	313	1718	3304	532	162
45~49 岁	3417	517	1331	1306	200	63
50~54 岁	2733	649	1052	870	127	35
55~59 岁	1577	624	677	243	24	9
60 岁及以上	214	211	3			

5-6 高等院校自然科学领域科技人力资源情况（三）（2022）

单位：人

指标名称	总计	科学家和工程师				技术员	辅助人员
		小计	高级	中级	初级		
合　计	**70818**	**66810**	**23857**	**26279**	**11674**	**3993**	**15**
按学科分组							
自然科学	8711	8173	4010	3267	896	538	
工程与技术	24385	23482	10317	9824	3341	898	5
医药科学	32535	30533	7988	11207	11338	1997	5
农业科学	2456	2378	1053	913	412	75	3
其他	2731	2244	489	1068	687	485	2
按学历分组							
博士研究生	26143	25310	13318	8991	3001	833	
硕士研究生	22196	20178	4976	9155	6047	2018	
大学本科	21911	20769	5494	7935	7340	1142	
大学专科	465	454	63	178	213		11
中专及以下	103	99	6	20	73		4
按年龄分组							
29 岁及以下	9627	7378	58	1091	6229	2244	5
30~34 岁	16577	15485	896	7472	7117	1090	2
35~39 岁	13033	12643	3112	7351	2180	390	
40~44 岁	12751	12587	5955	5893	739	162	2
45~49 岁	7895	7830	4977	2612	241	63	2
50~54 岁	5681	5646	4125	1379	142	35	
55~59 岁	4563	4550	4043	481	26	9	4
60 岁及以上	691	691	691				

5-7 高等院校自然科学领域科技活动经费情况（2022）

单位：千元

经费名称	经费数
一、上年结转经费	15909822
二、当年拨入经费合计	19554576
其中：R&D经费拨入合计	13420907
科研事业费	783928
其中：科研人员工资1	7754
科研人员工资2	613380
基本科研业务费	151922
主管部门专项费	696840
其中：平台建设经费	62963
人才队伍建设经费	107464
其他学科建设经费	103307
其中：建设世界一流大学（学科）和特色	617100
国家发改委、科技部专项费	1584410
其中：科技部专项费	1517387
国家自然科学基金项目费	1628196
国务院其他部门专项费	976209
省、市、自治区专项费	3925008
地市厅局（含县）专项费	1215825
企、事业单位委托科技经费	5709023
其中：进入学校财务	5467881
其中：企业委托到校经费	3920517
当年学校科技活动经费	2960833
其中：为国家科技计划项目（课题）配	289760

单位：千元

经费名称	经费数
国外资金	24795
其他资金	29509
三、当年经费支出合计	17711682
其中：R&D经费支出合计	11659758
转拨给外单位经费	1822742
其中：对国内研究机构	346014
对国内高等学校	763803
对国内企业	699451
对境外机构	946
内部支出经费合计	15888940
人员劳务费	5484453
业务费	6470767
固定资产购置费	3009209
其中：仪器设备费	2059264
上缴税金	98559
管理费	825952
四、当年结余经费合计	17704185
银行存款	16241756
暂付款	1462429
附：当年科研基建投入	1196861
当年科研基建支出	9891
其中：土建工程	494876
仪器设备	487214
在岗人员人均年工资	4748
年末在校从业人员总数（人）	112262
年末在校博士研究生数（人）	22755

5-8 高等院校自然科学领域科技活动机构情况（一）（2022）

指标名称	机构数（个）	从业人员（人）	科技活动人员（人年）	#高级职称	#中级职称	博士研究生毕业（人）	硕士研究生毕业（人）	培养研究生（人）
合计	**681**	**18105**	**10070**	**6134**	**3068**	**12959**	**3826**	**25562**
R&D 机构	645	17232	9576	5869	2886	12512	3528	24972
其他机构	36	873	494	266	182	447	298	590
国家级机构	67	2340	1265	816	347	1761	438	4125
省部级机构	571	14913	8286	5041	2551	10669	3163	20527
其他主管部门机构	43	852	519	277	169	529	225	910
单位独办	462	12758	7139	4289	2205	9305	2608	17564
与境内高校合办	45	1107	620	390	156	739	240	1724
与境内独立研究机构	48	1143	566	354	170	804	270	1686
与境外机构合办	40	734	451	291	146	536	127	1812
与境内注册其他企业	77	2083	1134	723	330	1379	502	2641
其他	8	246	140	79	58	186	55	105

5-9 高等院校自然科学领域科技活动机构情况（二）（2022）

指标名称	内部支出（千元）	#R＆D支出	承担课题数（项）	固定资产原值（千元）	#仪器设备	进口
合计	**4934607**	**4243991**	**24829**	**16139849**	**14373176**	**7592752**
R&D 机构	4797564	4147058	23795	15514806	13824622	7407927
其他机构	137043	96933	1034	625043	548554	184825
国家级机构	832782	771535	4678	2692769	2470817	1287749
省部级机构	3912469	3347429	18667	12770234	11315785	6017389
其他主管部门机构	189356	125027	1484	676846	586574	287614
单位独办	3603675	3077433	18804	11842870	10537661	5690942
与境内高校合办	335904	299489	1076	1074550	1009893	695642
与境内独立研究机构	256819	220045	1440	834926	701464	296938
与境外机构合办	115612	89828	956	423152	374436	169214
与境内注册其他企业	565056	502505	2287	1851511	1640193	721596
其他	55541	52691	256	111340	108329	18420

5-10 高等院校自然科学领域科技项目情况（一）（2022）

研究类别	课题数（项）	当年投入经费（千元）	当年支出经费（千元）	当年投入人员（人年）	#女性
合计	**55370**	**11872244**	**9373877**	**21438**	**7520**
按研究类型分组					
基础研究	17309	3847131	3198288	7040	2624
应用研究	24523	5232651	3942090	9458	3354
试验与发展	6025	1194703	1047917	2111	653
R&D 成果应用	3687	940464	749370	1330	437
其他科技服务	3826	657295	436212	1499	453
按学科分组					
自然科学	8305	2169587	1693990	3520	1131
工程与技术	31828	7108995	5550003	11670	3620
医药科学	12317	1801516	1437321	5103	2409
农业科学	2920	792146	692563	1145	361

研究类别	当年投入人员（人年）				参加项目的研究生人数（人）	博士研究生	硕士研究生
	高级职务	中级职务	初级职务	其他			
合计	**10174**	**8283**	**1438**	**1543**	**54088**	**10986**	**43102**
按研究类型分组							
基础研究	3171	2661	421	787	21841	4939	16902
应用研究	4473	3730	749	506	19671	3956	15715
试验与发展	1115	849	92	55.7	6710	779	5931
R&D 成果应用	657	492	75	106	2883	673	2210
其他科技服务	758	552	101	88	2983	639	2344
按学科分组							
自然科学	1650	1371	96	403	9488	2189	7299
工程与技术	5898	4517	583	673	28036	5318	22718
医药科学	2047	1964	715	377	13232	2626	10606
农业科学	579	431	45	90	3332	853	2479

5-11 高等院校自然科学领域科技项目情况（二）（2022）

研究类别	课题数（项）	当年投入经费（千元）	当年支出经费（千元）	当年投入人员（人年）	# 女性
合计	55370	22138	11872244	9373877	21438
国家科技重大专项	37	12	39898	27504	29
国家重点研发计划	1083	170	1004450	924538	583
国家科技部项目	271	66	423123	277512	133
国家自然科学基金项目	8188	2682	1737360	1431788	3335
教育部科技项目	31	16	7973	10374	12
国家部委其他科技项目	816	196	754259	704469	526
省、自治区、直辖市科技项目	8660	2840	1867933	1457032	3688
地市厅局（含县）项目	6525	2395	412082	344979	2738
企业单位委托科技项目	22060	10213	3879700	2961552	7833
事业单位委托科技项目	4085	1727	1465742	967667	1529
国际合作项目	73	26	24795	21850	24
自选课题	3339	1665	244756	239612	930
其他课题	202	130	10173	5000	79

研究类别	当年投入人员（人年）				参加项目的研究生人数（人）	博士研究生	硕士研究生
	高级职务	中级职务	初级职务	其他			
合计	10174	8283	1438	1543	54088	10986	43102
国家科技重大专项	14	11	1	2	79	24	55
国家重点研发计划	308	179	13	84	2161	691	1470
国家科技部项目	74	40	4	15	443	135	308
国家自然科学基金项目	1639	1215	131	350	12455	3061	9394
教育部科技项目	6	6			43	8	35
国家部委其他科技项目	232	162	8	124	1494	471	1023
省、自治区、直辖市科技项目	1681	1440	242	325	9111	1821	7290
地市厅局（含县）项目	1104	1129	402	103	4813	390	4423
企业单位委托科技项目	3899	3059	454	421	17889	3315	14574
事业单位委托科技项目	776	583	77	93	3205	683	2522
国际合作项目	15	5		4	106	35	71
自选课题	396	428	85	20	1957	235	1722
其他课题	29	26	22	2	332	117	215

5-12 高等院校自然科学领域交流情况（2022）

形式	合计	国（境）内	国（境）外
合作研究｜派遣｜（人次）	732	580	152
合作研究｜接受｜（人）	583	556	27
国际学术会议｜出席人员｜（人次）	6168	5890	278
国际学术会议｜交流论文｜（篇）	2916	2665	251
国际学术会议｜特邀报告｜（篇）	609	575	34
国际学术会议｜主办｜（次）	69	69	

5-13 高等院校自然科学领域技术转让与知识产权情况（一）（2022）

受让方类型	合同数（项）	合同金额（千元）	当年实际收入（千元）
合计	2722	510808	217132
其中：专利出售	2350	436965	166916
其他知识产权出售	239	70463	46870
国有企业	6	866	4826
外资企业	7	2651	3000
民营企业	2643	374186	185267
其他	66	133105	24039

5-14 高等院校自然科学领域技术转让与知识产权情况（二）（2022）

知识产权类别	申请数（项）	授权数（项）	专利拥有数（项）
合计	24399	21331	91283
其中：国外	427	358	934
发明专利	17012	13058	56401
实用新型	5811	7035	31017
外观设计	1576	1238	3865
其他知识产权		1978	1
其中：集成电路布图设计登记数		210	
植物新品种权授予数		17	1
国家或行业标准数		64	

5-15 高等院校自然科学领域科技成果情况（2022）

学科门类	发表学术论文数（篇）	三大检索收录论文数（篇）			
		国外学术刊物发表	SCIE	EI	ISTP
合　计	**52899**	**40339**	**29958**	**12365**	**565**
自然科学	9802	8091	6954	1553	19
工程与技术	23151	18176	11289	9008	510
医药科学	15557	10514	9054	1023	33
农业科学	4389	3558	2661	781	3

学科门类	科技专著				大专院校教科书		编著	
	（部）	（千字）	国（境）外出版		（部）	（千字）	（部）	（千字）
			（部）	（千字）				
合计	**184**	**38334**	**38**	**6831**	**283**	**49321**	**77**	**13021**
自然科学	38	9095	19	3862	28	6373	7	971
工程与技术	93	20725	13	2085	154	36739	21	4478
医药科学	39	5982	3	276	92	5454	41	6156
农业科学	14	2532	3	608	9	755	8	1416

指标名称	合计	项目来源					
		与其他单位合作	"973" 计划	国家科技支撑计划	"863" 计划	国家自然科学基金重点、重大项目	军工项目
国家级项目验收（项）	0	0	0	0	0	0	0

指标名称	合计	鉴定结论			
		#与其他单位合作	国际水平	国内首创	国内先进	其他
鉴定成果（项）	0	0	0	0	0	0

六、高技术产业

6-1 高技术产业基本情况（2022）

指标名称	企业数 （个）	从业人员平均 人数（人）	资产总计 （亿元）	主营业务收入 （亿元）	利润总额 （亿元）
总计	4617	1100360	22445.5	14601.3	1474.7
按行业分组					
医药制造业	607	174306	4382.7	2377.5	467.3
化学药品制造	222	102162	2893.6	1403.9	229.6
化学药品原料药制造	144	67287	2064.3	803.0	136.7
化学药品制剂制造	78	34875	829.3	600.9	92.9
中药饮品加工	37	4215	77.0	58.5	3.4
中成药生产	50	13364	334.1	122.2	25.9
兽用药品制造	19	3426	74.7	36.1	1.5
生物药品制品制造	92	20814	527.4	315.0	94.2
生物药品制造	88	19804	477.5	304.4	94.9
基因工程药物和疫苗制造	4	1010	49.9	10.6	-0.7
卫生材料及医药用品制造	131	23292	380.5	369.4	106.1
药用辅料及包装材料	56	7033	95.2	72.4	6.5
航空、航天器及设备制造业	19	3462	46.6	19.3	0.2
飞机制造	10	1739	23.1	10.6	0.9
航天器及运载火箭制造	3	594	6.8	2.7	-1.9
航空、航天相关设备制造	6	1129	16.7	6.0	1.2
航天相关设备制造	3	726	12.6	4.4	1.1
航空相关设备制造	3	403	4.1	1.6	0.2
电子及通信设备制造业	2565	657141	14069.9	9557.4	690.3
电子工业专用设备制造	149	18768	579.8	296.9	50.7
半导体器件专用设备制造	51	8581	448.4	187.1	44.9
电子元器件与机电组件设备制造	26	2345	38.8	32.0	2.1
其他电子专用设备制造	72	7842	92.5	77.8	3.6
光纤、光缆及锂离子电池制造	136	42931	1448.8	775.1	16.9
光纤制造	19	2700	66.0	45.6	0.7
光缆制造	25	2853	335.2	193.5	9.7
锂离子电池制造	92	37378	1047.6	536.0	6.6

指标名称	企业数（个）	从业人员平均人数（人）	资产总计（亿元）	主营业务收入（亿元）	利润总额（亿元）
通信设备制造、雷达及配套设备制造	212	128390	3887.3	3027.0	243.2
通信系统设备制造	145	81853	2831.5	2067.7	225.1
通信终端设备制造	63	45822	1034.5	954.0	19.2
雷达及配套设备制造	4	715	21.3	5.3	-1.1
广播电视设备制造	62	30230	394.9	504.5	12.3
广播电视节目制作及发射设备制造	1	79	0.8	0.3	
广播电视接收设备制造	19	3961	35.1	26.5	0.7
广播电视专用配件制造	9	872	4.1	5.9	0.3
专用音响设备制造	14	16960	184.4	310.9	5.1
应用电视设备及其他广播电视设备制造	19	8358	170.5	160.9	6.2
非专业视听设备制造	88	15628	145.9	87.9	3.8
电视机制造	5	1020	62.4	9.3	-0.4
音响设备制造	72	12283	56.2	62.4	4.0
影视录放设备制造	11	2325	27.3	16.2	0.2
电子器件制造	431	102044	2133.0	1204.0	99.7
电子真空器件制造	41	6021	51.4	44.3	1.2
半导体分立器件制造	46	9525	291.1	126.8	33.1
集成电路制造	124	28615	950.7	408.5	27.3
显示器件制造	56	18944	207.6	256.1	12.8
半导体照明器件制造	57	13261	207.9	108.3	6.9
光电子器件制造	58	17304	278.3	155.7	8.6
其他电子器件制造	49	8374	146.0	104.3	9.8
电子元件及电子专用设备制造	1148	224926	4177.7	2794.4	190.0
电阻电容电感元件制造	145	23326	199.8	172.2	10.5
电子电路制造	128	17648	125.5	99.9	1.5
敏感元件及传感器制造	68	20649	428.3	172.0	19.9
电声器件及零件制造	55	6573	42.5	35.6	1.3
电子专用材料制造	472	92044	2671.2	1762.7	91.9
其他电子元件制造	280	64686	710.5	551.9	64.9
智能消费设备制造	278	84902	1167.8	791.6	69.4
可穿戴智能设备制造	4	305	3.3	3.1	

指标名称	企业数（个）	从业人员平均人数（人）	资产总计（亿元）	主营业务收入（亿元）	利润总额（亿元）
智能车载设备制造	50	16177	381.2	204.6	15.1
智能无人飞行器制造	7	2873	30.2	21.4	1.0
其他智能消费设备制造	217	65547	753.1	562.4	53.3
其他电子设备制造	61	9322	134.6	76.1	4.3
计算机及办公设备制造业	191	50403	723.8	709.3	47.5
计算机整机制造	12	2475	69.0	200.8	2.0
计算机零部件制造	41	24595	212.8	170.4	17.9
计算机外围设备制造	66	11585	178.9	148.8	6.0
工业控制计算机及系统制造	14	1041	17.4	9.6	0.3
信息安全设备制造	4	349	5.1	4.0	0.6
其他计算机制造	24	7228	221.0	159.9	20.5
办公设备制造	30	3130	19.5	15.8	0.3
复印和胶印设备制造	8	794	5.7	3.7	0.2
计算器及货币专用设备制造	22	2336	13.7	12.1	0.1
医疗仪器设备及仪器仪表制造业	1219	212749	3169.6	1906.5	267.3
医疗仪器设备及器械制造	287	49671	598.2	320.0	57.3
医疗诊断、监护及治疗设备制造	100	17446	261.2	148.1	28.9
口腔科用设备及器具制造	9	1307	11.2	9.8	2.4
医疗实验室及医用消毒设备和器具制造	13	1135	11.2	8.2	1.1
医疗、外科及兽医用器械制造	106	22224	226.0	110.3	20.1
机械治疗及病房护理设备制造	14	2002	18.6	12.4	1.9
康复辅具制造	16	1747	13.2	11.5	0.7
其他医疗设备及器械制造	29	3810	56.8	19.7	2.0
通用仪器仪表制造	712	111155	1801.0	1152.8	139.1
工业自动控制系统装置制造	419	63483	964.8	651.2	72.4
电工仪器仪表制造	87	15766	446.0	227.5	37.3
绘图、计算及测量仪器制造	25	3984	16.6	18.2	1.7
实验分析仪器制造	33	4156	41.2	35.6	6.7
试验机制造	14	896	6.1	5.8	0.5
供应用仪器仪表制造	99	15958	214.1	154.4	14.1
其他通用仪器制造	35	6912	112.2	60.2	6.5

指标名称	企业数（个）	从业人员平均人数（人）	资产总计（亿元）	主营业务收入（亿元）	利润总额（亿元）
专用仪器仪表制造	157	30751	456.0	242.6	23.8
环境监测专用仪器仪表制造	30	5309	47.2	37.8	3.4
运输设备及生产用计数仪表制造	35	11620	172.6	90.9	3.5
导航、测绘、气象及海洋专用仪器制造	9	888	9.9	6.0	0.8
农林牧渔专用仪器仪表制造	6	669	8.0	4.3	0.8
地质勘探和地震专用仪器制造	3	161	3.4	1.6	0.2
教学专用仪器制造	19	2796	22.4	14.3	1.1
核子及核辐射测量仪器制造	2	102	1.4	1.0	0.1
电子测量仪器制造	38	7680	172.4	77.4	13.0
其他专用仪器制造	15	1526	18.8	9.2	0.9
光学仪器制造	52	19872	293.3	179.2	45.9
其他仪器仪表制造业	11	1300	21.1	11.8	1.2
信息化学品制造业	16	2299	52.9	31.2	2.1
信息化学品制造	16	2299	52.9	31.2	2.1
文化用信息化学品制造	12	2158	49.6	25.6	2.0
医学生产用信息化学品制造	4	141	3.3	5.6	0.1
按地区分组					
杭州市	1068	297452	7837.1	5358.0	675.2
宁波市	1114	244156	3949.8	2813.9	253.4
温州市	530	81857	1029.3	739.2	45.8
嘉兴市	574	161211	2982.4	2254.8	114.4
湖州市	239	43683	788.4	524.0	63.7
绍兴市	354	87774	2231.9	957.4	125.9
金华市	296	70166	1126.3	769.7	55.8
衢州市	98	18908	566.2	308.7	20.1
舟山市	20	1799	16.1	12.6	1.6
台州市	254	82275	1761.2	775.6	110.6
丽水市	70	11079	156.6	87.4	8.3

6-2　高技术产业 R&D 人员情况（2022）

指标名称	有 R&D 活动的企业数（个）	R&D 人员（人）	# 全时人员	# 研究人员	R&D 人员折合全时当量（人年）
总计	2925	152194	106985	51334	118810
按行业分组					
医药制造业	442	22620	15980	8462	17515
化学药品制造	180	15437	10813	6116	12017
化学药品原料药制造	117	11180	7729	4282	8697
化学药品制剂制造	63	4257	3084	1834	3320
中药饮品加工	19	299	193	73	230
中成药生产	40	1382	913	471	1034
兽用药品制造	15	353	288	124	272
生物药品制品制造	68	2565	1860	990	2008
生物药品制造	65	2263	1640	906	1786
基因工程药物和疫苗制造	3	302	220	84	222
卫生材料及医药用品制造	83	1874	1391	563	1367
药用辅料及包装材料	37	710	522	125	587
航空、航天器及设备制造业	15	387	273	123	290
飞机制造	9	183	124	50	138
航天器及运载火箭制造	2	89	56	35	56
航空、航天相关设备制造	4	115	93	38	96
航天相关设备制造	2	49	34	4	39
航空相关设备制造	2	66	59	34	57
电子及通信设备制造业	1574	91682	63944	30482	71852
电子工业专用设备制造	98	4168	3371	1640	3254
半导体器件专用设备制造	35	3040	2574	1361	2343
电子元器件与机电组件设备制造	9	233	179	86	198
其他电子专用设备制造	54	895	618	193	713
光纤、光缆及锂离子电池制造	91	6299	3815	1575	4451
光纤制造	9	210	159	40	185
光缆制造	17	483	353	113	425

指标名称	有R&D活动的企业数（个）	R&D人员（人）	#全时人员	#研究人员	R&D人员折合全时当量（人年）
锂离子电池制造	65	5606	3303	1422	3841
通信设备制造、雷达及配套设备制造	133	25507	18098	12509	21718
通信系统设备制造	93	20668	14502	10887	17966
通信终端设备制造	38	4819	3578	1611	3744
雷达及配套设备制造	2	20	18	11	8
广播电视设备制造	29	2116	1803	618	1758
广播电视节目制作及发射设备制造	1	8	5	2	5
广播电视接收设备制造	10	447	350	97	327
广播电视专用配件制造	4	56	48	15	49
专用音响设备制造	7	1021	896	264	856
应用电视设备及其他广播电视设备制造	7	584	504	240	522
非专业视听设备制造	48	1299	944	379	1063
电视机制造	1	7	3	3	7
音响设备制造	39	908	683	218	740
影视录放设备制造	8	384	258	158	316
电子器件制造	282	13484	10241	4399	10399
电子真空器件制造	20	391	305	88	327
半导体分立器件制造	28	1093	678	274	788
集成电路制造	85	5630	4401	2373	4150
显示器件制造	31	871	668	190	716
半导体照明器件制造	39	1560	1282	398	1206
光电子器件制造	47	3021	2239	788	2531
其他电子器件制造	32	918	668	288	682
电子元件及电子专用设备制造	663	26236	17252	5493	19585
电阻电容电感元件制造	96	2193	1586	334	1769
电子电路制造	64	1452	886	173	1142
敏感元件及传感器制造	54	3610	2304	944	2370
电声器件及零件制造	23	420	333	64	366
电子专用材料制造	268	11492	7337	2621	8559
其他电子元件制造	158	7069	4806	1357	5379

指标名称	有 R&D 活动的企业数（个）	R&D 人员（人）	# 全时人员	# 研究人员	R&D 人员折合全时当量（人年）
智能消费设备制造	193	11262	7336	3376	8510
可穿戴智能设备制造	1	11	9	4	11
智能车载设备制造	40	3642	2503	1295	2700
智能无人飞行器制造	5	371	183	158	252
其他智能消费设备制造	147	7238	4641	1919	5548
其他电子设备制造	37	1311	1084	493	1114
计算机及办公设备制造业	107	7539	5608	2194	5858
计算机整机制造	3	237	53	111	63
计算机零部件制造	28	3087	2224	355	2496
计算机外围设备制造	36	1806	1409	733	1481
工业控制计算机及系统制造	5	146	118	50	119
信息安全设备制造	3	151	121	55	123
其他计算机制造	17	1684	1321	735	1194
办公设备制造	15	428	362	155	382
复印和胶印设备制造	5	84	56	10	71
计算器及货币专用设备制造	10	344	306	145	311
医疗仪器设备及仪器仪表制造业	782	29799	21058	10025	23166
医疗仪器设备及器械制造	186	5259	3777	1615	4076
医疗诊断、监护及治疗设备制造	69	2371	1666	956	1808
口腔科用设备及器具制造	7	123	73	32	102
医疗实验室及医用消毒设备和器具制造	10	104	92	25	79
医疗、外科及兽医用器械制造	69	1979	1429	439	1583
机械治疗及病房护理设备制造	9	214	182	66	178
康复辅具制造	7	159	110	35	98
其他医疗设备及器械制造	15	309	225	62	228
通用仪器仪表制造	455	15560	11281	4848	12180
工业自动控制系统装置制造	276	9278	6807	3037	7220
电工仪器仪表制造	52	2450	1782	813	1850
绘图、计算及测量仪器制造	13	325	257	29	280
实验分析仪器制造	21	455	339	147	361

指标名称	有R&D活动的企业数（个）	R&D人员（人）	#全时人员	#研究人员	R&D人员折合全时当量（人年）
试验机制造	10	104	74	32	84
供应用仪器仪表制造	62	2156	1393	478	1715
其他通用仪器制造	21	792	629	312	671
专用仪器仪表制造	109	4878	3680	1875	3961
环境监测专用仪器仪表制造	24	1304	1141	671	1126
运输设备及生产用计数仪表制造	21	1254	955	430	1008
导航、测绘、气象及海洋专用仪器制造	7	122	75	45	107
农林牧渔专用仪器仪表制造	4	83	71	23	63
地质勘探和地震专用仪器制造	3	31	28	10	24
教学专用仪器制造	12	258	211	48	223
核子及核辐射测量仪器制造	1	9	2	2	2
电子测量仪器制造	26	1506	1058	538	1231
其他专用仪器制造	11	311	139	108	177
光学仪器制造	26	3992	2225	1671	2845
其他仪器仪表制造业	6	110	95	16	103
信息化学品制造业	5	167	122	48	128
信息化学品制造	5	167	122	48	128
文化用信息化学品制造	5	167	122	48	128
按地区分组					
杭州市	677	51076	38723	23583	41823
宁波市	664	30705	21365	9591	24454
温州市	316	9968	7808	1996	7879
嘉兴市	353	17198	11621	4044	12660
湖州市	147	4815	3390	1248	3903
绍兴市	265	12214	7844	3780	8519
金华市	187	9074	5065	2227	6697
衢州市	57	2429	1700	579	1652
舟山市	13	172	122	54	139
台州市	202	13344	8642	3942	10200
丽水市	44	1199	705	290	885

6-3 高技术产业 R&D 经费情况（2022）

单位：亿元

指标名称	R&D 经费内部支出	#人员劳务费	#仪器和设备	#政府资金	#企业资金	R&D 经费外部支出
总计	492.74	203.68	36.94	8.78	483.57	41.62
按行业分组						
医药制造业	83.25	25.27	7.49	1.73	81.32	14.04
化学药品制造	56.48	16.92	5.51	1.29	55.02	8.34
化学药品原料药制造	33.13	11.32	4.54	0.38	32.74	4.94
化学药品制剂制造	23.35	5.60	0.97	0.91	22.27	3.40
中药饮品加工	0.62	0.20	0.01	0.01	0.61	0.05
中成药生产	3.60	1.39	0.37	0.13	3.46	0.93
兽用药品制造	1.35	0.50	0.20	0.03	1.30	0.18
生物药品制品制造	12.59	3.43	0.77	0.18	12.41	4.16
生物药品制造	9.82	3.19	0.64	0.16	9.66	4.16
基因工程药物和疫苗制造	2.77	0.24	0.12	0.01	2.76	
卫生材料及医药用品制造	6.41	2.27	0.47	0.07	6.33	0.32
药用辅料及包装材料	2.20	0.57	0.15	0.02	2.18	0.06
航空、航天器及设备制造业	1.22	0.38	0.29	0.03	1.19	0.01
飞机制造	0.50	0.18	0.09	0.03	0.47	0.01
航天器及运载火箭制造	0.39	0.11	0.07		0.39	
航空、航天相关设备制造	0.34	0.09	0.13		0.34	
航天相关设备制造	0.22	0.04	0.13		0.22	
航空相关设备制造	0.12	0.06			0.12	
电子及通信设备制造业	317.17	135.68	23.52	4.66	312.31	21.73
电子工业专用设备制造	15.19	5.91	1.46	1.63	13.55	0.59
半导体器件专用设备制造	12.54	4.86	1.37	1.49	11.05	0.49
电子元器件与机电组件设备制造	0.45	0.24			0.45	0.09
其他电子专用设备制造	2.19	0.81	0.08	0.14	2.05	0.01
光纤、光缆及锂离子电池制造	22.04	4.99	2.26	0.42	21.62	2.83
光纤制造	1.02	0.17	0.02	0.01	1.01	
光缆制造	3.81	0.27	0.08		3.81	0.13

单位：亿元

指标名称	R&D经费内部支出	#人员劳务费	#仪器和设备	#政府资金	#企业资金	R&D经费外部支出
锂离子电池制造	17.21	4.55	2.16	0.42	16.79	2.70
通信设备制造、雷达及配套设备制造	107.01	66.25	3.00	0.14	106.86	9.16
通信系统设备制造	88.92	58.38	2.71	0.04	88.88	7.72
通信终端设备制造	18.01	7.84	0.24	0.10	17.91	1.44
雷达及配套设备制造	0.08	0.02	0.05		0.08	
广播电视设备制造	8.01	3.62	0.11	0.01	8.01	0.05
广播电视节目制作及发射设备制造	0.01	0.01				
广播电视接收设备制造	0.76	0.30	0.11		0.76	0.04
广播电视专用配件制造	0.08	0.05			0.08	0.01
专用音响设备制造	5.92	2.57			5.92	
应用电视设备及其他广播电视设备制造	1.24	0.70			1.24	
非专业视听设备制造	2.37	1.21	0.05		2.37	0.02
电视机制造	0.02	0.01			0.02	
音响设备制造	1.76	0.84	0.05		1.76	0.01
影视录放设备制造	0.59	0.36			0.59	0.01
电子器件制造	45.14	17.67	6.41	1.06	44.08	1.68
电子真空器件制造	1.20	0.36	0.09	0.04	1.16	0.04
半导体分立器件制造	4.21	1.29	1.04	0.05	4.17	0.23
集成电路制造	22.60	9.65	2.76	0.38	22.22	0.94
显示器件制造	1.94	0.72	0.06	0.06	1.89	0.03
半导体照明器件制造	4.77	1.81	0.80	0.14	4.63	0.22
光电子器件制造	7.42	2.53	1.29	0.38	7.04	0.04
其他电子器件制造	2.99	1.31	0.38	0.01	2.98	0.17
电子元件及电子专用设备制造	85.93	22.22	8.35	1.21	84.71	4.27
电阻电容电感元件制造	5.25	1.74	0.18	0.04	5.22	0.02
电子电路制造	1.96	0.79	0.07	0.04	1.92	0.06
敏感元件及传感器制造	8.98	2.93	0.90	0.04	8.94	3.25
电声器件及零件制造	0.80	0.40	0.03		0.80	0.01
电子专用材料制造	50.11	9.44	4.46	0.85	49.25	0.60
其他电子元件制造	18.82	6.92	2.71	0.23	18.59	0.33

指标名称	R&D 经费内部支出	#人员劳务费	#仪器和设备	#政府资金	#企业资金	R&D 经费外部支出
智能消费设备制造	28.17	12.31	1.54	0.09	27.91	2.94
可穿戴智能设备制造	0.04	0.01			0.04	
智能车载设备制造	8.34	3.05	0.54	0.09	8.25	2.00
智能无人飞行器制造	0.97	0.72			0.97	0.03
其他智能消费设备制造	18.82	8.53	0.99		18.64	0.92
其他电子设备制造	3.30	1.51	0.33	0.11	3.19	0.19
计算机及办公设备制造业	19.41	8.13	0.35	0.57	18.84	3.07
计算机整机制造	0.50	0.35			0.50	0.15
计算机零部件制造	5.76	1.82	0.08	0.45	5.31	0.07
计算机外围设备制造	4.37	2.35	0.06	0.05	4.32	0.04
工业控制计算机及系统制造	0.29	0.20	0.02		0.29	0.05
信息安全设备制造	0.32	0.21	0.03	0.04	0.29	0.04
其他计算机制造	7.39	2.81	0.16	0.03	7.36	2.70
办公设备制造	0.77	0.39			0.77	0.01
复印和胶印设备制造	0.13	0.06			0.13	0.01
计算器及货币专用设备制造	0.64	0.33			0.64	0.01
医疗仪器设备及仪器仪表制造业	71.37	34.03	5.28	1.79	69.58	2.77
医疗仪器设备及器械制造	14.72	6.00	0.80	0.28	14.43	0.92
医疗诊断、监护及治疗设备制造	7.92	3.31	0.42	0.12	7.81	0.65
口腔科用设备及器具制造	0.28	0.14			0.28	0.02
医疗实验室及医用消毒设备和器具制造	0.19	0.10			0.19	0.01
医疗、外科及兽医用器械制造	4.67	1.85	0.29	0.16	4.51	0.16
机械治疗及病房护理设备制造	0.39	0.19	0.01		0.39	0.03
康复辅具制造	0.33	0.13	0.03		0.33	0.04
其他医疗设备及器械制造	0.94	0.28	0.04		0.93	0.01
通用仪器仪表制造	34.89	18.31	1.49	1.15	33.73	1.42
工业自动控制系统装置制造	21.70	11.73	0.94	0.96	20.74	0.91
电工仪器仪表制造	5.95	2.80	0.26	0.02	5.92	0.30
绘图、计算及测量仪器制造	0.41	0.18	0.02	0.01	0.41	0.02
实验分析仪器制造	0.87	0.42	0.04	0.07	0.80	0.03

指标名称	R&D经费内部支出	#人员劳务费	#仪器和设备	#政府资金	#企业资金	R&D经费外部支出
试验机制造	0.17	0.06			0.17	0.01
供应用仪器仪表制造	3.65	1.70	0.16	0.09	3.57	0.12
其他通用仪器制造	2.13	1.43	0.06	0.01	2.12	0.02
专用仪器仪表制造	10.64	5.48	0.85	0.14	10.51	0.29
环境监测专用仪器仪表制造	3.04	1.58	0.54	0.03	3.02	0.05
运输设备及生产用计数仪表制造	2.46	1.27	0.05	0.04	2.42	0.05
导航、测绘、气象及海洋专用仪器制造	0.36	0.11	0.03		0.36	
农林牧渔专用仪器仪表制造	0.20	0.09		0.04	0.17	
地质勘探和地震专用仪器制造	0.07	0.03	0.01		0.07	
教学专用仪器制造	0.37	0.20	0.01		0.37	0.02
核子及核辐射测量仪器制造	0.01				0.01	
电子测量仪器制造	3.63	1.88	0.19	0.03	3.60	0.15
其他专用仪器制造	0.50	0.31	0.03		0.50	0.02
光学仪器制造	10.96	4.14	2.14	0.22	10.74	0.14
其他仪器仪表制造业	0.16	0.09			0.16	
信息化学品制造业	0.33	0.17	0.01		0.33	0.01
信息化学品制造	0.33	0.17	0.01		0.33	0.01
文化用信息化学品制造	0.33	0.17	0.01		0.33	0.01
按地区分组						
杭州市	196.49	104.46	9.43	3.93	192.38	16.20
宁波市	95.65	35.79	7.30	0.99	94.65	7.52
温州市	21.54	8.40	1.54	0.70	20.84	0.27
嘉兴市	49.69	16.99	2.75	1.08	48.43	2.37
湖州市	14.70	4.58	1.92	0.17	14.53	3.40
绍兴市	40.33	10.78	4.28	0.51	39.81	4.56
金华市	27.25	6.88	3.97	0.56	26.68	1.59
衢州市	11.43	2.34	1.73	0.29	11.15	0.12
舟山市	0.49	0.17	0.01	0.03	0.46	0.03
台州市	31.82	12.26	3.66	0.37	31.44	5.43
丽水市	3.36	1.02	0.34	0.16	3.20	0.14

6-4 高技术产业企业办研发机构情况（2022）

指标名称	有研发机构的企业数（个）	机构数（个）	机构人员（人）	机构经费支出（亿元）	机构仪器设备（亿元）
总计	2924	3120	177080	730.09	339.66
按行业分组					
医药制造业	408	471	24998	117.68	75.57
化学药品制造	164	209	15997	76.95	55.73
化学药品原料药制造	103	131	10656	40.79	36.23
化学药品制剂制造	61	78	5341	36.16	19.49
中药饮品加工	16	17	283	0.90	0.50
中成药生产	38	44	1813	5.88	4.85
兽用药品制造	11	11	418	1.84	1.13
生物药品制品制造	61	65	3199	19.73	6.72
生物药品制造	59	63	2974	16.66	6.04
基因工程药物和疫苗制造	2	2	225	3.07	0.68
卫生材料及医药用品制造	75	82	2397	9.46	3.98
药用辅料及包装材料	43	43	891	2.91	2.67
航空、航天器及设备制造业	13	14	539	1.46	1.49
飞机制造	7	7	266	0.71	0.87
航天器及运载火箭制造	2	2	116	0.44	0.15
航空、航天相关设备制造	4	5	157	0.31	0.48
航天相关设备制造	2	3	88	0.19	0.32
航空相关设备制造	2	2	69	0.12	0.16
电子及通信设备制造业	1609	1690	108588	476.64	201.11
电子工业专用设备制造	100	106	4758	19.58	6.02
半导体器件专用设备制造	31	34	3164	15.13	4.15
电子元器件与机电组件设备制造	14	14	270	0.79	0.23
其他电子专用设备制造	55	58	1324	3.66	1.64
光纤、光缆及锂离子电池制造	86	94	6443	29.01	15.21
光纤制造	10	11	203	1.18	0.91
光缆制造	18	22	546	4.82	3.16

指标名称	有研发机构的企业数（个）	机构数（个）	机构人员（人）	机构经费支出（亿元）	机构仪器设备（亿元）
锂离子电池制造	58	61	5694	23.01	11.13
通信设备制造、雷达及配套设备制造	150	162	36470	198.99	45.56
通信系统设备制造	99	111	28745	164.21	28.36
通信终端设备制造	48	48	7258	32.58	16.97
雷达及配套设备制造	3	3	467	2.21	0.24
广播电视设备制造	37	40	3246	14.33	4.92
广播电视接收设备制造	14	14	487	1.03	0.41
广播电视专用配件制造	5	5	127	0.23	0.11
专用音响设备制造	9	9	1919	10.99	3.42
应用电视设备及其他广播电视设备制造	9	12	713	2.08	0.98
非专业视听设备制造	41	42	1480	3.26	1.71
电视机制造	2	3	91	0.30	0.44
音响设备制造	33	33	935	2.01	0.97
影视录放设备制造	6	6	454	0.95	0.31
电子器件制造	277	287	14235	54.35	40.98
电子真空器件制造	24	24	644	1.81	0.56
半导体分立器件制造	24	25	986	3.42	3.02
集成电路制造	80	82	5788	28.28	20.23
显示器件制造	33	33	1012	2.77	1.40
半导体照明器件制造	40	40	1824	5.83	6.03
光电子器件制造	44	48	2891	8.40	8.40
其他电子器件制造	32	35	1090	3.84	1.35
电子元件及电子专用设备制造	686	718	27137	108.82	68.59
电阻电容电感元件制造	98	99	2424	6.45	3.86
电子电路制造	75	78	1851	3.63	3.23
敏感元件及传感器制造	51	55	3592	14.37	6.02
电声器件及零件制造	30	30	650	1.39	0.71
电子专用材料制造	255	277	10533	60.51	40.41
其他电子元件制造	177	179	8087	22.47	14.35
智能消费设备制造	195	202	12919	41.96	15.10

指标名称	有研发机构的企业数（个）	机构数（个）	机构人员（人）	机构经费支出（亿元）	机构仪器设备（亿元）
可穿戴智能设备制造	3	3	72	0.18	0.06
智能车载设备制造	37	38	3138	12.53	5.62
智能无人飞行器制造	2	3	361	1.02	0.10
其他智能消费设备制造	153	158	9348	28.24	9.32
其他电子设备制造	37	39	1900	6.34	3.02
计算机及办公设备制造业	123	130	7932	30.18	7.85
计算机整机制造	5	5	428	0.83	0.12
计算机零部件制造	27	27	2910	8.84	2.17
计算机外围设备制造	42	42	1994	6.12	1.73
工业控制计算机及系统制造	10	14	411	1.38	0.38
信息安全设备制造	2	3	132	0.40	0.06
其他计算机制造	18	20	1725	11.97	2.97
办公设备制造	19	19	332	0.64	0.43
复印和胶印设备制造	5	5	84	0.17	0.15
计算器及货币专用设备制造	14	14	248	0.47	0.28
医疗仪器设备及仪器仪表制造业	759	803	34690	102.86	51.49
医疗仪器设备及器械制造	168	176	5845	19.18	8.33
医疗诊断、监护及治疗设备制造	55	57	2228	8.78	2.82
口腔科用设备及器具制造	7	7	177	0.51	0.27
医疗实验室及医用消毒设备和器具制造	10	10	159	0.30	0.11
医疗、外科及兽医用器械制造	59	63	2352	6.83	3.86
机械治疗及病房护理设备制造	10	10	301	0.74	0.17
康复辅具制造	10	12	200	0.59	0.46
其他医疗设备及器械制造	17	17	428	1.44	0.65
通用仪器仪表制造	447	468	17906	49.64	21.36
工业自动控制系统装置制造	275	283	9769	27.75	13.08
电工仪器仪表制造	60	65	3301	9.72	3.03
绘图、计算及测量仪器制造	17	17	422	0.61	0.35
实验分析仪器制造	20	21	1009	2.29	0.81
试验机制造	6	7	108	0.28	0.13

指标名称	有研发机构的企业数（个）	机构数（个）	机构人员（人）	机构经费支出（亿元）	机构仪器设备（亿元）
供应用仪器仪表制造	48	54	1905	4.96	2.35
其他通用仪器制造	21	21	1392	4.04	1.61
专用仪器仪表制造	104	117	5670	14.98	6.84
环境监测专用仪器仪表制造	23	26	1467	4.47	1.74
运输设备及生产用计数仪表制造	20	24	1544	2.82	1.66
导航、测绘、气象及海洋专用仪器制造	7	7	192	0.69	0.17
农林牧渔专用仪器仪表制造	4	7	151	0.35	0.16
地质勘探和地震专用仪器制造	3	3	57	0.19	0.12
教学专用仪器制造	13	14	491	0.91	0.52
核子及核辐射测量仪器制造	1	1	17	0.02	0.03
电子测量仪器制造	23	25	1577	4.98	1.78
其他专用仪器制造	10	10	174	0.53	0.66
光学仪器制造	33	35	5134	18.48	14.87
其他仪器仪表制造业	7	7	135	0.59	0.09
信息化学品制造业	12	12	333	1.28	2.15
信息化学品制造	12	12	333	1.28	2.15
文化用信息化学品制造	10	10	318	1.22	2.09
医学生产用信息化学品制造	2	2	15	0.06	0.06
按地区分组					
杭州市	620	699	63252	313.76	97.49
宁波市	707	712	35828	137.57	69.44
温州市	361	364	11868	29.84	18.31
嘉兴市	493	514	26053	92.85	52.89
湖州市	140	146	4823	18.60	12.18
绍兴市	211	231	11736	52.00	26.76
金华市	163	181	7364	31.46	21.48
衢州市	46	50	2632	11.88	8.38
舟山市	17	17	230	0.78	0.95
台州市	128	164	11922	36.63	29.62
丽水市	38	42	1372	4.72	2.17

6-5 高技术产业企业专利情况（2022）

单位：件

指标名称	专利申请数	#发明专利	有效发明专利
总计	**38929**	**16214**	**50919**
按行业分组			
医药制造业	2888	1368	6270
化学药品制造	1096	758	3510
化学药品原料药制造	619	414	2483
化学药品制剂制造	477	344	1027
中药饮品加工	66	23	229
中成药生产	83	47	432
兽用药品制造	46	29	180
生物药品制品制造	671	300	985
生物药品制造	609	247	962
基因工程药物和疫苗制造	62	53	23
卫生材料及医药用品制造	720	172	725
药用辅料及包装材料	206	39	209
航空、航天器及设备制造业	162	68	149
飞机制造	74	24	114
航天器及运载火箭制造	65	38	10
航空、航天相关设备制造	23	6	25
航天相关设备制造	9	2	17
航空相关设备制造	14	4	8
电子及通信设备制造业	25289	10883	33646
电子工业专用设备制造	1291	422	719
半导体器件专用设备制造	786	334	429
电子元器件与机电组件设备制造	109	21	97
其他电子专用设备制造	396	67	193
光纤、光缆及锂离子电池制造	1579	522	1744
光纤制造	32	16	47
光缆制造	126	47	268

单位：件

指标名称	专利申请数	# 发明专利	有效发明专利
锂离子电池制造	1421	459	1429
通信设备制造、雷达及配套设备制造	5990	4090	13652
通信系统设备制造	5051	3676	12509
通信终端设备制造	910	397	1095
雷达及配套设备制造	29	17	48
广播电视设备制造	262	87	463
广播电视节目制作及发射设备制造	5		3
广播电视接收设备制造	94	7	111
广播电视专用配件制造	32	8	24
专用音响设备制造	37	16	30
应用电视设备及其他广播电视设备制造	94	56	295
非专业视听设备制造	240	35	208
电视机制造	34	9	72
音响设备制造	144	15	98
影视录放设备制造	62	11	38
电子器件制造	3643	1751	6515
电子真空器件制造	133	27	147
半导体分立器件制造	240	138	239
集成电路制造	1567	1010	3897
显示器件制造	219	68	308
半导体照明器件制造	615	190	782
光电子器件制造	627	242	779
其他电子器件制造	242	76	363
电子元件及电子专用设备制造	5319	2081	5705
电阻电容电感元件制造	419	89	413
电子电路制造	340	72	318
敏感元件及传感器制造	739	297	652
电声器件及零件制造	96	14	67
电子专用材料制造	2315	1297	3300
其他电子元件制造	1410	312	955

指标名称	专利申请数	# 发明专利	有效发明专利
智能消费设备制造	6384	1440	4165
可穿戴智能设备制造	35	5	92
智能车载设备制造	475	152	380
智能无人飞行器制造	78	41	210
其他智能消费设备制造	5796	1242	3483
其他电子设备制造	581	455	475
计算机及办公设备制造业	1315	430	1483
计算机整机制造	21	5	8
计算机零部件制造	269	64	358
计算机外围设备制造	470	144	495
工业控制计算机及系统制造	90	40	108
信息安全设备制造	56	6	36
其他计算机制造	269	137	365
办公设备制造	140	34	113
复印和胶印设备制造	28	5	44
计算器及货币专用设备制造	112	29	69
医疗仪器设备及仪器仪表制造业	9243	3452	9293
医疗仪器设备及器械制造	2141	740	2286
医疗诊断、监护及治疗设备制造	1042	468	933
口腔科用设备及器具制造	78	6	45
医疗实验室及医用消毒设备和器具制造	45	11	54
医疗、外科及兽医用器械制造	657	211	954
机械治疗及病房护理设备制造	114	8	90
康复辅具制造	110	14	93
其他医疗设备及器械制造	95	22	117
通用仪器仪表制造	4800	1766	5382
工业自动控制系统装置制造	2873	1173	3340
电工仪器仪表制造	713	237	783
绘图、计算及测量仪器制造	110	20	57
实验分析仪器制造	231	69	231

指标名称	专利申请数	#发明专利	有效发明专利
试验机制造	50	13	40
供应用仪器仪表制造	601	162	620
其他通用仪器制造	222	92	311
专用仪器仪表制造	1190	451	940
环境监测专用仪器仪表制造	212	138	149
运输设备及生产用计数仪表制造	203	40	162
导航、测绘、气象及海洋专用仪器制造	105	41	71
农林牧渔专用仪器仪表制造	25	17	21
地质勘探和地震专用仪器制造	22	8	12
教学专用仪器制造	153	4	44
核子及核辐射测量仪器制造	8	3	1
电子测量仪器制造	403	180	384
其他专用仪器制造	59	20	96
光学仪器制造	1079	491	653
其他仪器仪表制造业	33	4	32
信息化学品制造业	32	13	78
信息化学品制造	32	13	78
文化用信息化学品制造	26	13	64
医学生产用信息化学品制造	6		14
按地区分组			
杭州市	13967	8267	25038
宁波市	9976	3390	9387
温州市	3051	614	2089
嘉兴市	3712	1011	3790
湖州市	1427	423	1704
绍兴市	2548	961	3273
金华市	1990	667	2246
衢州市	349	143	318
舟山市	28	9	85
台州市	1350	554	2718
丽水市	531	175	271

6-6 高技术产业企业新产品开发、生产及销售情况（2022）

指标名称	新产品开发项目数 （项）	新产品开发经费 （亿元）	新产品销售收入 （亿元）	#出口 （亿元）
总计	**29583**	**729.08**	**8446.63**	**2412.51**
按行业分组				
医药制造业	5801	103.02	1085.87	373.04
化学药品制造	2623	59.44	629.88	184.88
化学药品原料药制造	1433	31.51	430.11	160.61
化学药品制剂制造	1190	27.94	199.77	24.27
中药饮品加工	112	0.74	4.72	0.65
中成药生产	534	5.35	52.60	1.76
兽用药品制造	189	1.94	19.28	1.77
生物药品制品制造	1193	19.14	162.58	80.20
生物药品制造	1163	15.88	162.27	80.20
基因工程药物和疫苗制造	30	3.27	0.30	
卫生材料及医药用品制造	861	13.44	178.13	98.02
药用辅料及包装材料	289	2.97	38.67	5.77
航空、航天器及设备制造业	170	2.91	13.15	2.64
飞机制造	101	1.05	7.76	2.62
航天器及运载火箭制造	46	1.47	2.34	
航空、航天相关设备制造	23	0.39	3.04	0.02
航天相关设备制造	14	0.27	2.18	
航空相关设备制造	9	0.12	0.86	0.02
电子及通信设备制造业	14676	479.60	6061.17	1715.61
电子工业专用设备制造	927	21.97	196.01	11.95
半导体器件专用设备制造	414	17.44	139.81	2.99
电子元器件与机电组件设备制造	95	0.89	7.58	1.04
其他电子专用设备制造	418	3.64	48.63	7.92
光纤、光缆及锂离子电池制造	986	30.19	500.46	30.80
光纤制造	70	1.32	18.60	2.10
光缆制造	151	4.28	85.98	2.15

指标名称	新产品开发项目数（项）	新产品开发经费（亿元）	新产品销售收入（亿元）	# 出口（亿元）
锂离子电池制造	765	24.59	395.88	26.55
通信设备制造、雷达及配套设备制造	1546	182.84	2520.35	765.12
通信系统设备制造	1044	152.76	1659.71	272.53
通信终端设备制造	471	28.72	857.44	492.47
雷达及配套设备制造	31	1.35	3.20	0.12
广播电视设备制造	263	14.26	375.21	281.11
广播电视节目制作及发射设备制造	9	0.03	0.28	0.26
广播电视接收设备制造	82	1.09	13.56	7.80
广播电视专用配件制造	36	0.19	1.50	0.11
专用音响设备制造	65	11.17	265.61	265.18
应用电视设备及其他广播电视设备制造	71	1.78	94.27	7.75
非专业视听设备制造	329	3.91	35.01	13.14
电视机制造	20	0.24	5.02	
音响设备制造	242	2.50	24.01	12.24
影视录放设备制造	67	1.17	5.97	0.90
电子器件制造	2713	67.30	541.96	140.46
电子真空器件制造	144	2.13	27.01	1.00
半导体分立器件制造	231	5.88	43.03	3.42
集成电路制造	1095	35.33	236.99	38.34
显示器件制造	250	3.23	33.01	7.95
半导体照明器件制造	368	6.49	58.40	13.60
光电子器件制造	369	9.26	85.23	45.77
其他电子器件制造	256	4.98	58.29	30.38
电子元件及电子专用设备制造	5516	111.76	1426.27	363.04
电阻电容电感元件制造	664	6.80	90.19	15.59
电子电路制造	501	4.10	44.21	5.21
敏感元件及传感器制造	507	11.65	104.18	43.07
电声器件及零件制造	193	1.40	15.38	2.61
电子专用材料制造	2303	63.87	849.51	202.38
其他电子元件制造	1348	23.93	322.81	94.18

指标名称	新产品开发项目数 （项）	新产品开发经费 （亿元）	新产品销售收入 （亿元）	#出口 （亿元）
智能消费设备制造	2082	40.41	441.09	106.98
可穿戴智能设备制造	24	0.18	1.02	0.74
智能车载设备制造	374	9.86	116.81	14.26
智能无人飞行器制造	39	1.38	6.60	0.32
其他智能消费设备制造	1645	29.00	316.65	91.67
其他电子设备制造	314	6.97	24.81	3.01
计算机及办公设备制造业	1228	24.55	329.88	137.61
计算机整机制造	73	1.09	25.56	18.58
计算机零部件制造	205	2.87	118.86	85.61
计算机外围设备制造	296	6.92	76.77	23.89
工业控制计算机及系统制造	64	1.20	3.12	0.24
信息安全设备制造	19	0.42	0.29	0.19
其他计算机制造	449	10.92	97.34	5.92
办公设备制造	122	1.13	7.94	3.18
复印和胶印设备制造	44	0.21	2.47	0.76
计算器及货币专用设备制造	78	0.92	5.47	2.42
医疗仪器设备及仪器仪表制造业	7621	117.99	943.84	178.80
医疗仪器设备及器械制造	2183	25.10	127.50	34.98
医疗诊断、监护及治疗设备制造	935	12.93	56.41	13.83
口腔科用设备及器具制造	65	0.61	5.76	2.82
医疗实验室及医用消毒设备和器具制造	71	0.29	2.14	0.12
医疗、外科及兽医用器械制造	780	7.81	41.85	11.89
机械治疗及病房护理设备制造	104	0.79	6.24	0.58
康复辅具制造	63	0.80	4.28	1.88
其他医疗设备及器械制造	165	1.87	10.82	3.87
通用仪器仪表制造	4016	55.57	626.11	109.55
工业自动控制系统装置制造	2398	33.12	359.15	43.99
电工仪器仪表制造	523	9.19	138.42	24.79
绘图、计算及测量仪器制造	108	0.75	8.31	4.82
实验分析仪器制造	202	2.20	16.37	8.84
试验机制造	83	0.34	1.35	

指标名称	新产品开发项目数（项）	新产品开发经费（亿元）	新产品销售收入（亿元）	＃出口（亿元）
供应用仪器仪表制造	533	6.34	72.73	24.73
其他通用仪器制造	169	3.65	29.77	2.38
专用仪器仪表制造	1070	16.95	129.00	13.92
环境监测专用仪器仪表制造	240	5.14	11.92	0.23
运输设备及生产用计数仪表制造	255	3.37	42.17	1.91
导航、测绘、气象及海洋专用仪器制造	64	0.70	3.80	1.16
农林牧渔专用仪器仪表制造	20	0.30	1.68	0.49
地质勘探和地震专用仪器制造	18	0.19	0.45	
教学专用仪器制造	117	0.97	7.79	0.63
核子及核辐射测量仪器制造	12	0.06	0.46	0.35
电子测量仪器制造	280	5.77	52.73	9.04
其他专用仪器制造	64	0.45	8.01	0.11
光学仪器制造	295	19.72	58.10	19.94
其他仪器仪表制造业	57	0.65	3.13	0.40
信息化学品制造业	87	1.00	12.73	4.80
信息化学品制造	87	1.00	12.73	4.80
文化用信息化学品制造	84	1.00	12.48	4.79
医学生产用信息化学品制造	3	0.01	0.25	0.01
按地区分组				
杭州市	8028	331.39	3073.72	643.82
宁波市	7009	132.14	1278.33	308.30
温州市	2570	32.78	433.65	49.94
嘉兴市	3516	81.20	1636.93	902.17
湖州市	1445	19.20	350.66	90.94
绍兴市	2256	49.48	668.98	126.47
金华市	1857	31.47	402.49	113.31
衢州市	464	13.62	163.18	39.50
舟山市	68	0.64	3.86	0.08
台州市	2016	33.06	386.80	135.94
丽水市	354	4.10	48.03	2.04

6-7 高技术产业企业技术获取和技术改造情况（2022）

单位：亿元

指标名称	技术改造 经费支出	购买境内技术 经费支出	引进境外技术 经费支出	引进境外技术的 消化吸收经费支出
总计	**68.84**	**6.73**	**7.36**	**0.07**
按行业分组				
医药制造业	28.02	3.44	6.98	
化学药品制造	19.77	2.53	5.62	
化学药品原料药制造	15.51	2.07		
化学药品制剂制造	4.25	0.46	5.62	
中药饮品加工	0.03			
中成药生产	0.87	0.58	0.02	
兽用药品制造	1.53	0.19		
生物药品制品制造	1.59	0.11	1.35	
生物药品制造	1.59	0.11	1.35	
卫生材料及医药用品制造	0.43	0.02		
药用辅料及包装材料	3.81	0.01		
航空、航天器及设备制造业	0.04			
飞机制造	0.04			
电子及通信设备制造业	26.93	1.10	0.26	0.07
电子工业专用设备制造	0.26			
半导体器件专用设备制造	0.19			
电子元器件与机电组件设备制造	0.05			
其他电子专用设备制造	0.02			
光纤、光缆及锂离子电池制造	3.40			
光纤制造	1.08			
光缆制造	0.06			
锂离子电池制造	2.27			
通信设备制造、雷达及配套设备制造	7.94	0.05		
通信系统设备制造	0.18	0.04		
通信终端设备制造	7.74			

指标名称	技术改造经费支出	购买境内技术经费支出	引进境外技术经费支出	引进境外技术的消化吸收经费支出
雷达及配套设备制造	0.02			
非专业视听设备制造	0.33			
音响设备制造	0.33			
电子器件制造	2.18	0.38	0.06	
电子真空器件制造	0.07			
半导体分立器件制造	0.59	0.02		
集成电路制造	0.15	0.12	0.06	
显示器件制造	0.16	0.06		
半导体照明器件制造	0.75			
光电子器件制造	0.03	0.18		
其他电子器件制造	0.43			
电子元件及电子专用设备制造	11.03	0.57	0.20	0.07
电阻电容电感元件制造	0.25	0.02		
电子电路制造	0.17	0.02		
敏感元件及传感器制造	1.54		0.11	0.07
电声器件及零件制造	0.04			
电子专用材料制造	6.70	0.45	0.03	
其他电子元件制造	2.33	0.07	0.06	
智能消费设备制造	1.78	0.10		
智能车载设备制造	0.11			
智能无人飞行器制造		0.02		
其他智能消费设备制造	1.67	0.08		
计算机及办公设备制造业	1.57	0.37	0.01	
计算机整机制造	0.02			
计算机零部件制造	0.16			
计算机外围设备制造	0.58	0.13	0.01	
工业控制计算机及系统制造		0.05		
其他计算机制造	0.81	0.19		
医疗仪器设备及仪器仪表制造业	12.16	1.81	0.11	
医疗仪器设备及器械制造	0.82			

指标名称	技术改造经费支出	购买境内技术经费支出	引进境外技术经费支出	引进境外技术的消化吸收经费支出
医疗诊断、监护及治疗设备制造	0.05			
医疗、外科及兽医用器械制造	0.77			
通用仪器仪表制造	5.41	1.31	0.11	
工业自动控制系统装置制造	3.79	0.35	0.11	
电工仪器仪表制造	0.99			
绘图、计算及测量仪器制造	0.12			
实验分析仪器制造	0.09			
供应用仪器仪表制造	0.37	0.90		
其他通用仪器制造	0.04	0.06		
专用仪器仪表制造	2.64	0.02		
环境监测专用仪器仪表制造	0.02			
运输设备及生产用计数仪表制造	0.52	0.02		
教学专用仪器制造	0.13			
电子测量仪器制造	1.97			
光学仪器制造	3.24	0.49		
其他仪器仪表制造业	0.05			
信息化学品制造业	0.14			
信息化学品制造	0.14			
文化用信息化学品制造	0.14			
按地区分组				
杭州市	12.43	1.39	6.94	
宁波市	17.11	2.54	0.11	0.07
温州市	3.48	0.28		
嘉兴市	8.63	0.13	0.07	
湖州市	1.50	0.02		
绍兴市	1.98	0.04	0.12	
金华市	13.57	0.53		
衢州市	2.18			
舟山市	0.01			
台州市	7.77	1.58	0.12	
丽水市	0.19	0.21		

6-8 医药制造业产业基本情况（2022）

指标名称	企业数（个）	从业人员平均人数（人）	资产总计（亿元）	主营业务收入（亿元）	利润总额（亿元）
总计	607	174306	4382.7	2377.5	467.3
按行业分组					
医药制造业	607	174306	4382.7	2377.5	467.3
化学药品制造	222	102162	2893.6	1403.9	229.6
化学药品原料药制造	144	67287	2064.3	803.0	136.7
化学药品制剂制造	78	34875	829.3	600.9	92.9
中药饮品加工	37	4215	77.0	58.5	3.4
中成药生产	50	13364	334.1	122.2	25.9
兽用药品制造	19	3426	74.7	36.1	1.5
生物药品制品制造	92	20814	527.4	315.0	94.2
生物药品制造	88	19804	477.5	304.4	94.9
基因工程药物和疫苗制造	4	1010	49.9	10.6	-0.7
卫生材料及医药用品制造	131	23292	380.5	369.4	106.1
药用辅料及包装材料	56	7033	95.2	72.4	6.5
按地区分组					
杭州市	152	48348	1131.8	950.8	224.3
宁波市	56	9659	203.8	93.9	12.6
温州市	30	4669	70.4	41.2	7.7
嘉兴市	29	6672	138.6	52.2	7.3
湖州市	53	12906	286.1	160.6	42.2
绍兴市	118	31595	823.8	387.2	59.5
金华市	57	13828	325.3	149.4	23.0
衢州市	19	2339	34.1	27.7	4.6
舟山市	3	410	3.2	3.2	0.7
台州市	74	41086	1314.5	489.3	80.7
丽水市	16	2794	51.0	22.1	4.8

6-9 医药制造业产业 R&D 人员情况（2022）

指标名称	有 R&D 活动的企业数（个）	R&D 人员（人）	# 全时人员	# 研究人员	R&D 人员折合全时当量（人年）
总计	**442**	**22620**	**15980**	**8462**	**17515.2**
按行业分组					
医药制造业	442	22620	15980	8462	17515.2
化学药品制造	180	15437	10813	6116	12016.6
化学药品原料药制造	117	11180	7729	4282	8697.1
化学药品制剂制造	63	4257	3084	1834	3319.5
中药饮品加工	19	299	193	73	230.0
中成药生产	40	1382	913	471	1034.2
兽用药品制造	15	353	288	124	272.4
生物药品制品制造	68	2565	1860	990	2008.0
生物药品制造	65	2263	1640	906	1786.2
基因工程药物和疫苗制造	3	302	220	84	221.8
卫生材料及医药用品制造	83	1874	1391	563	1367.4
药用辅料及包装材料	37	710	522	125	586.5
按地区分组					
杭州市	100	4721	3651	2045	3520.2
宁波市	42	1519	1028	514	1195.9
温州市	23	479	307	124	383.8
嘉兴市	22	662	493	217	467.0
湖州市	32	1298	1026	439	1104.5
绍兴市	91	3669	2697	1388	3116.0
金华市	40	2411	1528	838	1831.9
衢州市	13	245	165	54	192.8
舟山市	2	25	14	10	21.0
台州市	63	7212	4799	2726	5391.3
丽水市	14	379	272	107	290.7

6-10 医药制造业产业 R&D 经费情况（2022）

单位：亿元

指标名称	R&D经费内部支出	#人员劳务费	#仪器和设备	#政府资金	#企业资金	R&D经费外部支出
总计	83.25	25.27	7.49	1.73	81.32	14.04
按行业分组						
医药制造业	83.25	25.27	7.49	1.73	81.32	14.04
化学药品制造	56.48	16.92	5.51	1.29	55.02	8.34
化学药品原料药制造	33.13	11.32	4.54	0.38	32.74	4.94
化学药品制剂制造	23.35	5.60	0.97	0.91	22.27	3.40
中药饮品加工	0.62	0.20	0.01	0.01	0.61	0.05
中成药生产	3.60	1.39	0.37	0.13	3.46	0.93
兽用药品制造	1.35	0.50	0.20	0.03	1.30	0.18
生物药品制品制造	12.59	3.43	0.77	0.18	12.41	4.16
生物药品制造	9.82	3.19	0.64	0.16	9.66	4.16
基因工程药物和疫苗制造	2.77	0.24	0.12	0.01	2.76	
卫生材料及医药用品制造	6.41	2.27	0.47	0.07	6.33	0.32
药用辅料及包装材料	2.20	0.57	0.15	0.02	2.18	0.06
按地区分组						
杭州市	26.41	7.34	1.12	0.86	25.37	3.02
宁波市	6.05	1.63	0.49	0.04	6.00	0.37
温州市	1.41	0.47	0.19	0.01	1.40	0.05
嘉兴市	1.56	0.61	0.13	0.02	1.53	0.36
湖州市	4.45	1.74	0.35	0.03	4.41	3.18
绍兴市	14.01	3.53	1.12	0.26	13.75	0.87
金华市	7.08	1.84	1.67	0.14	6.94	1.18
衢州市	0.68	0.21	0.06	0.01	0.66	0.10
舟山市	0.06	0.02	0.01		0.06	0.01
台州市	20.62	7.63	2.26	0.28	20.34	4.80
丽水市	0.93	0.25	0.10	0.08	0.85	0.10

6-11 医药制造业企业办研发机构情况（2022）

指标名称	有研发机构的企业数（个）	机构数（个）	机构人员（人）	机构经费支出（亿元）	机构仪器设备（亿元）
总计	**408**	**471**	**24998**	**117.68**	**75.57**
按行业分组					
医药制造业	408	471	24998	117.68	75.57
化学药品制造	164	209	15997	76.95	55.73
化学药品原料药制造	103	131	10656	40.79	36.23
化学药品制剂制造	61	78	5341	36.16	19.49
中药饮品加工	16	17	283	0.90	0.50
中成药生产	38	44	1813	5.88	4.85
兽用药品制造	11	11	418	1.84	1.13
生物药品制品制造	61	65	3199	19.73	6.72
生物药品制造	59	63	2974	16.66	6.04
基因工程药物和疫苗制造	2	2	225	3.07	0.68
卫生材料及医药用品制造	75	82	2397	9.46	3.98
药用辅料及包装材料	43	43	891	2.91	2.67
按地区分组					
杭州市	89	106	6168	39.97	18.57
宁波市	44	44	1804	8.58	3.88
温州市	25	25	627	1.90	2.69
嘉兴市	27	31	1159	3.41	2.73
湖州市	32	33	1557	8.33	3.04
绍兴市	82	91	3522	19.29	12.92
金华市	35	38	2424	8.58	7.76
衢州市	10	10	218	0.61	0.75
舟山市	3	3	35	0.15	0.14
台州市	52	80	7062	25.52	22.10
丽水市	9	10	422	1.33	1.00

6-12 医药制造业企业专利情况（2022）

单位：件

指标名称	专利申请数	＃发明专利	有效发明专利
总计	2888	1368	6270
按行业分组			
医药制造业	2888	1368	6270
化学药品制造	1096	758	3510
化学药品原料药制造	619	414	2483
化学药品制剂制造	477	344	1027
中药饮品加工	66	23	229
中成药生产	83	47	432
兽用药品制造	46	29	180
生物药品制品制造	671	300	985
生物药品制造	609	247	962
基因工程药物和疫苗制造	62	53	23
卫生材料及医药用品制造	720	172	725
药用辅料及包装材料	206	39	209
按地区分组			
杭州市	993	551	1520
宁波市	179	73	339
温州市	119	33	105
嘉兴市	169	54	243
湖州市	324	107	706
绍兴市	556	196	1002
金华市	152	61	420
衢州市	32	16	55
舟山市	1	1	17
台州市	320	260	1773
丽水市	43	16	90

6-13 医药制造业企业新产品开发、生产及销售情况（2022）

指标名称	新产品开发项目数（项）	新产品开发经费（亿元）	新产品销售收入（亿元）	#出口（亿元）
总计	**5801**	**103.02**	**1085.87**	**373.04**
按行业分组				
医药制造业	5801	103.02	1085.87	373.04
化学药品制造	2623	59.44	629.88	184.88
化学药品原料药制造	1433	31.51	430.11	160.61
化学药品制剂制造	1190	27.94	199.77	24.27
中药饮品加工	112	0.74	4.72	0.65
中成药生产	534	5.35	52.60	1.76
兽用药品制造	189	1.94	19.28	1.77
生物药品制品制造	1193	19.14	162.58	80.20
生物药品制造	1163	15.88	162.27	80.20
基因工程药物和疫苗制造	30	3.27	0.30	
卫生材料及医药用品制造	861	13.44	178.13	98.02
药用辅料及包装材料	289	2.97	38.67	5.77
按地区分组				
杭州市	1672	40.34	344.23	148.41
宁波市	516	7.56	32.32	3.97
温州市	218	3.07	17.31	4.20
嘉兴市	321	3.04	30.06	7.13
湖州市	513	5.20	124.57	46.80
绍兴市	821	18.31	248.65	71.85
金华市	570	5.22	43.71	4.00
衢州市	125	0.80	9.99	0.76
舟山市	10	0.12	0.03	
台州市	920	18.18	229.90	85.78
丽水市	115	1.18	5.10	0.15

6-14 医药制造业企业技术获取和技术改造情况（2022）

单位：亿元

指标名称	技术改造经费支出	购买境内技术经费支出	引进境外技术经费支出
总计	28.02	3.44	6.98
按行业分组			
医药制造业	28.02	3.44	6.98
化学药品制造	19.77	2.53	5.62
化学药品原料药制造	15.51	2.07	
化学药品制剂制造	4.25	0.46	5.62
中药饮品加工	0.03		
中成药生产	0.87	0.58	0.02
兽用药品制造	1.53	0.19	
生物药品制品制造	1.59	0.11	1.35
生物药品制造	1.59	0.11	1.35
卫生材料及医药用品制造	0.43	0.02	
药用辅料及包装材料	3.81	0.01	
按地区分组			
杭州市	4.29	0.94	6.80
宁波市	3.95	0.20	0.06
温州市	0.06		
嘉兴市	1.12		
湖州市	0.32		
绍兴市	0.60	0.04	0.12
金华市	10.87	0.52	
衢州市	0.62		
舟山市			
台州市	6.07	1.58	
丽水市	0.12	0.17	

6-15 电子及通信设备制造业基本情况（2022）

指标名称	企业数（个）	从业人员平均人数（人）	资产总计（亿元）	主营业务收入（亿元）	利润总额（亿元）
总计	**2565**	**657141**	**14069.9**	**9557.4**	**690.3**
按行业分组					
电子及通信设备制造业	2565	657141	14069.9	9557.4	690.3
电子工业专用设备制造	149	18768	579.8	296.9	50.7
半导体器件专用设备制造	51	8581	448.4	187.1	44.9
电子元器件与机电组件设备制造	26	2345	38.8	32.0	2.1
其他电子专用设备制造	72	7842	92.5	77.8	3.6
光纤、光缆及锂离子电池制造	136	42931	1448.8	775.1	16.9
光纤制造	19	2700	66.0	45.6	0.7
光缆制造	25	2853	335.2	193.5	9.7
锂离子电池制造	92	37378	1047.6	536.0	6.6
通信设备制造、雷达及配套设备制造	212	128390	3887.3	3027.0	243.2
通信系统设备制造	145	81853	2831.5	2067.7	225.1
通信终端设备制造	63	45822	1034.5	954.0	19.2
雷达及配套设备制造	4	715	21.3	5.3	-1.1
广播电视设备制造	62	30230	394.9	504.5	12.3
广播电视节目制作及发射设备制造	1	79	0.8	0.3	
广播电视接收设备制造	19	3961	35.1	26.5	0.7
广播电视专用配件制造	9	872	4.1	5.9	0.3
专用音响设备制造	14	16960	184.4	310.9	5.1
应用电视设备及其他广播电视设备制造	19	8358	170.5	160.9	6.2
非专业视听设备制造	88	15628	145.9	87.9	3.8
电视机制造	5	1020	62.4	9.3	-0.4
音响设备制造	72	12283	56.2	62.4	4.0
影视录放设备制造	11	2325	27.3	16.2	0.2
电子器件制造	431	102044	2133.0	1204.0	99.7
电子真空器件制造	41	6021	51.4	44.3	1.2
半导体分立器件制造	46	9525	291.1	126.8	33.1

指标名称	企业数（个）	从业人员平均人数（人）	资产总计（亿元）	主营业务收入（亿元）	利润总额（亿元）
集成电路制造	124	28615	950.7	408.5	27.3
显示器件制造	56	18944	207.6	256.1	12.8
半导体照明器件制造	57	13261	207.9	108.3	6.9
光电子器件制造	58	17304	278.3	155.7	8.6
其他电子器件制造	49	8374	146.0	104.3	9.8
电子元件及电子专用设备制造	1148	224926	4177.7	2794.4	190.0
电阻电容电感元件制造	145	23326	199.8	172.2	10.5
电子电路制造	128	17648	125.5	99.9	1.5
敏感元件及传感器制造	68	20649	428.3	172.0	19.9
电声器件及零件制造	55	6573	42.5	35.6	1.3
电子专用材料制造	472	92044	2671.2	1762.7	91.9
其他电子元件制造	280	64686	710.5	551.9	64.9
智能消费设备制造	278	84902	1167.8	791.6	69.4
可穿戴智能设备制造	4	305	3.3	3.1	
智能车载设备制造	50	16177	381.2	204.6	15.1
智能无人飞行器制造	7	2873	30.2	21.4	1.0
其他智能消费设备制造	217	65547	753.1	562.4	53.3
其他电子设备制造	61	9322	134.6	76.1	4.3
按地区分组					
杭州市	499	165265	5078.0	3375.0	328.0
宁波市	713	168174	2701.7	2039.5	145.1
温州市	280	42354	582.8	436.6	14.7
嘉兴市	399	118552	2424.4	1865.2	74.5
湖州市	133	24493	424.4	309.2	14.2
绍兴市	166	46776	1247.3	487.2	56.0
金华市	186	48988	714.6	561.3	26.7
衢州市	71	14169	506.4	264.7	13.6
舟山市	8	571	7.4	4.5	0.6
台州市	67	20549	288.8	157.6	14.4
丽水市	43	7250	94.0	56.5	2.4

6-16 电子及通信设备制造业产业 R&D 人员情况（2022）

指标名称	有R&D活动的企业数（个）	R&D人员（人）	#全时人员	#研究人员	R&D人员折合全时当量（人年）
总计	**1574**	**91682**	**63944**	**30482**	**71851.9**
按行业分组					
电子及通信设备制造业	1574	91682	63944	30482	71851.9
电子工业专用设备制造	98	4168	3371	1640	3254.0
半导体器件专用设备制造	35	3040	2574	1361	2343.2
电子元器件与机电组件设备制造	9	233	179	86	197.7
其他电子专用设备制造	54	895	618	193	713.2
光纤、光缆及锂离子电池制造	91	6299	3815	1575	4451.0
光纤制造	9	210	159	40	184.5
光缆制造	17	483	353	113	425.2
锂离子电池制造	65	5606	3303	1422	3841.3
通信设备制造、雷达及配套设备制造	133	25507	18098	12509	21718.2
通信系统设备制造	93	20668	14502	10887	17966.0
通信终端设备制造	38	4819	3578	1611	3743.9
雷达及配套设备制造	2	20	18	11	8.3
广播电视设备制造	29	2116	1803	618	1758.2
广播电视节目制作及发射设备制造	1	8	5	2	5.3
广播电视接收设备制造	10	447	350	97	326.7
广播电视专用配件制造	4	56	48	15	48.6
专用音响设备制造	7	1021	896	264	855.9
应用电视设备及其他广播电视设备制造	7	584	504	240	521.7
非专业视听设备制造	48	1299	944	379	1063.1
电视机制造	1	7	3	3	7.0
音响设备制造	39	908	683	218	739.9
影视录放设备制造	8	384	258	158	316.2
电子器件制造	282	13484	10241	4399	10399.1
电子真空器件制造	20	391	305	88	327.3
半导体分立器件制造	28	1093	678	274	787.5

指标名称	有R&D活动的企业数（个）	R&D人员（人）	#全时人员	#研究人员	R&D人员折合全时当量（人年）
集成电路制造	85	5630	4401	2373	4149.6
显示器件制造	31	871	668	190	716.2
半导体照明器件制造	39	1560	1282	398	1206.0
光电子器件制造	47	3021	2239	788	2530.5
其他电子器件制造	32	918	668	288	682.0
电子元件及电子专用设备制造	663	26236	17252	5493	19584.8
电阻电容电感元件制造	96	2193	1586	334	1768.5
电子电路制造	64	1452	886	173	1141.7
敏感元件及传感器制造	54	3610	2304	944	2370.3
电声器件及零件制造	23	420	333	64	365.8
电子专用材料制造	268	11492	7337	2621	8559.3
其他电子元件制造	158	7069	4806	1357	5379.2
智能消费设备制造	193	11262	7336	3376	8510.1
可穿戴智能设备制造	1	11	9	4	11.0
智能车载设备制造	40	3642	2503	1295	2699.6
智能无人飞行器制造	5	371	183	158	251.7
其他智能消费设备制造	147	7238	4641	1919	5547.7
其他电子设备制造	37	1311	1084	493	1113.5
按地区分组					
杭州市	301	33620	24863	16147	27987.9
宁波市	414	19094	13891	5466	15657.9
温州市	160	5548	4318	1022	4230.7
嘉兴市	251	12078	8033	2976	8734.8
湖州市	83	2850	1834	635	2265.8
绍兴市	126	6944	4314	1950	4462.7
金华市	114	5940	3055	1215	4318.3
衢州市	38	1622	1046	300	1016.3
舟山市	5	76	65	28	57.8
台州市	58	3212	2151	575	2595.9
丽水市	24	698	374	168	523.9

6-17 电子及通信设备制造业 R&D 经费情况（2022）

单位：亿元

指标名称	R&D 经费内部支出	#人员劳务费	#仪器和设备	#政府资金	#企业资金	R&D 经费外部支出
总计	**317.17**	**135.68**	**23.52**	**4.66**	**312.31**	**21.73**
按行业分组						
电子及通信设备制造业	317.17	135.68	23.52	4.66	312.31	21.73
电子工业专用设备制造	15.19	5.91	1.46	1.63	13.55	0.59
半导体器件专用设备制造	12.54	4.86	1.37	1.49	11.05	0.49
电子元器件与机电组件设备制造	0.45	0.24			0.45	0.09
其他电子专用设备制造	2.19	0.81	0.08	0.14	2.05	0.01
光纤、光缆及锂离子电池制造	22.04	4.99	2.26	0.42	21.62	2.83
光纤制造	1.02	0.17	0.02	0.01	1.01	
光缆制造	3.81	0.27	0.08		3.81	0.13
锂离子电池制造	17.21	4.55	2.16	0.42	16.79	2.70
通信设备制造、雷达及配套设备制造	107.01	66.25	3.00	0.14	106.86	9.16
通信系统设备制造	88.92	58.38	2.71	0.04	88.88	7.72
通信终端设备制造	18.01	7.84	0.24	0.10	17.91	1.44
雷达及配套设备制造	0.08	0.02	0.05		0.08	
广播电视设备制造	8.01	3.62	0.11	0.01	8.01	0.05
广播电视节目制作及发射设备制造	0.01	0.01				
广播电视接收设备制造	0.76	0.30	0.11		0.76	0.04
广播电视专用配件制造	0.08	0.05			0.08	0.01
专用音响设备制造	5.92	2.57			5.92	
应用电视设备及其他广播电视设备制造	1.24	0.70			1.24	
非专业视听设备制造	2.37	1.21	0.05		2.37	0.02
电视机制造	0.02	0.01			0.02	
音响设备制造	1.76	0.84	0.05		1.76	0.01
影视录放设备制造	0.59	0.36			0.59	0.01
电子器件制造	45.14	17.67	6.41	1.06	44.08	1.68
电子真空器件制造	1.20	0.36	0.09	0.04	1.16	0.04
半导体分立器件制造	4.21	1.29	1.04	0.05	4.17	0.23

单元：万元

指标名称	R&D经费内部支出	#人员劳务费	#仪器和设备	#政府资金	#企业资金	R&D经费外部支出
集成电路制造	22.60	9.65	2.76	0.38	22.22	0.94
显示器件制造	1.94	0.72	0.06	0.06	1.89	0.03
半导体照明器件制造	4.77	1.81	0.80	0.14	4.63	0.22
光电子器件制造	7.42	2.53	1.29	0.38	7.04	0.04
其他电子器件制造	2.99	1.31	0.38	0.01	2.98	0.17
电子元件及电子专用设备制造	85.93	22.22	8.35	1.21	84.71	4.27
电阻电容电感元件制造	5.25	1.74	0.18	0.04	5.22	0.02
电子电路制造	1.96	0.79	0.07	0.04	1.92	0.06
敏感元件及传感器制造	8.98	2.93	0.90	0.04	8.94	3.25
电声器件及零件制造	0.80	0.40	0.03		0.80	0.01
电子专用材料制造	50.11	9.44	4.46	0.85	49.25	0.60
其他电子元件制造	18.82	6.92	2.71	0.23	18.59	0.33
智能消费设备制造	28.17	12.31	1.54	0.09	27.91	2.94
可穿戴智能设备制造	0.04	0.01			0.04	
智能车载设备制造	8.34	3.05	0.54	0.09	8.25	2.00
智能无人飞行器制造	0.97	0.72			0.97	0.03
其他智能消费设备制造	18.82	8.53	0.99		18.64	0.92
其他电子设备制造	3.30	1.51	0.33	0.11	3.19	0.19
按地区分组						
杭州市	137.72	78.52	6.92	1.87	135.85	11.61
宁波市	59.47	22.13	3.87	0.65	58.82	3.92
温州市	12.16	4.17	1.00	0.61	11.56	0.06
嘉兴市	39.30	13.53	2.42	0.55	38.57	1.75
湖州市	8.44	2.22	1.45	0.07	8.37	0.09
绍兴市	23.10	6.00	2.80	0.23	22.86	3.60
金华市	18.64	4.44	2.23	0.35	18.29	0.35
衢州市	9.59	1.37	1.60	0.20	9.39	0.02
舟山市	0.21	0.08	0.01	0.02	0.19	0.02
台州市	6.32	2.52	1.00	0.02	6.29	0.27
丽水市	2.21	0.70	0.22	0.08	2.12	0.04

6-18　电子及通信设备制造业企业办研发机构情况（2022）

指标名称	有研发机构的企业数（个）	机构数（个）	机构人员（人）	机构经费支出（亿元）	机构仪器设备（亿元）
总计	**1609**	**1690**	**108588**	**476.64**	**201.11**
按行业分组					
电子及通信设备制造业	1609	1690	108588	476.64	201.11
电子工业专用设备制造	100	106	4758	19.58	6.02
半导体器件专用设备制造	31	34	3164	15.13	4.15
电子元器件与机电组件设备制造	14	14	270	0.79	0.23
其他电子专用设备制造	55	58	1324	3.66	1.64
光纤、光缆及锂离子电池制造	86	94	6443	29.01	15.21
光纤制造	10	11	203	1.18	0.91
光缆制造	18	22	546	4.82	3.16
锂离子电池制造	58	61	5694	23.01	11.13
通信设备制造、雷达及配套设备制造	150	162	36470	198.99	45.56
通信系统设备制造	99	111	28745	164.21	28.36
通信终端设备制造	48	48	7258	32.58	16.97
雷达及配套设备制造	3	3	467	2.21	0.24
广播电视设备制造	37	40	3246	14.33	4.92
广播电视接收设备制造	14	14	487	1.03	0.41
广播电视专用配件制造	5	5	127	0.23	0.11
专用音响设备制造	9	9	1919	10.99	3.42
应用电视设备及其他广播电视设备制造	9	12	713	2.08	0.98
非专业视听设备制造	41	42	1480	3.26	1.71
电视机制造	2	3	91	0.30	0.44
音响设备制造	33	33	935	2.01	0.97
影视录放设备制造	6	6	454	0.95	0.31
电子器件制造	277	287	14235	54.35	40.98
电子真空器件制造	24	24	644	1.81	0.56
半导体分立器件制造	24	25	986	3.42	3.02

指标名称	有研发机构的企业数（个）	机构数（个）	机构人员（人）	机构经费支出（亿元）	机构仪器设备（亿元）
集成电路制造	80	82	5788	28.28	20.23
显示器件制造	33	33	1012	2.77	1.40
半导体照明器件制造	40	40	1824	5.83	6.03
光电子器件制造	44	48	2891	8.40	8.40
其他电子器件制造	32	35	1090	3.84	1.35
电子元件及电子专用设备制造	686	718	27137	108.82	68.59
电阻电容电感元件制造	98	99	2424	6.45	3.86
电子电路制造	75	78	1851	3.63	3.23
敏感元件及传感器制造	51	55	3592	14.37	6.02
电声器件及零件制造	30	30	650	1.39	0.71
电子专用材料制造	255	277	10533	60.51	40.41
其他电子元件制造	177	179	8087	22.47	14.35
智能消费设备制造	195	202	12919	41.96	15.10
可穿戴智能设备制造	3	3	72	0.18	0.06
智能车载设备制造	37	38	3138	12.53	5.62
智能无人飞行器制造	2	3	361	1.02	0.10
其他智能消费设备制造	153	158	9348	28.24	9.32
其他电子设备制造	37	39	1900	6.34	3.02
按地区分组					
杭州市	281	306	42604	229.35	62.34
宁波市	429	432	21352	81.76	40.46
温州市	186	186	6410	16.87	9.84
嘉兴市	351	365	19350	72.25	42.84
湖州市	79	84	2529	7.96	7.78
绍兴市	93	103	6775	28.58	11.82
金华市	91	102	3957	20.56	12.16
衢州市	32	35	1889	10.07	7.03
舟山市	8	8	100	0.37	0.40
台州市	35	42	2827	5.91	5.44
丽水市	24	27	795	2.96	0.99

6-19 电子及通信设备制造业企业专利情况（2022）

单位：件

指标名称	专利申请数	# 发明专利	有效发明专利
总计	**25289**	**10883**	**33646**
按行业分组			
电子及通信设备制造业	25289	10883	33646
电子工业专用设备制造	1291	422	719
半导体器件专用设备制造	786	334	429
电子元器件与机电组件设备制造	109	21	97
其他电子专用设备制造	396	67	193
光纤、光缆及锂离子电池制造	1579	522	1744
光纤制造	32	16	47
光缆制造	126	47	268
锂离子电池制造	1421	459	1429
通信设备制造、雷达及配套设备制造	5990	4090	13652
通信系统设备制造	5051	3676	12509
通信终端设备制造	910	397	1095
雷达及配套设备制造	29	17	48
广播电视设备制造	262	87	463
广播电视节目制作及发射设备制造	5		3
广播电视接收设备制造	94	7	111
广播电视专用配件制造	32	8	24
专用音响设备制造	37	16	30
应用电视设备及其他广播电视设备制造	94	56	295
非专业视听设备制造	240	35	208
电视机制造	34	9	72
音响设备制造	144	15	98
影视录放设备制造	62	11	38
电子器件制造	3643	1751	6515
电子真空器件制造	133	27	147
半导体分立器件制造	240	138	239

指标名称	专利申请数	# 发明专利	有效发明专利
集成电路制造	1567	1010	3897
显示器件制造	219	68	308
半导体照明器件制造	615	190	782
光电子器件制造	627	242	779
其他电子器件制造	242	76	363
电子元件及电子专用设备制造	5319	2081	5705
电阻电容电感元件制造	419	89	413
电子电路制造	340	72	318
敏感元件及传感器制造	739	297	652
电声器件及零件制造	96	14	67
电子专用材料制造	2315	1297	3300
其他电子元件制造	1410	312	955
智能消费设备制造	6384	1440	4165
可穿戴智能设备制造	35	5	92
智能车载设备制造	475	152	380
智能无人飞行器制造	78	41	210
其他智能消费设备制造	5796	1242	3483
其他电子设备制造	581	455	475
按地区分组			
杭州市	8842	5745	18196
宁波市	6980	2250	6680
温州市	1755	358	1207
嘉兴市	2820	744	2731
湖州市	807	244	769
绍兴市	1521	634	1770
金华市	1480	538	1630
衢州市	276	115	225
舟山市	21	8	59
台州市	361	102	216
丽水市	426	145	163

6–20 电子及通信设备制造业企业新产品开发、生产及销售情况（2022）

指标名称	新产品开发项目数（项）	新产品开发经费（亿元）	新产品销售收入（亿元）	#出口（亿元）
总计	**14676**	**479.60**	**6061.17**	**1715.61**
按行业分组				
电子及通信设备制造业	14676	479.60	6061.17	1715.61
电子工业专用设备制造	927	21.97	196.01	11.95
半导体器件专用设备制造	414	17.44	139.81	2.99
电子元器件与机电组件设备制造	95	0.89	7.58	1.04
其他电子专用设备制造	418	3.64	48.63	7.92
光纤、光缆及锂离子电池制造	986	30.19	500.46	30.80
光纤制造	70	1.32	18.60	2.10
光缆制造	151	4.28	85.98	2.15
锂离子电池制造	765	24.59	395.88	26.55
通信设备制造、雷达及配套设备制造	1546	182.84	2520.35	765.12
通信系统设备制造	1044	152.76	1659.71	272.53
通信终端设备制造	471	28.72	857.44	492.47
雷达及配套设备制造	31	1.35	3.20	0.12
广播电视设备制造	263	14.26	375.21	281.11
广播电视节目制作及发射设备制造	9	0.03	0.28	0.26
广播电视接收设备制造	82	1.09	13.56	7.80
广播电视专用配件制造	36	0.19	1.50	0.11
专用音响设备制造	65	11.17	265.61	265.18
应用电视设备及其他广播电视设备制造	71	1.78	94.27	7.75
非专业视听设备制造	329	3.91	35.01	13.14
电视机制造	20	0.24	5.02	
音响设备制造	242	2.50	24.01	12.24
影视录放设备制造	67	1.17	5.97	0.90
电子器件制造	2713	67.30	541.96	140.46
电子真空器件制造	144	2.13	27.01	1.00
半导体分立器件制造	231	5.88	43.03	3.42

指标名称	新产品开发项目数 （项）	新产品开发经费 （亿元）	新产品销售收入 （亿元）	＃出口 （亿元）
集成电路制造	1095	35.33	236.99	38.34
显示器件制造	250	3.23	33.01	7.95
半导体照明器件制造	368	6.49	58.40	13.60
光电子器件制造	369	9.26	85.23	45.77
其他电子器件制造	256	4.98	58.29	30.38
电子元件及电子专用设备制造	5516	111.76	1426.27	363.04
电阻电容电感元件制造	664	6.80	90.19	15.59
电子电路制造	501	4.10	44.21	5.21
敏感元件及传感器制造	507	11.65	104.18	43.07
电声器件及零件制造	193	1.40	15.38	2.61
电子专用材料制造	2303	63.87	849.51	202.38
其他电子元件制造	1348	23.93	322.81	94.18
智能消费设备制造	2082	40.41	441.09	106.98
可穿戴智能设备制造	24	0.18	1.02	0.74
智能车载设备制造	374	9.86	116.81	14.26
智能无人飞行器制造	39	1.38	6.60	0.32
其他智能消费设备制造	1645	29.00	316.65	91.67
其他电子设备制造	314	6.97	24.81	3.01
按地区分组				
杭州市	3351	231.98	2292.59	392.58
宁波市	4146	78.48	962.55	257.71
温州市	1153	17.85	257.87	24.56
嘉兴市	2408	67.34	1397.86	783.12
湖州市	695	11.47	186.82	41.46
绍兴市	984	26.50	370.43	43.84
金华市	986	23.47	328.31	103.98
衢州市	289	11.57	141.45	38.74
舟山市	31	0.33	0.79	
台州市	429	8.11	85.94	27.73
丽水市	204	2.49	36.56	1.89

6-21 电子及通信设备制造业企业技术获取和技术改造情况（2022）

单位：亿元

指标名称	技术改造经费支出	购买境内技术经费支出	引进境外技术经费支出	引进境外技术的消化吸收经费支出
总计	**26.93**	**1.10**	**0.26**	**0.07**
按行业分组				
电子及通信设备制造业	26.93	1.10	0.26	0.07
电子工业专用设备制造	0.26			
半导体器件专用设备制造	0.19			
电子元器件与机电组件设备制造	0.05			
其他电子专用设备制造	0.02			
光纤、光缆及锂离子电池制造	3.40			
光纤制造	1.08			
光缆制造	0.06			
锂离子电池制造	2.27			
通信设备制造、雷达及配套设备制造	7.94	0.05		
通信系统设备制造	0.18	0.04		
通信终端设备制造	7.74			
雷达及配套设备制造	0.02			
非专业视听设备制造	0.33			
音响设备制造	0.33			
电子器件制造	2.18	0.38	0.06	
电子真空器件制造	0.07			
半导体分立器件制造	0.59	0.02		
集成电路制造	0.15	0.12	0.06	
显示器件制造	0.16	0.06		
半导体照明器件制造	0.75			

指标名称	技术改造经费支出	购买境内技术经费支出	引进境外技术经费支出	引进境外技术的消化吸收经费支出
光电子器件制造	0.03	0.18		
其他电子器件制造	0.43			
电子元件及电子专用设备制造	11.03	0.57	0.20	0.07
电阻电容电感元件制造	0.25	0.02		
电子电路制造	0.17	0.02		
敏感元件及传感器制造	1.54		0.11	0.07
电声器件及零件制造	0.04			
电子专用材料制造	6.70	0.45	0.03	
其他电子元件制造	2.33	0.07	0.06	
智能消费设备制造	1.78	0.10		
智能车载设备制造	0.11			
智能无人飞行器制造		0.02		
其他智能消费设备制造	1.67	0.08		
按地区分组				
杭州市	4.21	0.31	0.13	
宁波市	7.32	0.50	0.01	0.07
温州市	1.01	0.09		
嘉兴市	7.48	0.13	0.01	
湖州市	1.18	0.02		
绍兴市	0.49			
金华市	2.44	0.01		
衢州市	1.56			
舟山市	0.01			
台州市	1.18		0.11	
丽水市	0.06	0.04		

6-22 计算机及办公设备制造业基本情况（2022）

指标名称	企业数 （个）	从业人员平均 人数（人）	资产总计 （亿元）	营业收入 （亿元）	利润总额 （亿元）
总计	191	50403	723.8	709.3	47.5
按行业分组					
计算机及办公设备制造业	191	50403	723.8	709.3	47.5
计算机整机制造	12	2475	69.0	200.8	2.0
计算机零部件制造	41	24595	212.8	170.4	17.9
计算机外围设备制造	66	11585	178.9	148.8	6.0
工业控制计算机及系统制造	14	1041	17.4	9.6	0.3
信息安全设备制造	4	349	5.1	4.0	0.6
其他计算机制造	24	7228	221.0	159.9	20.5
办公设备制造	30	3130	19.5	15.8	0.3
复印和胶印设备制造	8	794	5.7	3.7	0.2
计算器及货币专用设备制造	22	2336	13.7	12.1	0.1
按地区分组					
杭州市	61	11497	224.3	277.6	8.2
宁波市	46	11723	229.7	198.8	21.1
温州市	31	5436	39.8	37.9	2.0
嘉兴市	34	19692	196.9	164.9	12.2
湖州市	6	1052	14.5	17.0	3.6
绍兴市	6	350	4.9	3.2	0.3
金华市	3	329	10.3	8.1	0.3
衢州市	2	60	0.7	0.4	
台州市	2	264	2.5	1.4	-0.2

6-23　计算机及办公设备制造业 R&D 人员情况（2022）

指标名称	有 R&D 活动的企业数（个）	R&D 人员（人）	# 全时人员（人）	# 研究人员（人）	R&D 人员折合全时当量（人年）
总计	**107**	**7539**	**5608**	**2194**	**5858.2**
按行业分组					
计算机及办公设备制造业	107	7539	5608	2194	5858.2
计算机整机制造	3	237	53	111	62.8
计算机零部件制造	28	3087	2224	355	2496.4
计算机外围设备制造	36	1806	1409	733	1481.2
工业控制计算机及系统制造	5	146	118	50	118.5
信息安全设备制造	3	151	121	55	123.0
其他计算机制造	17	1684	1321	735	1194.4
办公设备制造	15	428	362	155	381.8
复印和胶印设备制造	5	84	56	10	71.2
计算器及货币专用设备制造	10	344	306	145	310.7
按地区分组					
杭州市	37	2404	1914	1115	1762.2
宁波市	24	1592	1136	588	1195.7
温州市	18	652	478	129	519.9
嘉兴市	15	2626	1910	290	2165.8
湖州市	5	159	124	50	131.6
绍兴市	3	37	18	11	33.0
金华市	2	24	22	7	17.5
衢州市	1	7	2	2	2.8
台州市	2	38	4	2	29.8

6–24 计算机及办公设备制造业 R&D 经费情况（2022）

单位：亿元

指标名称	R&D 经费内部支出	#人员劳务费	#仪器和设备	#政府资金	#企业资金	R&D 经费外部支出
总计	**19.41**	**8.13**	**0.35**	**0.57**	**18.84**	**3.07**
按行业分组						
计算机及办公设备制造业	19.41	8.13	0.35	0.57	18.84	3.07
计算机整机制造	0.50	0.35			0.50	0.15
计算机零部件制造	5.76	1.82	0.08	0.45	5.31	0.07
计算机外围设备制造	4.37	2.35	0.06	0.05	4.32	0.04
工业控制计算机及系统制造	0.29	0.20	0.02		0.29	0.05
信息安全设备制造	0.32	0.21	0.03	0.04	0.29	0.04
其他计算机制造	7.39	2.81	0.16	0.03	7.36	2.70
办公设备制造	0.77	0.39			0.77	0.01
复印和胶印设备制造	0.13	0.06			0.13	0.01
计算器及货币专用设备制造	0.64	0.33			0.64	0.01
按地区分组						
杭州市	5.28	3.19	0.12	0.09	5.19	0.29
宁波市	7.59	2.75	0.13	0.03	7.57	2.72
温州市	1.17	0.56	0.06		1.16	0.01
嘉兴市	4.46	1.39	0.02	0.45	4.01	
湖州市	0.69	0.15	0.01		0.69	0.01
绍兴市	0.09	0.02			0.09	
金华市	0.05	0.04			0.05	0.03
衢州市	0.01				0.01	
台州市	0.07	0.03			0.07	

6-25 计算机及办公设备制造业企业办研发机构情况（2022）

指标名称	有研发机构的企业数（个）	机构数（个）	机构人员（人）	机构经费支出（亿元）	机构仪器设备（亿元）
总计	**123**	**130**	**7932**	**30.18**	**7.85**
按行业分组					
计算机及办公设备制造业	123	130	7932	30.18	7.85
计算机整机制造	5	5	428	0.83	0.12
计算机零部件制造	27	27	2910	8.84	2.17
计算机外围设备制造	42	42	1994	6.12	1.73
工业控制计算机及系统制造	10	14	411	1.38	0.38
信息安全设备制造	2	3	132	0.40	0.06
其他计算机制造	18	20	1725	11.97	2.97
办公设备制造	19	19	332	0.64	0.43
复印和胶印设备制造	5	5	84	0.17	0.15
计算器及货币专用设备制造	14	14	248	0.47	0.28
按地区分组					
杭州市	38	45	2468	7.33	1.95
宁波市	28	28	1829	12.65	3.33
温州市	21	21	732	1.13	0.55
嘉兴市	25	25	2699	7.98	1.68
湖州市	5	5	120	0.83	0.16
绍兴市	3	3	31	0.08	0.12
金华市	2	2	42	0.13	0.07
衢州市	1	1	11	0.03	
台州市					

6-26 计算机及办公设备制造业企业专利情况（2022）

单位：件

指标名称	专利申请数	#发明专利	有效发明专利
总计	**1315**	**430**	**1483**
按行业分组			
计算机及办公设备制造业	1315	430	1483
计算机整机制造	21	5	8
计算机零部件制造	269	64	358
计算机外围设备制造	470	144	495
工业控制计算机及系统制造	90	40	108
信息安全设备制造	56	6	36
其他计算机制造	269	137	365
办公设备制造	140	34	113
复印和胶印设备制造	28	5	44
计算器及货币专用设备制造	112	29	69
按地区分组			
杭州市	602	235	690
宁波市	275	91	262
温州市	154	19	97
嘉兴市	177	54	325
湖州市	69	18	61
绍兴市	28	11	41
金华市			4
衢州市			
台州市	10	2	3

6-27 计算机及办公设备制造业企业新产品开发、生产及销售情况（2022）

指标名称	新产品开发项目数（项）	新产品开发经费（亿元）	新产品销售收入（亿元）	#出口（亿元）
总计	**1228**	**24.55**	**329.88**	**137.61**
按行业分组				
计算机及办公设备制造业	1228	24.55	329.88	137.61
计算机整机制造	73	1.09	25.56	18.58
计算机零部件制造	205	2.87	118.86	85.61
计算机外围设备制造	296	6.92	76.77	23.89
工业控制计算机及系统制造	64	1.20	3.12	0.24
信息安全设备制造	19	0.42	0.29	0.19
其他计算机制造	449	10.92	97.34	5.92
办公设备制造	122	1.13	7.94	3.18
复印和胶印设备制造	44	0.21	2.47	0.76
计算器及货币专用设备制造	78	0.92	5.47	2.42
按地区分组				
杭州市	371	10.64	93.92	37.22
宁波市	462	9.94	98.15	7.76
温州市	178	1.57	15.43	3.54
嘉兴市	114	1.07	104.58	87.81
湖州市	29	0.89	15.89	0.54
绍兴市	21	0.21	1.04	0.24
金华市	22	0.09		
衢州市	5	0.03		
台州市	26	0.11	0.86	0.51

6-28 计算机及办公设备制造业企业技术获取和技术改造情况（2022）

单位：亿元

指标名称	技术改造经费支出	购买境内技术经费支出	引进境外技术经费支出	引进境外技术的消化吸收经费支出
总计	**1.57**	**0.37**	**0.01**	**0**
按行业分组				
计算机及办公设备制造业	1.57	0.37	0.01	
计算机整机制造	0.02			
计算机零部件制造	0.16			
计算机外围设备制造	0.58	0.13	0.01	
工业控制计算机及系统制造		0.05		
信息安全设备制造				
其他计算机制造	0.81	0.19		
办公设备制造				
复印和胶印设备制造				
计算器及货币专用设备制造				
按地区分组				
杭州市	0.24	0.05	0.01	
宁波市	1.14	0.13		
温州市	0.19	0.19		
嘉兴市				
湖州市				
绍兴市				
金华市				
衢州市				
台州市				

6-29　医疗仪器设备及仪器仪表制造业基本情况（2022）

指标名称	企业数（个）	从业人员平均人数（人）	资产总计（亿元）	营业收入（亿元）	利润总额（亿元）
总计	1219	212749	3169.6	1906.5	267.3
按行业分组					
医疗仪器设备及仪器仪表制造业	1219	212749	3169.6	1906.5	267.3
医疗仪器设备及器械制造	287	49671	598.2	320.0	57.3
医疗诊断、监护及治疗设备制造	100	17446	261.2	148.1	28.9
口腔科用设备及器具制造	9	1307	11.2	9.8	2.4
医疗实验室及医用消毒设备和器具制造	13	1135	11.2	8.2	1.1
医疗、外科及兽医用器械制造	106	22224	226.0	110.3	20.1
机械治疗及病房护理设备制造	14	2002	18.6	12.4	1.9
康复辅具制造	16	1747	13.2	11.5	0.7
其他医疗设备及器械制造	29	3810	56.8	19.7	2.0
通用仪器仪表制造	712	111155	1801.0	1152.8	139.1
工业自动控制系统装置制造	419	63483	964.8	651.2	72.4
电工仪器仪表制造	87	15766	446.0	227.5	37.3
绘图、计算及测量仪器制造	25	3984	16.6	18.2	1.7
实验分析仪器制造	33	4156	41.2	35.6	6.7
试验机制造	14	896	6.1	5.8	0.5
供应用仪器仪表制造	99	15958	214.1	154.4	14.1
其他通用仪器制造	35	6912	112.2	60.2	6.5
专用仪器仪表制造	157	30751	456.0	242.6	23.8
环境监测专用仪器仪表制造	30	5309	47.2	37.8	3.4

指标名称	企业数（个）	从业人员平均人数（人）	资产总计（亿元）	营业收入（亿元）	利润总额（亿元）
运输设备及生产用计数仪表制造	35	11620	172.6	90.9	3.5
导航、测绘、气象及海洋专用仪器制造	9	888	9.9	6.0	0.8
农林牧渔专用仪器仪表制造	6	669	8.0	4.3	0.8
地质勘探和地震专用仪器制造	3	161	3.4	1.6	0.2
教学专用仪器制造	19	2796	22.4	14.3	1.1
核子及核辐射测量仪器制造	2	102	1.4	1.0	0.1
电子测量仪器制造	38	7680	172.4	77.4	13.0
其他专用仪器制造	15	1526	18.8	9.2	0.9
光学仪器制造	52	19872	293.3	179.2	45.9
其他仪器仪表制造业	11	1300	21.1	11.8	1.2
按地区分组					
杭州市	352	71615	1393.8	750.5	114.6
宁波市	294	53446	802.2	475.5	74.3
温州市	185	29057	334.2	222.4	21.4
嘉兴市	105	15185	196.5	158.6	21.6
湖州市	44	4458	48.6	32.6	3.1
绍兴市	60	8268	135.4	66.4	8.6
金华市	48	6944	75.0	50.0	5.8
衢州市	5	2329	24.0	13.6	1.9
舟山市	9	818	5.6	5.0	0.3
台州市	106	19594	142.7	123.1	14.6
丽水市	11	1035	11.6	8.9	1.1

6-30 医疗仪器设备及仪器仪表制造业 R&D 人员情况（2022）

指标名称	有 R&D 活动的企业数（个）	R&D 人员（人）	#全时人员（人）	#研究人员（人）	R&D 人员折合全时当量（人年）
总计	782	29799	21058	10025	23166.0
按行业分组					
医疗仪器设备及仪器仪表制造业	782	29799	21058	10025	23166.0
医疗仪器设备及器械制造	186	5259	3777	1615	4076.1
医疗诊断、监护及治疗设备制造	69	2371	1666	956	1807.7
口腔科用设备及器具制造	7	123	73	32	102.2
医疗实验室及医用消毒设备和器具制造	10	104	92	25	78.8
医疗、外科及兽医用器械制造	69	1979	1429	439	1583.3
机械治疗及病房护理设备制造	9	214	182	66	177.9
康复辅具制造	7	159	110	35	98.3
其他医疗设备及器械制造	15	309	225	62	227.8
通用仪器仪表制造	455	15560	11281	4848	12180.1
工业自动控制系统装置制造	276	9278	6807	3037	7220.4
电工仪器仪表制造	52	2450	1782	813	1849.6
绘图、计算及测量仪器制造	13	325	257	29	280.0
实验分析仪器制造	21	455	339	147	360.5
试验机制造	10	104	74	32	84.0
供应用仪器仪表制造	62	2156	1393	478	1714.5
其他通用仪器制造	21	792	629	312	671.1
专用仪器仪表制造	109	4878	3680	1875	3961.2
环境监测专用仪器仪表制造	24	1304	1141	671	1126.3

指标名称	有R&D活动的企业数（个）	R&D人员（人）	#全时人员（人）	#研究人员（人）	R&D人员折合全时当量（人年）
运输设备及生产用计数仪表制造	21	1254	955	430	1008.0
导航、测绘、气象及海洋专用仪器制造	7	122	75	45	107.0
农林牧渔专用仪器仪表制造	4	83	71	23	63.3
地质勘探和地震专用仪器制造	3	31	28	10	24.2
教学专用仪器制造	12	258	211	48	222.8
核子及核辐射测量仪器制造	1	9	2	2	1.7
电子测量仪器制造	26	1506	1058	538	1231.0
其他专用仪器制造	11	311	139	108	176.9
光学仪器制造	26	3992	2225	1671	2845.4
其他仪器仪表制造业	6	110	95	16	103.3
按地区分组					
杭州市	236	10299	8270	4268	8523.4
宁波市	179	8349	5199	2960	6292.9
温州市	115	3289	2705	721	2744.6
嘉兴市	62	1754	1134	540	1227.2
湖州市	25	437	355	112	347.6
绍兴市	42	1439	735	384	827.6
金华市	30	695	457	166	526.1
衢州市	5	555	487	223	440.3
舟山市	6	71	43	16	60.3
台州市	76	2789	1614	620	2105.5
丽水市	6	122	59	15	70.4

6-31 医疗仪器设备及仪器仪表制造业 R&D 经费情况（2022）

单位：亿元

指标名称	R&D 经费内部支出	#人员劳务费	#仪器和设备	#政府资金	#企业资金	R&D 经费外部支出
总计	**71.37**	**34.03**	**5.28**	**1.79**	**69.58**	**2.77**
按行业分组						
医疗仪器设备及仪器仪表制造业	71.37	34.03	5.28	1.79	69.58	2.77
医疗仪器设备及器械制造	14.72	6.00	0.80	0.28	14.43	0.92
医疗诊断、监护及治疗设备制造	7.92	3.31	0.42	0.12	7.81	0.65
口腔科用设备及器具制造	0.28	0.14			0.28	0.02
医疗实验室及医用消毒设备和器具制造	0.19	0.10			0.19	0.01
医疗、外科及兽医用器械制造	4.67	1.85	0.29	0.16	4.51	0.16
机械治疗及病房护理设备制造	0.39	0.19	0.01		0.39	0.03
康复辅具制造	0.33	0.13	0.03		0.33	0.04
其他医疗设备及器械制造	0.94	0.28	0.04		0.93	0.01
通用仪器仪表制造	34.89	18.31	1.49	1.15	33.73	1.42
工业自动控制系统装置制造	21.70	11.73	0.94	0.96	20.74	0.91
电工仪器仪表制造	5.95	2.80	0.26	0.02	5.92	0.30
绘图、计算及测量仪器制造	0.41	0.18	0.02	0.01	0.41	0.02
实验分析仪器制造	0.87	0.42	0.04	0.07	0.80	0.03
试验机制造	0.17	0.06			0.17	0.01
供应用仪器仪表制造	3.65	1.70	0.16	0.09	3.57	0.12
其他通用仪器制造	2.13	1.43	0.06	0.01	2.12	0.02
专用仪器仪表制造	10.64	5.48	0.85	0.14	10.51	0.29

指标名称	R&D 经费内部支出	#人员劳务费	#仪器和设备	#政府资金	#企业资金	R&D 经费外部支出
环境监测专用仪器仪表制造	3.04	1.58	0.54	0.03	3.02	0.05
运输设备及生产用计数仪表制造	2.46	1.27	0.05	0.04	2.42	0.05
导航、测绘、气象及海洋专用仪器制造	0.36	0.11	0.03		0.36	
农林牧渔专用仪器仪表制造	0.20	0.09		0.04	0.17	
地质勘探和地震专用仪器制造	0.07	0.03	0.01		0.07	
教学专用仪器制造	0.37	0.20	0.01		0.37	0.02
核子及核辐射测量仪器制造	0.01				0.01	
电子测量仪器制造	3.63	1.88	0.19	0.03	3.60	0.15
其他专用仪器制造	0.50	0.31	0.03		0.50	0.02
光学仪器制造	10.96	4.14	2.14	0.22	10.74	0.14
其他仪器仪表制造业	0.16	0.09			0.16	
按地区分组						
杭州市	26.94	15.35	1.22	1.08	25.85	1.28
宁波市	21.91	9.08	2.71	0.27	21.64	0.51
温州市	6.80	3.20	0.28	0.08	6.72	0.15
嘉兴市	4.26	1.41	0.18	0.05	4.21	0.25
湖州市	0.99	0.41	0.11	0.06	0.92	0.11
绍兴市	2.90	1.13	0.37	0.02	2.88	0.08
金华市	1.47	0.56	0.07	0.07	1.40	0.02
衢州市	1.16	0.76	0.07	0.07	1.09	
舟山市	0.21	0.07			0.21	
台州市	4.50	2.00	0.26	0.07	4.43	0.35
丽水市	0.23	0.08	0.01		0.22	

6-32 医疗仪器设备及仪器仪表制造业企业办研发机构情况（2022）

指标名称	有研发机构的企业数（个）	机构数（个）	机构人员（人）	机构经费支出（亿元）	机构仪器设备（亿元）
总计	**759**	**803**	**34690**	**102.86**	**51.49**
按行业分组					
医疗仪器设备及仪器仪表制造业	759	803	34690	102.86	51.49
医疗仪器设备及器械制造	168	176	5845	19.18	8.33
医疗诊断、监护及治疗设备制造	55	57	2228	8.78	2.82
口腔科用设备及器具制造	7	7	177	0.51	0.27
医疗实验室及医用消毒设备和器具制造	10	10	159	0.30	0.11
医疗、外科及兽医用器械制造	59	63	2352	6.83	3.86
机械治疗及病房护理设备制造	10	10	301	0.74	0.17
康复辅具制造	10	12	200	0.59	0.46
其他医疗设备及器械制造	17	17	428	1.44	0.65
通用仪器仪表制造	447	468	17906	49.64	21.36
工业自动控制系统装置制造	275	283	9769	27.75	13.08
电工仪器仪表制造	60	65	3301	9.72	3.03
绘图、计算及测量仪器制造	17	17	422	0.61	0.35
实验分析仪器制造	20	21	1009	2.29	0.81
试验机制造	6	7	108	0.28	0.13
供应用仪器仪表制造	48	54	1905	4.96	2.35
其他通用仪器制造	21	21	1392	4.04	1.61
专用仪器仪表制造	104	117	5670	14.98	6.84
环境监测专用仪器仪表制造	23	26	1467	4.47	1.74

指标名称	有研发机构的企业数（个）	机构数（个）	机构人员（人）	机构经费支出（亿元）	机构仪器设备（亿元）
运输设备及生产用计数仪表制造	20	24	1544	2.82	1.66
导航、测绘、气象及海洋专用仪器制造	7	7	192	0.69	0.17
农林牧渔专用仪器仪表制造	4	7	151	0.35	0.16
地质勘探和地震专用仪器制造	3	3	57	0.19	0.12
教学专用仪器制造	13	14	491	0.91	0.52
核子及核辐射测量仪器制造	1	1	17	0.02	0.03
电子测量仪器制造	23	25	1577	4.98	1.78
其他专用仪器制造	10	10	174	0.53	0.66
光学仪器制造	33	35	5134	18.48	14.87
其他仪器仪表制造业	7	7	135	0.59	0.09
按地区分组					
杭州市	209	239	11912	36.79	14.20
宁波市	201	203	10610	33.80	21.40
温州市	125	128	4057	9.88	5.19
嘉兴市	85	88	2671	8.62	3.92
湖州市	22	22	512	1.21	0.95
绍兴市	30	31	1271	3.50	1.66
金华市	34	38	924	2.14	1.32
衢州市	3	4	514	1.16	0.59
舟山市	6	6	95	0.25	0.41
台州市	39	39	1969	5.08	1.66
丽水市	5	5	155	0.42	0.18

6-33 医疗仪器设备及仪器仪表制造业企业专利情况（2022）

单位：件

指标名称	专利申请数	#发明专利	有效发明专利
总计	**9243**	**3452**	**9293**
按行业分组			
医疗仪器设备及仪器仪表制造业	9243	3452	9293
医疗仪器设备及器械制造	2141	740	2286
医疗诊断、监护及治疗设备制造	1042	468	933
口腔科用设备及器具制造	78	6	45
医疗实验室及医用消毒设备和器具制造	45	11	54
医疗、外科及兽医用器械制造	657	211	954
机械治疗及病房护理设备制造	114	8	90
康复辅具制造	110	14	93
其他医疗设备及器械制造	95	22	117
通用仪器仪表制造	4800	1766	5382
工业自动控制系统装置制造	2873	1173	3340
电工仪器仪表制造	713	237	783
绘图、计算及测量仪器制造	110	20	57
实验分析仪器制造	231	69	231
试验机制造	50	13	40
供应用仪器仪表制造	601	162	620
其他通用仪器制造	222	92	311
专用仪器仪表制造	1190	451	940
环境监测专用仪器仪表制造	212	138	149

指标名称	专利申请数	# 发明专利	有效发明专利
运输设备及生产用计数仪表制造	203	40	162
导航、测绘、气象及海洋专用仪器制造	105	41	71
农林牧渔专用仪器仪表制造	25	17	21
地质勘探和地震专用仪器制造	22	8	12
教学专用仪器制造	153	4	44
核子及核辐射测量仪器制造	8	3	1
电子测量仪器制造	403	180	384
其他专用仪器制造	59	20	96
光学仪器制造	1079	491	653
其他仪器仪表制造业	33	4	32
按地区分组			
杭州市	3520	1726	4552
宁波市	2460	929	2071
温州市	1013	204	678
嘉兴市	493	145	455
湖州市	225	52	150
绍兴市	424	115	442
金华市	357	68	190
衢州市	41	12	38
舟山市	6		9
台州市	642	187	690
丽水市	62	14	18

6-34 医疗仪器设备及仪器仪表制造业企业新产品开发、生产及销售情况（2022）

指标名称	新产品开发项目数 （项）	新产品开发经费 （亿元）	新产品销售收入 （亿元）	#出口 （亿元）
总计	**7621**	**117.99**	**943.84**	**178.80**
按行业分组				
医疗仪器设备及仪器仪表制造业	7621	117.99	943.84	178.80
医疗仪器设备及器械制造	2183	25.10	127.50	34.98
医疗诊断、监护及治疗设备制造	935	12.93	56.41	13.83
口腔科用设备及器具制造	65	0.61	5.76	2.82
医疗实验室及医用消毒设备和器具制造	71	0.29	2.14	0.12
医疗、外科及兽医用器械制造	780	7.81	41.85	11.89
机械治疗及病房护理设备制造	104	0.79	6.24	0.58
康复辅具制造	63	0.80	4.28	1.88
其他医疗设备及器械制造	165	1.87	10.82	3.87
通用仪器仪表制造	4016	55.57	626.11	109.55
工业自动控制系统装置制造	2398	33.12	359.15	43.99
电工仪器仪表制造	523	9.19	138.42	24.79
绘图、计算及测量仪器制造	108	0.75	8.31	4.82
实验分析仪器制造	202	2.20	16.37	8.84
试验机制造	83	0.34	1.35	
供应用仪器仪表制造	533	6.34	72.73	24.73
其他通用仪器制造	169	3.65	29.77	2.38
专用仪器仪表制造	1070	16.95	129.00	13.92

指标名称	新产品开发项目数（项）	新产品开发经费（亿元）	新产品销售收入（亿元）	#出口（亿元）
环境监测专用仪器仪表制造	240	5.14	11.92	0.23
运输设备及生产用计数仪表制造	255	3.37	42.17	1.91
导航、测绘、气象及海洋专用仪器制造	64	0.70	3.80	1.16
农林牧渔专用仪器仪表制造	20	0.30	1.68	0.49
地质勘探和地震专用仪器制造	18	0.19	0.45	
教学专用仪器制造	117	0.97	7.79	0.63
核子及核辐射测量仪器制造	12	0.06	0.46	0.35
电子测量仪器制造	280	5.77	52.73	9.04
其他专用仪器制造	64	0.45	8.01	0.11
光学仪器制造	295	19.72	58.10	19.94
其他仪器仪表制造业	57	0.65	3.13	0.40
按地区分组				
杭州市	2596	48.02	339.36	63.90
宁波市	1802	35.37	182.05	38.86
温州市	1003	10.24	142.66	17.65
嘉兴市	626	8.25	100.49	23.35
湖州市	196	1.43	19.48	1.80
绍兴市	402	3.94	40.95	5.90
金华市	274	2.60	30.30	5.33
衢州市	45	1.21	11.73	
舟山市	27	0.19	3.05	0.08
台州市	615	6.31	67.42	21.92
丽水市	35	0.43	6.37	

6-35 医疗仪器设备及仪器仪表制造业企业技术获取和技术改造情况（2022）

单位：亿元

指标名称	技术改造经费支出	购买境内技术经费支出	引进境外技术经费支出
总计	**12.16**	**1.81**	**0.11**
按行业分组			
医疗仪器设备及仪器仪表制造业	12.16	1.81	0.11
医疗仪器设备及器械制造	0.82		
医疗诊断、监护及治疗设备制造	0.05		
医疗、外科及兽医用器械制造	0.77		
通用仪器仪表制造	5.41	1.31	0.11
工业自动控制系统装置制造	3.79	0.35	0.11
电工仪器仪表制造	0.99		
绘图、计算及测量仪器制造	0.12		
实验分析仪器制造	0.09		
供应用仪器仪表制造	0.37	0.90	
其他通用仪器制造	0.04	0.06	
专用仪器仪表制造	2.64	0.02	
环境监测专用仪器仪表制造	0.02		
运输设备及生产用计数仪表制造	0.52	0.02	

指标名称	技术改造经费支出	购买境内技术经费支出	引进境外技术经费支出
教学专用仪器制造	0.13		
电子测量仪器制造	1.97		
其他专用仪器制造			
光学仪器制造	3.24	0.49	
其他仪器仪表制造业	0.05		
按地区分组			
杭州市	3.69	0.09	
宁波市	4.70	1.72	0.04
温州市	2.09		
嘉兴市		0.01	0.06
湖州市			
绍兴市	0.89		
金华市	0.26		
衢州市			
舟山市			
台州市	0.52		
丽水市			

主 要 指 标 解 释

科技活动：指在自然科学、农业科学、医药科学、工程与技术科学、人文与社会科学领域（以下简称科学技术领域）中与科技知识的产生、发展、传播和应用密切相关的有组织的活动。为核算科技投入的需要，科技活动可分为科学研究与试验发展（R&D）、科学研究与试验发展成果应用及相关的科技服务三类活动。

科学研究与试验发展：指在科学技术领域，为增加知识总量以及运用这些知识去创造新的应用而进行的系统的创造性的活动，包括基础研究、应用研究、试验发展三类活动。

基础研究：指为了获得关于现象和可观察事实的基本原理的新知识（揭示客观事物的本质、运动规律，获得新发现、新学说）而进行的实验性或理论性研究，它不以任何专门或特定的应用或使用为目的。其成果以科学论文和科学著作为主要形式。

应用研究：指为获得新知识而进行的创造性研究，主要针对某一特定的目的或目标。应用研究是为了确定基础研究成果可能的用途，或是为达到预定的目标探索应采取的新方法（原理性）或新途径。其成果形式以科学论文、专著、原理性模型或发明专利为主。

试验发展：指利用从基础研究、应用研究和实际经验中所获得的现有知识，为产生新的产品、材料和装置，建立新的工艺、系统和服务，以及为了对已产生和建立的上述各项做实质性的改进而进行的系统性工作。其成果形式主要是专利、专有技术、新产品原型或样机样件等。

科学研究与试验发展成果应用：指为使试验发展阶段产生的新产品、材料和装置，建立的新工艺、系统和服务以及做实质性改进后的上述各项能够投入生产或实际应用，为了解决所存在的技术问题而进行的系统性的工作。这类活动的成果形式大多是可供生产和实际操作的带有技术和工艺参数的图纸、技术标准和操作规范。

科技服务：指与科学研究与实验发展有关，并有助于科学技术知识的产生、传播和应用的活动。

从业人员年平均人数：从业人员是指在从事劳动并取得劳动报酬或经营收入的全部劳动力。从业人员年平均人数是指在报告期内平均每天拥有的从业人员数。

科学家和工程师：指具有高、中级技术职称（职务）的人员和无高、中级技术职称（职务）的大学本科及以上学历的人员。

专业技术人员：指从事专业技术工作的人员以及从事专业技术管理工作且在 1983 年以前审定了专业技术职称或在 1984 年以后聘任了专业技术职务的人员。

工程技术人员：指负担工程技术和工程技术管理工作并具有工程技术能力的人员。

从业人员劳动报酬：指工业企业在报告期内直接支付给本企业全部从业人员的劳动报酬总额，包括职工工资总额和企业其他从业人员劳动报酬两部分。

工业总产值：指以货币表现的工业企业在报告期内生产的工业产品总量，包括本年生产成品价值，对外加工费收入，自制半成品、在制品期末期初差额价值。

产品销售收入：指工业企业销售产成品、自制半成品的收入和提供工业性劳务等取得的收入总额。

产品销售利润：指企业销售收入扣除其成本、费用、税金后的余额。

利润总额：指企业在生产经营过程中各种收入扣除各种消耗后的盈余，反映企业在报告期内实现的盈亏总额（亏损以"－"表示），包括企业的营业利润、补贴收入、各种投资净收益和营业外收支净额。

年末固定资产原价：指企业在建造、购置、安装、改建、扩建、技术改造固定资产时实际支出的全部货币总额。

生产经营用机器设备原价：指企业在年末拥有的直接服务于企业生产、经营过程的各种机器设备的原价。

微电子控制机器设备原价：指企业在年末拥有的、利用微电子技术（包括电子计算机、集成电路等）对生产过程进行控制、观察测量、测试等生产机器设备的原价。

科技活动人员：指企业在报告年度直接从事（或参与）科技活动以及专门从事科技活动管理和为科技活动提供直接服务的人员。累计从事科技活动的时间占制度工作时间10%（不含）以下的人员不统计。

科技活动全时人员：指企业科技活动人员中在报告年度实际从事科技活动的时间占制度工作时间90%（含）以上的人员。

科技活动非全时人员：指企业科技活动人员中在报告年度实际从事科技活动的时间占制度工作时间在10%（含）～90%（不含）的人员。

研究与试验发展人员：指企业科技活动人员中从事基础研究、应用研究和试验发展三类活动的人员。

科技活动经费筹集总额：指企业在报告年度从各种渠道筹集到的计划用于科技活动的经费，包括企业资金、金融机构贷款、政府资金、事业单位资金、国外资金、其他资金等。

企业资金：指报告年度本企业从自有资金中提取或接受在国内注册的其他企业委托获得的计划用于科研和技术开发活动的经费，不包括来自政府有关部门、金融机构以及国外的计划用于科技活动的经费。

金融机构贷款：指企业从各类金融机构获得的用于科技活动的贷款。

政府资金：指企业从各级政府部门获得的计划用于科技活动的经费，包括科技专项费、科研基建费和贷款等。

国外资金：指本企业从中国以外的企业、大学、国际组织、民间组织、金融机构及外国政府获得的计划用于科技活动的经费，不包括从在国内注册的外资企业获得的计划用于科技活动的经费。

其他资金：指科技活动执行单位从上述渠道以外获得的计划用于科技活动的经费，如来自民间非营利机构的资助和个人捐赠等。

科技活动经费支出总额：指企业在报告年度实际支出的全部科技活动费用，包括列入技术开发的经费支出以及技措技改等资金实际用于科技活动的支出，不包括生产性支出和归还贷款支出。科技活动经费支出总额分为内部支出和外部支出。

科技活动经费内部支出：指企业在报告年度用于内部开展科技活动实际支出的费用，包括外协加工费，不包括委托研制或合作研制而支付外单位的经费。

科技活动人员劳务费：指以货币或实物形式直接或间接支付给科技活动人员的劳动报酬及各种费用，包括各种形式的工资、补助工资、津贴、价格补贴、奖金、福利、失业保险、养老保险、医疗保险、工伤保险、人民助学金等。为科技活动提供间接服务人员的劳务费计入其他支出。

固定资产购建：指企业在报告年度为开展科技活动，使用非基本建设资金进行固定资产购置，以及使用基本建设费进行新建、改建、扩建、购置、安装科研用固定资产以及进行科研设备改造及大修理等的实际支出。

设备购置：指在报告期内为进行科技活动而购置的科研仪器设备、图书资料、实验材料和标本以及其他设备的支出。

研究与试验发展经费支出：指报告年度在企业科技活动经费内部支出中用于基础研究、应用研究和试验发展三类项目以及这三类项目的管理和服务费用的支出。

基础研究支出：指报告年度在企业科技活动经费内部支出中用于基础研究项目以及这类项目的管理和服务费用的支出。

应用研究支出：指报告年度在企业科技活动经费内部支出中用于应用研究项目以及这类项目的管理和服务费用的支出。

试验发展支出：指报告年度在企业科技活动经费内部支出中用于试验发展项目以及这类项目的管理和服务费用的支出。

科技活动经费外部支出：指企业在报告年度委托其他单位或与其他单位合作开展科技活动而支付给其他单位的经费，不包括外协加工费。

新产品：指采用新技术原理、新设计构思研制、生产的全新产品，或在结构、材质、工艺等某一方面比原有产品有明显改进，从而显著提高了产品性能或扩大了使用功能的产品。

新产品产值：指报告年度本企业生产的新产品的价值。

新产品销售收入：指报告年度本企业销售新产品实现的销售收入。

新产品出口收入：指报告年度本企业将新产品出售给外贸部门和直接出售给外商所实现的销售收入。

全部科技项目数：指企业在报告年度当年立项并开展研制工作和以前年份立项仍继续进行研制的科技项目数，包括当年完成和年内研制工作已告失败的科技项目，但不包括委托外单位进行研制的科技项目。

研究与试验发展项目数：指企业在报告年度进行的全部科技项目中属于研究与试验发展的项目数。

专利申请数：指企业在报告年度内向专利行政部门提出专利申请并被受理的件数。

发明专利申请数：指企业在报告年度内向专利行政部门提出发明专利申请并被受理的件数。

拥有发明专利数：指企业作为专利权人在报告年度拥有的、经国内外专利行政部门授权且在有效期内的发明专利件数。

技术改造经费支出：指本企业在报告年度进行技术改造而发生的费用支出。在技术改造经费支出中，属于研究与试验发展的经费支出，除了包含在技术改造经费支出中，还要计入企业研究与试验发展经费支出中。

技术引进经费支出：指企业在报告年度用于购买国外技术，包括产品设计、工艺流程、图纸、配方、专利等技术资料的费用支出，以及购买关键设备、仪器、样机和样件等的费用支出。

引进设计、图纸、工艺、配方、专利的支出：指企业在报告年度内用于购买国外产品设计、工艺流程、配方、专利、技术诀窍等的费用支出。

消化吸收的经费支出：指本企业在报告年度对国外引进项目进行消化吸收所支付的经费总额。

购买国内技术经费支出：指本企业在报告年度购买国内其他单位科技成果的经费支出。

享受各级政府对科技的减免税：指各级政府为了鼓励增加科技投入、促进高新技术产品开发、发展高新技术产业等而减负的各种税金总额。